AI 赋能通识教育
精品系列

计算
与人工智能通识

普运伟◎主编

黎志 陈永艳 郑陵潇 郭玲 罗荣章◎副主编

人民邮电出版社
北 京

图书在版编目（CIP）数据

计算与人工智能通识 / 普运伟主编. -- 北京：人
民邮电出版社，2025. -- （AI赋能通识教育精品系列）.
ISBN 978-7-115-67317-6

Ⅰ. TP3；TP18

中国国家版本馆CIP数据核字第2025F7U602号

内 容 提 要

本书以教育部高等学校大学计算机课程教学指导委员会颁布的《新时代大学计算机基础课程教学基本要求》中有关大学计算机基础教学的能力培养目标为依据，为适应人工智能通识教育的新趋势而编写。

本书以培养学生的计算思维和智能思维为目标，以"信息计算基础与素养（计算基础）"和"人工智能方法与应用（计算方法）"为教学主线。全书共10章，内容包括信息与计算、计算机系统与工作原理、计算机网络与数字化生存、数字化编辑与WPS AI、问题求解与算法设计、人工智能概述、进化计算与群智能技术、机器学习方法、神经网络与深度学习、大模型技术及应用。本书将理论与实践紧密结合，围绕教学内容精心设计了15个贴近实际的上机实验，助力人工智能通识教育落地。

本书可作为各高校信息技术类课程和人工智能通识课程的教材，也可供计算机和人工智能技术初学者学习使用。

◆ 主　　编　普运伟
　　副主编　黎　志　陈永艳　郑陵潇　郭　玲　罗荣章
　　责任编辑　田紫微
　　责任印制　胡　南

◆ 人民邮电出版社出版发行　　北京市丰台区成寿寺路11号
　　邮编　100164　　电子邮件　315@ptpress.com.cn
　　网址　https://www.ptpress.com.cn
　　北京天宇星印刷厂印刷

◆ 开本：787×1092　1/16
　　印张：16.5　　　　　　　　　　2025年8月第1版
　　字数：453千字　　　　　　　 2025年8月北京第1次印刷

定价：59.80元

读者服务热线：(010)81055256　印装质量热线：(010)81055316
反盗版热线：(010)81055315

前　言

　　大学计算机课程作为面向各专业学生普遍开设的第一门计算机基础课程，其教学内容随信息技术的飞速发展而愈加丰富，教学目标也在不断更新。从 20 世纪 90 年代的"双基一能力（基础知识、基本技能+综合应用能力）"到 21 世纪初期的"信息素养"教育，再到 2012 年之后的"计算思维"能力培养，计算机基础课程一直守正创新，与时俱进，为培养具备计算机应用能力的各专业人才不断改革发展。在国家科技和产业创新战略的大背景下，面对"四新"人才培养以及互联网+、云计算、大数据、物联网等人才培养新需求，特别是面对人工智能赋能各行业、加速新质生产力发展提出的新要求，大学计算机课程也正在朝着"计算思维"和"智能思维"的双向目标发展。

　　本书前身的三版大学计算机系列教材自 2012 年 8 月出版以来，以培养计算思维能力为核心的教学改革和"引导式上机实践"教学方法得到了很多师生的赞同与认可。为适应人工智能技术飞速发展所带来的人才培养新需求，我们以"计算与 AI 方法"为视角，编写了这本通识教材。新版教材具有以下几个显著特点。

　　（1）将人工智能通识教育作为主要教学目标，以"计算"为核心线索，培养学生的计算思维和智能思维。本书以"信息计算基础与素养（计算基础）"和"人工智能方法与应用（计算方法）"为教学主线，为各专业"人工智能+"复合人才的培养奠定"计算与 AI+"基础。

　　（2）理论与实践紧密结合，围绕教学内容精心设计 15 个贴近实际、富有研究特性的上机实验。实验采用"引导式上机实践"教学方法，包括实验目的、实验内容与要求、实验操作引导和实验拓展与思考 4 个部分，助力人工智能通识教育落地。实验既注重培养学生的问题求解能力，又注重启发学生思考、总结和知识迁移。

　　（3）专设"思维训练"模块，培养学生的计算思维、智能思维以及信息处理和创新应用能力，拓展学生的信息视野。

　　本书第 1 章由郑陵潇编写，第 2 章和第 6 章由普运伟编写，第 3 章由潘晟旻编写，第 4 章由田春瑾编写，第 5 章由郝熙编写，第 7 章由姜迪、陈明伟编写，第 8 章由黎志、殷群编写，第 9 章由陈永艳、罗荣章编写，第 10 章由郭玲编写。本书由普运伟担任主编并负责统稿和定稿工作。

　　本书的出版得到了教育部高等学校大学计算机课程教学指导委员会、云南省高等学校大学计算机课程教学指导委员会的大力支持，并得到昆明理工大学"十四五"规划教材立项支持。本书的顺利出版还得益于编者所在部门同人一如既往的关心支持、出版社编辑的高效和专业，以及很多学校一线教师提出的宝贵建议。此外，本书在编写过程中参考和引用了大量国内外学者的优秀作品，在此一并表示感谢！

编者

2025 年 3 月

目 录

下篇 人工智能方法与应用

上篇
信息计算基础与素养

第1章
信息与计算

移动互联网、人工智能、物联网等技术的广泛应用，让人们感受到信息化和智能化带来的前所未有的冲击与社会变革。在现代社会中，计算思维和智能思维已成为现代人才培养的重要要素。本章从利用计算机进行信息处理的角度出发，详细介绍各种信息在计算机中的表示方法，以及新一代信息技术和国产信创的发展状况。

本章学习目标

- 了解信息社会的特征及计算工具的发展进程。
- 掌握中英文字符和数值数据的编码方法，了解多媒体信息的编码方法。
- 掌握现代信息处理的一般过程和基本方法。
- 理解科学思维及计算思维方法。
- 了解新一代信息技术的发展和应用。
- 了解国产信创的发展状况。

1.1 信息社会与计算工具

信息（Information）是对社会、自然界的各种事物本质及其运动规律的描述，其内容能通过某些载体（如符号、声音、文字、图形、图像等）来表述和传播。信息不同于数据（Data），数据是记录信息的一种形式，同样的信息可以用文字、图像等多种形式来表达。

计算（Computing）是将数据按照一定的规则进行运算和转换的过程。对信息的提取、描述、加工、转换的过程都属于计算的范畴，信息处理的本质就是计算。建立在微电子、计算机、通信之上的现代信息技术（Information Technology，IT）通过强大的计算能力，不断推动社会信息化进程和生产力的发展。

1.1.1 信息社会与信息素养

在信息社会中，经济发展方式从自然资源依赖型、实物资本驱动型等方式向创新驱动、资源节约、人与自然和谐相处的方式全面转变，信息成为极其重要的战略资源。

新一代信息技术飞速发展，移动互联网、云计算、大数据、人工智能等技术不断被应用于生产、经济、社会服务的各个领域，这有效促进了社会的信息化和智能化。世界各国愈加重视信息技术的创新与应用，将社会信息化和智能化建设作为新时期国际竞争力的重要抓手，先后出台了一系列战略和政策。例如，美国的"工业互联网"，欧盟的"工业5.0"，日本的"先进机器人制造计划"等。我国也提出了"'十四五'数字经济发展规划""工业互联网创新发展行动计划""新基建""智慧城市建设""新一代人工智能发展规划"等，强调以信息化驱动现代化，加快释放信息化和智能化发展的巨大潜能。

随着信息化在国民经济和社会发展各个领域的深入渗透，我国正在经历从工业社会向信息社会发展的全面转型。在信息经济领域，新一代信息技术不仅推动了传统产业的数字化升级，还催生了全新的产业生态。云计算、大数据和人工智能的融合应用，正在加速产业结构的优化和创新驱动的经济发展。智能制造和工业互联网的兴起，实现了生产过程的自动化、智能化，极大地提升了生产效率和产品质量；在网络社会方面，随着 5G、Wi-Fi 6 等先进通信技术被成功商用，高速、泛在、低成本的信息基础设施得到大规模铺设；在数字生活和在线政府领域，信息技术的应用已经深入到了社会管理和公共服务的每一个角落，深刻地影响着人们的生活方式和思维模式。

信息社会要求人们必须具备基本的信息素养。信息素养是指人们能够适时获取信息，对信息进行评价和判断，并有效利用信息的能力和意识。在数字化时代，随着搜索引擎、社交媒体、各种开放数据资源以及人工智能大模型的兴起和应用，信息的获取变得更加容易。因此，信息素养还涵盖对信息来源的批判性思考、信息安全意识以及数据隐私保护等。在实际应用中，信息素养还意味着能够利用数字工具进行有效沟通、协作和创新。

> **思维训练：** 在信息社会逐步向知识创新型社会转型的过程中，许多传统的职业逐渐消亡，而新型行业悄然萌生。你如何看待所学专业、择业方向、就业前景？你如何理解和把握所学专业与信息技术的交叉融合与创新？

1.1.2　计算工具与技术发展

人类发展史可以说是生产工具（包括计算工具）推动生产力发展的历史。生产力的发展必然要求有更先进的计算工具。

1. 早期的计算工具

群居生活和劳动分工，使人类祖先有了财富的积累，对财富的分配和交易促使他们借助外物来表示与记录数量。科学家在古人类曾经生活过的岩洞里发现的刻痕，说明人类文明发展的早期就有了计算的需要和能力。拉丁语中的单词 "calculus" 可译为 "计算"，但其本意是用于计算的小石子。手指和石头就是人类最早的 "计算机"。

随着生产规模的扩大，需要记录和演算的数字越来越大，用手指和石头计数受到限制。人们开始用木棍或竹子制作很多长度和粗细适中且便于携带和摆放的棍子来计数，并总结了一套棍子的摆放方法和计算规则，由此产生了 "算筹"，如图 1-1 所示。

社会分工进一步细化后，商品经济逐步形成，人们对计算的要求越来越高。大约在汉代，人们开始用珠子代替棍子，将珠子穿在细竹竿中制成可以上下移动的珠串，将多个珠串并排嵌在木框中，并总结了一套计数规则，由此，我国古代伟大的计算工具——算

图 1-1　算筹及计算方法示意

盘诞生了。随着算盘的使用，人们总结出许多珠算口诀，使计算的速度更快。算盘相当于硬件，而口诀相当于软件。算盘本身还可以存储数字，它帮助我国古代数学家取得了不少重大的成就。

15 世纪以后，随着天文学、航海业的发展，人类迫切需要新的计算方法并改进计算工具。1620 年，英国人埃德蒙·甘特（Edmund Gunter）发明的计算尺开创了模拟计算的先河，它可以满足常见的运算需求。此外，威廉·奥特雷德（William Oughtred）发明了圆算尺，为科学和工程计算做出了巨大的贡献。计算尺和圆算尺如图 1-2 所示。

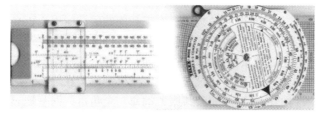

图 1-2　计算尺和圆算尺

2. 机械计算机

17 世纪中期，以蒸汽机为代表的工业革命促使各种机器设备被大量发明。要实现这些发明，最基本的问题就是计算。在此背景下，一批杰出的科学家相继尝试机械式计算机的研制，并取得了丰硕的成果。1642 年，法国数学家布莱士·帕斯卡（Blaise Pascal）利用一组齿轮转动计数的原理，设计制作了第一台能做加法运算的手摇机械计算机。1673 年，德国数学家威廉·莱布尼茨（Wilhelm Leibniz）改进了布莱士·帕斯卡的加法器，使之能够完成基本的四则运算。1822 年，英国数学家查尔斯·巴贝奇（Charles Babbage）尝试设计用于航海和天文计算的差分机与分析机，这是最早采用寄存器来存储数据的计算机。分析机引进了程序控制的概念，这是采用机械方式实现计算过程的最高成就。

3. 电控计算机

1884 年，美国人赫曼·霍列瑞斯（Herman Hollerith）采用穿孔卡片来表示数据，制造出了制表机。制表机采用电气控制技术取代纯机械装置，将不同的数据用卡片上不同的穿孔表示，通过专门的读卡设备将数据输入计算装置。以穿孔卡片记录数据的思想促使了现代软件技术的萌芽。制表机的发明是机械计算机向电气技术转化的一个里程碑，标志着计算机作为一个产业开始初具雏形。

20 世纪初期，随着机电工业的发展，出现了一些具有控制功能的电器元件，并被逐渐用于计算工具中。1944 年，霍华德·艾肯（Howard Aiken）在 IBM 公司的赞助下，领导研制成功了世界上第一台自动电控计算机 MARK-I，实现了当年查尔斯·巴贝奇的设想。这是世界上最早的通用自动程控计算机。它以穿孔纸带传送指令，穿孔纸带上的"小孔"不仅能控制机器操作的步骤，而且能用来运算和存储数据。

4. 电子计算机的诞生和发展

1946 年 2 月，美国宾夕法尼亚大学的科研人员研制出了世界上第一台通用计算机 ENIAC（Electronic Numerical Integrator and Calculator，电子数字积分计算机）。ENIAC 采用电子管、电阻、电容等电子元件制造，每秒可进行 5000 次加法运算，能轻松完成弹道轨迹计算。为了实现不同的计算功能，ENIAC 使用了大量的开关和配线盘。每当进行不同的计算时，科学家就要切换开关和改变配线盘。

针对 ENIAC 缺乏存储能力的缺点，美国数学家冯·诺依曼（J.von Neumann）提出了"存储程序原理"。该原理把原来通过切换开关和改变配线盘来控制的运算步骤，以程序方式预先存放在计算机中，然后让其自动计算。现代电子计算机正是沿着这条光辉大道前进的，其先后经历了电子管、晶体管、中小规模集成电路、大规模集成电路 4 次更新换代，目前正朝着第 5 代计算机发展。

20 世纪中期，人们预测到了工业机器人的大量应用和太空飞行器的出现，但很少有人深刻地预感到计算机技术对人类巨大的潜在影响，甚至没有人预料到计算机的发展速度如此迅猛。目前，电子计算机正朝着巨型化、微型化、网络化和智能化几个方向发展。现代社会的不断发展将对计算能力提出更高的要求，并不断促进计算工具的技术进步。

1.2 信息的表示

信息化最基础的工作就是实现信息与计算机数据的相互转换，即将各种信息进行编码，转换为计算机能接收和处理的数据，这些数据经计算机处理，被转换为文字、声音、图像、视频等各种形式呈现出来。因此，我们需要了解各种信息在计算机中是如何表示的。

1.2.1 数制与编码

提到数据，其往往与计数方式和计量单位相关联。人们计数的方式和种类非常多，而阿拉伯数字已成为全世界通用的计数符号，并深深嵌入人们的思维之中。对于一般事物的度量，人们通常采用十进制计数；对时间的计数则采用六十进制、二十四进制等。

1. 数制

数制是用一组固定的符号和统一的规则来表示数量的方法。数制由数码、基数、位权及计数规则构成。数制中表示基本数值大小的不同符号称为数码，如十进制有 0～9 这 10 个数码；基数是数制所使用数码的个数，十进制的基数为 10；数制中某一位上的 1 所表示数值的大小称为位权，其值为基数的幂。

在计算每位数字的位权时，幂指数以小数点为基准，分别向两边计算，整数部分从低到高（从右到左）依次为 0、1、2、3…；小数部分从高到低（从左到右）依次为 -1、-2、-3…。由此，十进制数第 i 位的位权为 10^i（i 为整数）。这也就是十进制规则中的"逢十进一、借一当十"。注意，个位的位权是 $10^0=1$。

依照这样的数制规则，可以定义任一 R 进制的计数制：基数为 R，数码有 R 个，可以借用 0、1、2 等阿拉伯数字，不够时再借用 A、B、C 等英文字母；位权为 R^i，规则为"逢 R 进一、借一当 R"。常用数制解析如表 1-1 所示。

表 1-1　　　　　　　　　　常用数制解析

二进制	十进制	十六进制
基数：2	基数：10	基数：16
数码：0、1	数码：0、1、…、9	数码：0、1、…、9、A、…、F
位权：2^i	位权：10^i	位权：16^i
示例：1011.01	示例：79.3	示例：5B.2F
$=2^3+2^1+2^0+2^{-2}$	$=7\times10^1+9\times10^0+3\times10^{-1}$	$=5\times16^1+11\times16^0+2\times16^{-1}+15\times16^{-2}$
=11.25（十进制）	=79.3（十进制）	≈91.18359（十进制）
任意 R 进制的数值大小（相当于十进制的数值），等于各位的数码（位序值）乘以位权之和		

2. 二进制数的特点

（1）算术运算。二进制数只有 0 和 1 两个数码，并且加法、乘法的运算规则都简单。二进制数左移 1 位相当于乘以 2，右移 1 位相当于除以 2。二进制数减法可以转换为加法运算（详见 1.2.2 小节），除法可以转换为移位运算和加法运算。显然，计算机利用二进制进行运算比利用十进制进行运算简单。

（2）逻辑运算。基本逻辑运算有"与""或""非"3 种，复杂的逻辑运算可以通过 3 种基本逻辑运算推演得到。二进制的 0 对应逻辑值"假"，1 对应逻辑值"真"。

任何复杂的计算，最终都可以归结为基本的算术运算和逻辑运算。二进制数具有数码少、算术和逻辑运算简便的特点，且在电子元件中很容易实现二进制数码的表示和逻辑电路的设计，因此，现代电子计算机普遍采用二进制编码。可以说，计算机世界就是二进制编码的世界。

3. 常用数制的转换

人们习惯使用十进制描述信息，在信息与计算机数据相互转换的过程中，必然存在二进制数与十进制数的转换问题。二进制数一般位数较多，读写不便，人们常常将二进制数书写成八进制或十六进制的形式。为了区分各种数制，通常在数的末尾加上后缀标识，二进制数用"B"标识，八进制数用字母"O"标识，十进制数用"D"标识，十六进制数用"H"标识。例如：

$$10110110.01（B）= 266.2（O）= 182.25（D）= B6.4（H）$$

二进制数与十六进制数相互转换较为简单。因为 $2^4 = 16$，所以 4 位二进制数正好可以用 1 位十六进制数表示，它们存在一一对应的关系，如表 1-2 所示。同理，1 位八进制数可用 3 位二进制数表示，八进制数与二进制数也存在映射关系，可相互转换。

表 1-2　　　　　　　　　　　常用数制中的数码及其二进制表示

数值	八进制—二进制	十进制—二进制	十六进制—二进制	数值	八进制—二进制	十进制—二进制	十六进制—二进制
0	0—000	0—0000	0—0000	8		8—1000	8—1000
1	1—001	1—0001	1—0001	9		9—1001	9—1001
2	2—010	2—0010	2—0010	10			A—1010
3	3—011	3—0011	3—0011	11			B—1011
4	4—100	4—0100	4—0100	12			C—1100
5	5—101	5—0101	5—0101	13			D—1101
6	6—110	6—0110	6—0110	14			E—1110
7	7—111	7—0111	7—0111	15			F—1111

将二进制数转换成十六进制数，只需要从小数点往两边按每 4 位一组分组，两端不够 4 位的用 0 补齐，再按表 1-2 中对应的关系写出十六进制数码即可。反过来，将每个十六进制数写成对应的 4 位二进制数，就可以将十六进制数转换成二进制数。例如，将 1011010001.010011（B）书写成十六进制形式：

$$\underline{0010}\ \underline{1101}\ \underline{0001}.\underline{0100}\ \underline{1100}（B）= 2D1.4C（H）$$

思维训练： 电子计算机使用二进制利用了半导体元件的特性和逻辑运算与二进制运算高度吻合的特征。未来的生物计算机、量子计算机等是否仍要沿用二进制？若要改用其他进制计数，则需要具备哪些条件？

1.2.2　数值数据的表示

计算机最初是为了快速完成科学计算而设计的，主要用于数值计算。所谓数值数据就是像整数、小数这类表示数量大小的数据。数值数据是一种带符号数，分正数、负数。在计算机中，数的符号和值都要采用二进制编码。一般规定，二进制数的最高位（左端）为符号位，0 表示正数，1 表示负数；其他位为数值部分，保存该数的绝对值，按照这种规定写出来的二进制数称为机器数。数值数据的编码方法有原码、反码、补码和移码。

1. 整数的表示

原码的数值部分与其实际二进制值相同。正数的反码、补码都与原码相同；负数的反码数值部分是将其原码数值部分按位取反（0 变 1，1 变 0）得到的；负数的补码等于其对应的反码加 1。8 位二进制整数的原码、反码、补码对照表如表 1-3 所示。

表 1-3　　　　　　　　　　　　　　　　　　8 位二进制整数的编码

数值	原码	反码	补码
127	0 1111111	0 1111111	0 1111111
126	0 1111110	0 1111110	0 1111110
…	…	…	…
1	0 0000001	0 0000001	0 0000001
0	0 0000000　　+0	0 0000000　　+0	0 0000000　　0
0	1 0000000　　−0	1 1111111　　−0	1 0000000　　−128
−1	1 0000001	1 1111110	1 1111111
−2	1 0000010	1 1111101	1 1111110
…	…	…	…
−126	1 1111110	1 0000001	1 0000010
−127	1 1111111	1 0000000	1 0000001

例如，−13（D）的 16 位补码可以按以下方法得到：13（D）=1101（B），则−13（D）的原码为 10000000 00001101，补码为 11111111 11110011。

原码只需将十进制数的绝对值转换成二进制数，最高位加上正负号的编码即可。但数值 0 的原码有两种，分别是+0（00000000）和−0（10000000），这与数学中 0 的概念不相符。同时，原码做加法运算既要判断其和的符号，又要比较两个加数的绝对值大小。显然运算不方便。反码同样存在原码的这些缺点。

补码有两个重要的性质：第一，补码的 0 是唯一的（各位全部是 0）；第二，补码的减法可以转换为加法来实现，即

$$[X+Y]_补 = [X]_补 + [Y]_补；\quad [X-Y]_补 = [X]_补 + [-Y]_补$$

采用补码进行加减法运算比原码更加方便，因为不论是正还是负，机器总是做加法，减法运算可转换成加法运算实现。因此，计算机中的整数通常用补码表示。

2. 浮点数的表示

对于浮点数，其在机器内的编码也是一串由 0 和 1 构成的位序列。IEEE 754 规定了两种基本的浮点数格式，即单精度（32 位）和双精度（64 位）。浮点数格式如图 1-3 所示。

单精度浮点数（32位）：
符号 S 占 1 位，正数为 0，负数为 1；
阶码 E 占 8 位，大于 127 为正，小于 127 为负；
尾数 M 占 23 位，精度达到 2^{23}。

双精度浮点数（64位）：
符号 S 占 1 位，正数为 0，负数为 1；
阶码 E 占 11 位，大于 1023 为正，小于 1023 为负；
尾数 M 占 52 位，精度达到 2^{52}。

图 1-3　IEEE 754 规定的两种浮点数格式

编码时，尾数用原码表示，阶数用非标准移码表示。标准移码就是补码的符号位取反（0 变 1，1 变 0），其余各位不变；非标准移码由标准移码减 1 得到。例如，123.456（D）的单精度浮点数可以用下列方法得到：

123.456（D）=1111011.01110100101111001（B）=1.11101101110100101111001×2⁶

正数符号位 $S = 0$，阶数为+6，移码 $E = 127 + 6 = 133$，即 $E = 10000101$，尾数 $M =$ 11101101110100101111001。因此，123.456（D）的编码为 01000010 11110110 11101001 01111001，用十六进制表示为 42 F6 E9 79。

1.2.3　字符数据的表示

非数值数据包括字符型数据、声音、图像等多种类型。字符型数据包括各种控制符号、字母、数字符号、标点符号、运算符、图形符号、汉字等，在计算机中，它们都以二进制编码方式存储。常用的字符编码有 ASCII、汉字机内码、UTF-8 码等。

1. ASCII

在计算机中，英文字符普遍采用 ASCII。ASCII 字符集包括 33 个控制字符、95 个可打印字符，共计 128 个字符，使用 7 位二进制数（$2^7=128$）编码。ASCII 值的范围是 0～127。由于计算机的存储单元以字节为单位保存信息，因此 ASCII 占用 1 个字节的低 7 位，最高位平时不用（一般为 0），仅在数据通信时用作奇偶校验位。ASCII 如表 1-4 所示。

表 1-4　　　　　　　　　　　　　　　　　　ASCII

$b_3b_2b_1b_0$	$b_6b_5b_4$						
	000	001	010	011	100	101	110	111
0000	NUL（空）	DLE（数据链换码）	SP	0	@	P	`	p
0001	SOH（文头）	DC1（设备控制 1）	!	1	A	Q	a	q
0010	STX（正文开始）	DC2（设备控制 2）	"	2	B	R	b	r
0011	EXT（正文结束）	DC3（设备控制 3）	#	3	C	S	c	s
0100	EOT（文尾）	DC4（设备控制 4）	$	4	D	T	d	t
0101	ENQ（询问）	NAK（不应答）	%	5	E	U	e	u
0110	ACK（应答）	SYN（空转同步）	&	6	F	V	f	v
0111	BEL（响铃）	ETB（组传输结束）	'	7	G	W	g	w
1000	BS（退一列）	CAN（作废）	(	8	H	X	h	x
1001	HT（水平制表）	EM（纸尽）	)	9	I	Y	i	y
1010	LF（换行）	SUB（减）	*	:	J	Z	j	z
1011	VT（垂直制表）	ESC（换码）	+	;	K	[	k	{
1100	FF（换页）	FS（文字分隔符）	,	<	L	]	l	|
1101	CR（回车）	GS（组分隔符）	−	=	M	\	m	}
1110	SO（移位输出）	RS（记录分隔符）	.	>	N	^	n	~
1111	SI（移位输入）	US（单元分隔符）	/	?	O	_	o	DEL

从表 1-4 可知，每个字符对应 1 个编码，如字母 A 的编码为 0100 0001，转换成十进制数为 65，我们称字母 A 的 ASCII 值是 65。字母和数字的 ASCII 都是按顺序编排的，记住了第一个字符的 ASCII，就可以按顺序推出其他字符的 ASCII。

2. 国标码与汉字机内码

英语等拉丁语系使用的是小字符集，128 个符号就包含语言中用到的所有字符，而汉字常用的一、二级字符就有将近 7000 个，用 1 字节编码肯定不够。如何给汉字编码呢？

（1）国标码。1980 年，国家标准总局发布了《信息交换用汉字编码字符集-基本集》，标准号为 GB2312-80。该字符集由 6763 个常用汉字和 682 个全角的非汉字字符（字母、数字、标点符号、图形）组成，用 94 行 94 列的方阵布置所有字符。每一行称为一个"区"，每一列称为一个"位"。如此，每个字符在方阵中都有唯一的位置，用区号、位号合成表示，称为字符的区位码。例如，第一个汉字"啊"出现在第 16 区的第 1 位上，其区位码为 1601。汉字的区码和位码分别占 1 字节，每个汉字占 2 字节。ASCII 中的 32 个控制字符，在汉字编码中仍为控制字符，占用编号 00H～20H。将区位码的区号和位号（十六进制数）都加上 20H，即为国标码。

（2）汉字机内码。由于区码和位码的取值范围都是 1～94，这样的范围与 ASCII 冲突，导致在解释编码时，对于表示的是一个汉字还是两个英文字符无法判断。为避免国标码与 ASCII 发生冲突，将国标码的每个字节最高位设置为 1，就得到汉字机内码。实际存储时，采用将区位码的每个字节分别加上 A0H（160）的方法将其转换为机内码。例如，汉字"啊"的区位码为 1601，其机内码为 B0A1H。转换过程为：1601（十进制区位号）的区位码为 1001H（十六进制区位号），每个字节分别加 A0H，则得到 B0A1H。

GB2312-80 用两个字节表示一个汉字，理论上最多可以表示 256×256=65536 个汉字。采用这种编码方案，文本中保存的是汉字机内码。要实现汉字的输入输出，系统中需要安装相应字符编码表和字库。

3. Unicode 编码与 UTF-8 编码

如上所述，全世界存在多种字符编码方式，同一个二进制数在不同的字符编码中可以被解释成不同的字符。因此，要想打开一个文本文件，不仅要知道它的编码方式，还要安装对应编码表和字库，否则可能无法正确读取或出现乱码。

如果有一种编码，能将世界上所有的符号（无论是中文、英文，还是韩文等）都纳入其中，且每个符号唯一对应一个编码，就不会存在乱码现象，这就是 Unicode 编码方案的设计初衷。Unicode 是一个很大的字符集合，现在的规模可以容纳 100 多万个符号。然而，Unicode 虽然统一了编码方式，但它的效率并不高，如 Unicode 标准 UCS-4 规定用 4 个字节存储一个符号，那么每个英文字母都必然有 3 个字节是 0，这对存储和传输来说都是很大的浪费。

为了提高 Unicode 的编码效率，人们研发了 UTF-8 编码。UTF-8 可以根据不同的符号自动选择编码的长短，可用 1～6 个字节编码 Unicode 字符。比如，ASCII 字符只用 1 个字节就够了，并且保持与原 ASCII 一致，而每个汉字占用 3 个字节。UTF-8 用在网页上，可以实现在同一页面显示中文简体和其他语言（如日文、韩文）。

1.2.4　多媒体信息的表示

无论是 ASCII 还是汉字机内码，实质上都是对有限字符集中每个离散的符号分别安排唯一的二进制编码。除了数值和文本字符，现代计算机还能够处理声音、图形、图像、动画、视频等多种媒体信息。

1. 声音数据的表示

声音是一种在时间和振幅上都连续变化的物理信号。从理论上讲，连续信号的数据量是无限的，不可能保存在有限的计算机存储空间中，但只要采取适当的方法，进行时间上的离散化（采样）和振幅上的离散化（量化）处理，就可以将连续的声音用二进制的位序编码表示出来，如图 1-4 所示。

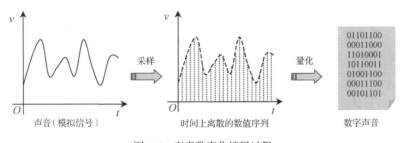

图 1-4　声音数字化编码过程

2. 图形数据的表示

图形是由计算机中特定的绘图软件执行绘图命令生成的。这些图形是由点、线、多边形、圆和弧线等元素构成的几何图形，称为矢量图（Vector）。构成图形的几何元素可通过数学公式来描述。例如，圆可以表示成圆心在"（x1,y1）"、半径为"r"的图形，使用画圆命令"circle(x1,y1,r)"，绘图软件就能在指定的坐标位置绘制该图形。当然，我们可以为每种元素再加上一些属性，如边线的宽度、边线线型（实线还是虚线）、填充颜色等。把绘制这些几何元素的命令和它们的属性保存为文件，这样的文件就是矢量图文件。

3. 位图图像的表示

对于真彩色效果的照片，一般使用位图（Bitmap）来表示。位图就是将无数的色彩点（称为像素）按照行列顺序排列组成的矩形图像。每个像素可以用黑（1）、白（0）表示成黑白图像，也可用 1 字节的亮度编码表示成灰度图像，还可用红（R）、绿（G）、蓝（B）三基色的数字编码表示成真彩色图像。对于 R、G、B 三基色，每种各用 1 字节编码，数值范围为 0～255，每个像素的颜色用 3 个字节编码，总共能组合出 1600 多万种颜色（$2^{24}=16777216$），从而可达到真彩色效果。例如，计算机屏幕上的一个红色点用"11111111 00000000 00000000"表示，一个绿色点用"00000000 11111111 00000000"表示。

综上所述，任何信息（包括计算机指令）都必须经编码后转换成二进制的字节序列，才能被计算机识别和处理，如图 1-5 所示。

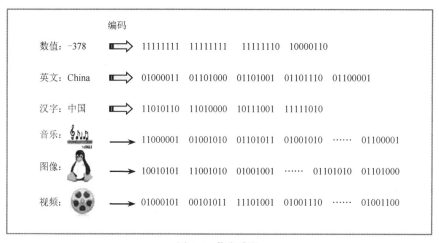

图 1-5　信息编码

计算机中存储的所有数据都由 0 和 1 的位序列构成。计算机需要知道应该把这些 0 和 1 的位序列解释成二进制数值、ASCII、汉字机内码以及声音、图形、图像中的哪一种。为了防止混淆，大多数的计算机文件都带有一个文件头，其中包含一些代码信息，说明文件中数据的表示方法。文件头随文件一同存储，能够被相关联的程序读取，不会被当作普通数据解释。通过读取文件头中的信息，程序就知道文件的内容是如何编码的了，这就是所谓的文件格式。有格式的数据才能解析其表示的信息，无格式的数据犹如密码，计算机很难知道其含义。

> **思维训练**：一条信息可以用多种类型的符号、数字抽象化；同一串二进制数据在不同的编码下也有不同的解释，可谓"从不同的角度有不同的观点"。如何应用这种特征对文字进行加密和解密？

1.3　信息处理过程

计算机信息处理，是指利用计算机速度快、精度高、存储能力强等特点，把人们在各种实践活动中产生的大量信息，按照不同的要求，及时地收集存储、整理加工、传输和应用的过程，一般包括信息获取、信息加工、信息存储与传输、信息利用等环节。

1.3.1　信息获取

人类在长期的生产、生活实践中，已经将部分信息以自然语言、文字、图形、影像等形式进行记录和传播，形成人类知识的主体。此外，自然界和人类活动中还存在大量的信息，是人类感觉器官不能直接感知的，需要使用各种传感设备和转换设备来获取。限于当前的科技水平，人类利用计算机处理信息时，需要将各类信息转换为文本、数值、声音、图形、动画、图像、视频等固定的形式。

信息获取就是利用各种传感设备和转换设备，采集信息并将其转换成计算机可识别的二进制形式的过程。信息获取的质量直接关系到整个信息处理工作的质量。如果没有可靠的原始数据，就不可能得到准确的信息。通常，人们采用传感技术来获取有用的信息，通过在各种噪声背景下进行感知、发现和识别，将有用的信息从噪声背景中探测并分离出来。在此过程中，传感器是关键，它由"敏感元件"和"换能器"构成。敏感元件发现事物的状态变化，换能器负责把这些变化的原始能量形式转换为便于观察和计量的能量形式（通常把非电量转换为电量）。随着现代物联网技术的快速发展，各种形式的传感器层出不穷，如力敏传感器、热敏传感器、湿度传感器、光敏传感器、声音传感器等，大大拓展了人类信息采集的能力。之后，对于传感器获得的模拟量，可以采用类似声音数字化编码的方法进行处理。由此，各种形态的信息最终都转换成二进制编码的数据，利用计算机强大的数据处理能力可对这些数据进行加工处理、存储和利用。

1.3.2　信息加工

信息加工是指对计算机中各种数字化信息进行规格化、筛选、分类、排序、比较、统计、分析和研究等一系列操作的过程，目的是使获取的信息成为能够满足人们需求的有用信息。这一环节的工作可以是一些简单的运算，如选择、查找、汇总等，也可以是一些较为复杂的运算，如借助一些复杂的数学模型和计算技术来加工数据。信息加工通常包括通用软件加工、专用程序加工和智能化系统加工等类型。其中，智能化加工是让计算机更加自主地加工信息，减少人为参与，进一步提高信息加工的效率。例如，对各种传感器感知的信息进行分类识别，最基本的方法是设置各类信息模板，将待识别的信息与这些模板进行比较，按照最大相似度的原则判断它的类属。随着人工智能技术的发展和深入应用，智能化加工呈现出了前所未有的发展前景。

1.3.3　信息存储与传输

信息存储是将获得的或加工后的信息保存起来，以备将来应用。信息存储不是一个孤立的环节，它始终贯穿信息处理工作的全过程。信息存储需要考虑存储格式、存储方式和数据保护等问题。例如，对于一个跨区域公司的客户列表和产品信息，可能为了便于管理而采用数据库技术进行存储，为了共享应用而采用云存储方式，同时出于安全考虑而采用密码授权和数据加密技术进行保护。

此外，传递是信息的固有特性。信息只有在不断地传递中才能发挥更大的作用。信息本身并不能被传送或接收，必须通过载体（如各种信息的二进制编码）传递；信息传输过程中不能改变其内容，并且发送方和接收方对载体有共同解释。在计算机信息处理中，二进制编码是信息的载体，而信息通过计算机网络和数字通信网络进行传输。

1.3.4　信息利用

利用计算机建立信息系统是为了充分利用已有信息。信息检索是指信息按一定的方式被组织起来，根据用户的需要从中找出有关信息的过程和技术。网络信息搜索是指互联网用户在网络终端，通过特定的网络搜索工具或通过浏览的方式，查找并获取信息的行为。为了全面、有效地利用现有知识和信息，人们需要熟练使用检索工具，掌握检索语言和检索方法，并能对检索效果进行分析、判断和评估。

目前，大数据技术已经能够帮助人们从海量、无序、类型不同的数据中挖掘出有用的信息，实现数据的增值。人工智能技术特别是大模型技术，能够从浩瀚的数据资源中快速提取相关信息，并可通过机器学习和各种人工智能方法将其快速转换为新的知识。人工智能技术为人们提供了更加专业和全面的信息利用手段。

> **思维训练：**网络信息检索的基本原理和方法是什么？拿到一张陌生人的照片，能否从网络上找到该人？此外，请思考人工智能技术对信息处理全过程可能带来的影响和改变。

1.4　科学思维

信息处理过程是充分利用信息科学和计算机科学的规律来解决问题的过程。用计算机解决实际问题，需要有科学的思维方式。科学的目的是发现和利用规律。一般来说，科学思维具有客观性、精确性、可检验性、预见性和普适性等特点。科学思维是从实际出发，如实地去反映事物的本质和规律的思维，是遵循一定逻辑规则的思维，有很强的精确性。科学思维是要不断接受实践检验的思维，是不断坚持真理、修正错误的思维，它往往能够预见事物发展的未来，对事物的发展趋势做出合乎逻辑的推断和预测。在一定的适用范围内，只要具备了一定的条件，科学思维的结果总能显现出来。因此，科学思维是理性的、辩证的思维，同时又是创新的、开放的思维。

1.4.1　逻辑思维

爱因斯坦认为，现代科学的两块基石是公理演绎和系统实验。科学理论中的所有概念都必须是明确的、唯一的，可以被独立验证。在科学理论体系中，正确地运用概念、判断和推理等逻辑规则进行演绎和推理，可以预测结果。通过观测总结出来的规律，只有通过系统实验获得验证，才能成为科学的结论。在科学的道路上，人们通过理性思考和系统实验，将认识不断地向更深更广的方向推进。

逻辑思维是指人类在知识和经验事实基础上形成的认识事物的本质、规律和普遍联系的一种理性思维。其特点在于抽象性，因此又称为抽象思维。具体到自然科学领域，逻辑思维指以科学的原理、概念为基础来解决问题的思维活动。它通常运用概念、判断、推理等逻辑规则来认识世界。

逻辑思维是人类基本的能力，这种能力通过锻炼会不断发展。以数学为代表的学科，利用公理、定理等基本命题和公式演算、逻辑推理演绎等方法来论证新的命题，从已知推导未知，获得新的认知。这类抽象思维训练以及哲学思辨，都能帮助人们锻炼和提高逻辑思维能力。当今，与信息处理相关的计算科学、计算机科学技术等都建立了完整的理论体系。掌握这些知识，是提高信息处理能力的有效途径。

1.4.2　实证思维

自然界向人类呈现的，不全是它的本来面目。人类仅凭自己的感官，往往不能准确感受和认识到事物的真相。为了弥补感官的不足，人类不仅发展了理性思维，而且创造了许多科学仪器来观测事物。所谓实证思维，是指人们采取客观性观测和实证性追究，在探究事物运动的本质、规律的过程中凝结而成的思维形式。

以物理、化学为代表的学科，往往要通过观察、测量和系统实验来总结自然规律，所以实证思维又称为实验思维。在用计算机解决问题时，系统的分析和算法的选择最终都要通过程序在机器上运行的结果进行验证。调试程序和测试程序都要通过系统、全面的测试数据进行检验。如何设计测试数据？如何分析测试结果？实验背后的思维方式才是核心所在。

不管什么学科，都建立在经验性观察以及对其证据的综合分析之上，也就是通过直接和间接观察进行取证，然后综合分析，得出结论。如何在不完整的实验数据和论证材料中收集证据，把这些证据进行系统的组织，最终给出综合分析的结果，其中的思维方式非常关键。因此，实证性的观察和对观察结果的综合分析应该成为大学的基本训练内容。

1.4.3　计算思维

人类长期的进化过程，也是知识的积累和发展过程。依赖知识的积累，人类获得了越来越强大的掌握自然的能力。但是，世界性的难题仍然困扰人们。比如，如何准确预报气象和地震等自然灾害的发生，如何实现社会科学治理，防止污染、疫情以及恐怖主义的发生等。已有的知识体系和经验都无法有效应对这些突发的、复杂的问题。

诺贝尔物理学奖获得者罗伯特·威尔逊（Robert Wilson）利用计算模型在物理学方面取得重大突破之后，在 1975 年提出了模拟和计算这一新的科学方法。此后，物理和生命科学领域的科学家发起了计算科学运动。1976 年，美国伊利诺大学利用计算机成功证明了"四色猜想"这一数学难题。20 世纪后期，计算流体力学、计算化学、计算物理学已经发展得十分成熟。由此，利用计算机解决各领域问题相关的方法及思维方式逐步在科学研究中得到普及，并形成了计算思维模式。

1. 计算思维的概念

美国计算机科学家周以真教授认为，计算思维（Computational Thinking）是运用计算机科学的基础概念进行问题求解、系统设计以及人类行为理解等涵盖计算机科学之广度的一系列思维活动。计算思维是在不同抽象水平上的思考，是有效使用计算来解决人类复杂问题的一系列心智活动。

随着计算科学越来越广泛地被用来解决各个领域的问题，计算思维的概念也得到了丰富和发展。人们认识到，计算思维是应用计算科学的原理、思想和方法来解决各学科实际问题时形成的一系列思维技能或模式的综合。计算思维与具体学科知识、应用的结合，表现为不同的实践形式。因此，计算思维不仅仅局限于计算机科学家，而是人类解决问题的科学思维。计算思维可以加深人们对计算本质以及计算机求解问题的理解，为解决各领域的问题提供了新的观点和方法。

2. 计算思维的本质特征

计算思维的本质是抽象和自动化。抽象是省略不必要的细节，留下主要环节的过程。自动化是机械地一步一步执行，其前提和基础是抽象。

计算思维的抽象和其他领域的抽象不同，根本区别在于其引入了层的思想。抽象有不同层次，两层次之间存在良好的接口。通常，抽象包括 4 个不同的层次：问题、对象、属性和方法、执行。首先，将复杂问题通过分解和简化，抽象成能够控制和解决的众多子问题；其次，将每个子问题抽象成若干对象，分析其行为，构造出算法，使每个对象都可以独立完成相应的操作，也可以相互协调完成具体的任务；接着，分析每个对象的特征，抽象出对象的共同属性和操作方法，用数据描述属性，用程序实现操作；最后，在特定的机器上调试、执行程序，将算法抽象为程序在特定机器上的执行结果。

3. 计算思维与学科融合

计算思维曾经被认为是计算机科学家的专属领域，但随着计算科学被广泛地融合到各个学科，计算思维也成了各个学科领域的重要思维方式，也就是将计算科学的原理和方法融合到各学科中，利用计算机来求解相应学科领域的具体问题。

计算思维的应用已经超越了传统的科学和工程领域，在生物信息学、环境科学、经济学甚至艺术创作中都发挥着重要作用。通过高性能计算，研究人员能够模拟复杂系统的行为，预测未来趋势，并设计创新解决方案。计算生物学正在帮助人们理解生命过程的复杂性，计算社会科学正在揭示社会现象的新视角。这些交叉学科的发展，使人们对世界的认知达到了前所未有的深度和广度。可见，计算思维已经成为跨学科创新的关键，它不仅是一种技术实践，更是一种解决问题的思维方式，适用于艺术、人文、社会科学等各个领域。

4. 计算思维能力培养

计算思维从计算原理、思想和方法的角度表现为对数据、算法、递归、抽象等原理的应用。目前，人们认识到的计算思维能力主要包括6个过程要素与10项核心概念和能力。6个过程要素分别是提出问题、组织和分析问题、表征数据、构造自动化解决方案、分析和实施解决方案、迁移到其他问题的解决。10项核心概念和能力分别是数据收集、数据分析、数据表征、问题分解、抽象、算法和程序、自动化、模拟、并行化、测试和验证。

抽象化能力是计算思维能力的核心，其体现在对问题的构造和简洁化上。构造是将问题"形式化"，用约定的格式、文字或语法表达计算操作，并且是准确、无歧义地表达。简洁化是指基本操作尽可能简单，复杂操作可以转换为简单操作来执行。实际上，计算机只是以它的速度优势，通过快速处理简单的事情，来完成复杂的工作。

计算是为了处理数据，数据思维是计算思维的基础。在培养计算思维能力的过程中，总是不可避免地涉及数据和算法。如何用算法对数据进行加工和处理？其中用到的计算思维能力依赖于掌握一定的信息基础知识、计算机原理以及相关计算方法。

在数字化转型的浪潮中，培养计算思维能力对于每个人都至关重要。它不仅能够帮助人们更好地理解技术如何工作，还能够培养人们的创新思维和解决复杂问题的能力。教育系统正在逐步将计算思维融入各个学科的教学中，以培养未来的创新者和领导者。

> **思维训练**：计算机科学与技术是一门对理论性和实践性要求都非常高的学科，学生既要掌握较为全面、系统的理论知识，又要通过大量的上机实践内化知识，提升能力。请你谈谈在学习和掌握计算机技术过程中所需要具备的科学思维。此外，在跨学科项目中，计算思维可以帮助我们建立模型、测试结果并优化解决方案。请上网查询自己所学专业领域中有哪些与计算密切相关的具体方向。

1.5　新一代信息处理技术

在21世纪的今天，信息技术的飞速发展正在重塑世界。从早期的计算机和互联网，到今天的大数据、云计算、人工智能等，每一项技术的突破都在推动社会的进步。当前，人们正处于一个技术融合的时代，各种新技术相互促进，共同发展。例如，人工智能的发展依赖于大数据的支持，云计算则为人工智能提供了强大的算力。这种技术融合的趋势，预示着更加智能、高效的信息处理方式即将诞生。新一代信息处理技术不仅仅是现有技术的延伸，更代表了一种全新的解决问题的方式。这些技术正在改变人们对数据的理解和对计算的认知，也使人们能够更加深刻地洞察数据背后的含义，更加精准地预测未来的趋势，更加高效地实现问题求解的自动化和智能化。

1.5.1　云计算

任何计算都需要计算环境，如果每个企业都花巨资打造专属计算环境，那么很多企业将入不敷出。如果能由专业的信息基础服务商建立通用的计算平台和信息服务平台，提供商品化的计算力和信息产品，用户通过购买相应产品获得服务和支持，就能较好地解决目前信息系统构建和大规模计算应用所面临的难题。云计算就是基于这样的理念诞生的。

1. 云计算的概念

云计算（Cloud Computing）是利用互联网实现随时、随地、按需、便捷地使用共享计算设施、存储设备、应用程序等资源的计算模式。

通俗地理解，"云"就是存在于互联网上的虚拟超级计算机系统或服务器集群上的资源，它包括硬件资源（运算器、服务器、存储器等）和软件资源（应用软件、集成开发环境等）。本地计算机只需要通过互联网发送需求信息，"云端"就会提供所需要的资源。云计算的最终目标是将计算、服务和应用作为一种公共设施提供给公众，使人们能够像使用水、电、煤气那样使用计算机资源。

2. 云计算系统与服务

在云计算模式下，软件、硬件、数据都是资源。这些资源在物理上都以分布式的共享方式存在。这些资源都可以根据需要动态配置和扩展，以满足用户的业务需求，并通过互联网以服务的形式提供给用户。

云计算系统由云平台、云存储、云终端、云安全等基本部分组成。云平台作为提供云计算服务的基础，管理着数量巨大的中央处理器（Central Processing Unit，CPU）、存储器、交换机等大量硬件资源，以虚拟化的技术来整合一个数据中心或多个数据中心的资源，屏蔽不同底层设备的差异性，以一种透明的方式向用户提供计算环境、开发平台、软件应用等在内的多种服务。

从提供服务的形式来划分，云计算可分为基础设施即服务（Infrastructure as a Service，IaaS）、平台即服务（Platform as a Service，PaaS）和软件即服务（Software as a Service，SaaS）等类型。目前，全球已建立大量的云计算系统，例如，亚马逊的弹性计算云（Amazon EC2），IBM 的 Blue Cloud 和 Sun Cloud，谷歌的 App Engine，微软的 Azure，以及华为云、阿里云、百度云、腾讯云等。

> **思维训练：** 请查阅有关华为云和阿里云的资料。目前这些云平台能给你提供哪些服务？如何使用云平台进行程序设计和数据管理？

1.5.2　大数据

古希腊哲学家毕达哥拉斯（Pythagoras）曾经提出"数即万物"，认为数字是世界的本质，支配着人类社会乃至整个自然界。随着移动互联网、物联网、大数据等技术深入融合到各个行业，人类才真正进入"数即万物，万物皆数"的大数据时代。

1. 大数据的概念

大数据（Big Data）是指无法在一定时间范围内用常规软件工具进行捕捉、管理和处理的海量数据集合，是需要用新处理模式进行处理才能获得更强的决策力、洞察力和流程优化能力的信息资产。大数据具有数据体量巨大、数据类型繁多、价值密度低等特点。目前，大数据主要依托云存储、云计算技术来进行存储、管理和运算处理。

2. 数据的价值

全球知名咨询公司麦肯锡曾表示："数据已经渗透到每一个行业和业务职能领域，成为重要的生产因素。人们对于海量数据的挖掘和运用,预示着新一波生产力增长和消费者盈余浪潮的到来。"数据的战略意义在于,数据就是源泉,数据就是生产力。如果把大数据比作一种产业,那么该产业实现盈利的关键在于提高对数据的加工能力。通过加工挖掘数据的价值,大数据已逐步成为企业和社会关注的重要战略资源,成为大家争相抢夺的新焦点。

3. 数据挖掘

互联网和物联网所产生的海量数据汇聚到云平台中,能够形成与物质世界相平行的数字世界,为人们看待世界提供了一种全新的方法,使决策行为日益基于数据分析做出,而不像过去那样,更多凭借经验和直觉做出。

数据挖掘是指从大量的数据中,通过算法搜索隐藏于其中的信息的过程。人们通常通过统计、在线分析处理、情报检索、机器学习、专家系统和模式识别等诸多方法,将数据转换成有用的信息和知识。大数据技术快速发展,随之兴起的数据挖掘、机器学习和人工智能等相关技术,可能会改变数字世界里的很多算法和基础理论,从而实现科学技术上的突破。

> **思维训练:** 人们上网进行信息搜索、购物、学习、娱乐等网络行为都具有重大的商业价值,成为相关企业的资产。请分析在对这些数据进行挖掘的过程中用到的信息技术。大数据技术在其中扮演什么样的角色?

1.5.3 物联网

万物互联是信息社会的典型特征。越来越多的事物在联网,越来越多的传感器在感知。

1. 物联网的用途

物联网(Internet of Things,IoT)是通过二维码识读设备、射频识别(Radio Frequency Identification,RFID)装置、红外感应器、全球定位系统和激光扫描器等各种信息传感设备,按约定的协议,把任何物品与互联网相连接,进行信息交换和通信,以实现智能化识别、定位、跟踪、监控和管理的一种信息综合应用技术。物联网的主要目的是方便各种事物的识别、管理和控制。

物联网的用途非常广泛,遍及智能交通、环境保护、公共安全、平安家居、智慧城市等众多领域,以实现人类社会与物理系统的信息整合。在此基础上,人类可以用更加精细和动态的方式来管理生产与生活,达到"智慧"状态,从而提高资源利用率和生产力水平,改善人与自然间的关系。

2. 物联网的构成

物联网分为感知层、网络层和应用层。其中,感知层又称为信源层,其通过传感设备识别和采集信息,目前主要应用的技术包括二维码标签和识读器、RFID 标签和读写器、摄像头、北斗卫星导航、GPS、传感器等。网络层又分为支撑层和数据层,其包括通信与互联网的融合网络、网络管理中心、信息中心和智能处理中心等;网络层将感知层获取的信息进行传递和处理。应用层与行业需求结合,以实现广泛的智能化。

> **思维训练:** 万物互联时代,各种传感设备、智能设备都将产生大量数据,汇聚的数据量绝对大到难以想象。如此海量的数据若不及时处理和利用,它们将很快变成数据垃圾。如何及时处理海量数据呢?请查阅资料,了解雾计算、边缘计算的相关概念和方法。

1.5.4 人工智能

人工智能(Artificial Intelligence,AI)是一个跨学科领域,旨在创建能够执行需要人类智能的任务的机器或软件。近年来,随着计算能力的提升和数据量的增加,人工智能技术迎来了新的发展机遇。

1．机器学习

机器学习是人工智能的一个重要分支，它使计算机能够从数据中学习并做出决策或预测。机器学习的核心是算法，这些算法可以是监督学习、无监督学习或强化学习。监督学习算法通过已标记的训练数据学习，无监督学习算法则试图在没有明确指导的情况下发现数据中的模式。强化学习通过奖励和惩罚来训练算法，以优化决策过程。

2．神经网络与深度学习

神经网络是模拟人脑行为的一种人工智能研究范式，深度学习是神经网络的最新发展。它们使用类似于人脑的神经网络结构来处理复杂的数据模式。深度学习网络由多层神经网络组成，每一层用于提取和汇聚数据的深层次特征，以便于发掘事物的本质规律。深度学习神经网络以及在此基础上迅速发展起来的大模型和生成式人工智能技术，已在图像识别、自然语言处理、内容生成等诸多领域大放异彩，显示出了强大的信息处理与智能应用能力。

3．技术挑战与伦理问题

尽管人工智能技术正成为新的经济引擎，但它也面临诸多技术挑战和伦理问题。例如，数据隐私和安全、算法偏见和透明度，以及对就业的影响等问题。教育从业者和政策制定者需要共同努力，确保这些技术的发展能够惠及社会并符合伦理标准。

> **思维训练**：人类在简单记忆和机械计算方面明显不如计算机，人类的学习重点不应放在简单知识的记忆和方法的模仿上，而应通过知识与方法的学习形成创新思维与意识。你如何理解这一论断？

1.5.5　区块链

区块链（Blockchain）是一种分布式账本技术，它允许多个参与者共同维护一个不断增长的数据记录列表，即区块。每个区块包含一系列交易记录，并通过加密方法与前一个区块链接起来，形成一个不可篡改和不可逆的链条。区块链技术可以为企业提供更安全、透明、可信的数据管理服务。

1．智能合约与去中心化应用

智能合约是存储在区块链上的程序，它们在满足预设条件时自动执行合约条款。智能合约的应用可以减少中间人的需求，降低交易成本，提高效率。去中心化应用则是运行在区块链上的应用程序，它们不受单一实体控制，可以提供更安全、更透明的服务。通过区块链技术，企业可以实现数据追溯、防止数据篡改、提高数据安全性等目标。同时，区块链技术还将促进供应链管理等领域的创新和发展。

2．区块链的应用领域

区块链技术因其透明性、不可篡改性和去中心化等特性，被广泛应用于多个领域，举例如下。

（1）金融服务：区块链在跨境支付、证券交易和智能合约中具有潜在的应用价值。

（2）供应链管理：通过区块链追踪产品从生产到交付的整个过程，提高透明度和效率。

（3）身份验证：区块链可以安全地存储和验证个人身份信息，减少欺诈行为。

尽管区块链技术具有巨大的应用潜力，但它也面临一些问题。例如，随着用户数量的增加，区块链网络可能会遇到处理速度和容量的限制，进而导致算力需求倍增和能源消耗问题。另外，区块链的去中心化特性给监管机构带来了挑战，同时也会引发法律和合规性等诸多问题。这些问题将随着区块链技术的不断发展和应用而逐步得到解决。

> **思维训练**：区块链技术作为一种新兴的技术，其独特的特性为多个行业带来了革命性的改变。请思考：区块链技术还能在哪些领域发挥其潜力？

1.6　国产信创的发展

在全球化的信息时代，信息技术已成为国家竞争力的关键因素。随着国际形势的不断变化和信息技术的迅猛发展，国家对信息安全和自主可控能力的重视达到了前所未有的高度。国产信创，即信息化创新的国产化，承载着推动国家信息技术自主创新和产业发展的重要使命。信创的全称是"信息技术应用创新"，旨在实现信息技术自主可控，规避外部技术制裁和风险，其核心是建立自主可控的信息技术底层架构和标准，推动全产业链的国产化替代；国产化是指在产品或服务中采用国内自主研发的技术和标准，替代过去依赖进口产品和技术的过程。

1.6.1　国产信创的意义及发展历程

国产信创的核心是自主可控。在过去的很多年间，我国在信息技术领域长期处于引进和模仿的地位。国际 IT 巨头占据了大量市场份额，也垄断了国内的信息基础设施，其制定了国内 IT 底层技术标准，并控制了整个信息产业生态。国产信创的发展不仅是技术进步的体现，更是国家安全战略的需要。它涉及从硬件到软件、从单一产品到整体解决方案的全方位创新，旨在通过自主研发和技术创新，减少对外部技术的依赖，增强国家在全球信息技术领域的竞争力。

国产信创涉及新一代信息技术下的云计算、软件（操作系统、中间件、数据库、各类应用软件）、硬件（GPU/CPU、主机、各类终端）、安全（网络安全）等领域的安全可控。归根结底，其是基于国产软硬件进行信息化建设。近年来，随着技术、政策和市场的变化，国产信创经历了一个持续演进的发展历程。

21 世纪初，随着计算机技术的不断发展，计算机产业开始兴起。时任科技部部长的徐冠华指出"中国信息产业缺芯少魂"，随后一些关键企业如蓝点、中科红旗、银河麒麟、中软等相继成立，国产信创进入萌芽期。2006 年，国务院颁布了《国家中长期科学和技术发展规划纲要（2006—2020年）》，其中"核高基"（核心电子器件、高端通用芯片及基础软件）被列为 16 个重大科技专项之一，这标志着国产信创正式起步。2014 年，中央网络安全与信息化领导小组成立，其推动了网络安全和信息化的发展战略、宏观规划和重大政策的制定。此外，各地也开始部署现代信息技术产业生态体系，国产信创试点工作进入实质性阶段。2018 年至今，随着政策的不断推动和市场的逐渐成熟，国产信创得到了更加迅猛的发展。

> ✎🖊思维训练：国产信创的发展对于提升国家的信息技术自主可控能力至关重要。请思考：国产信创的发展对个人、企业和国家分别意味着什么？如何确保国产信创健康发展？

1.6.2　国产信创的发展现状

国产信创的关键在于技术创新。近年来，国产技术在多个领域取得了显著的技术进步，标志着国产信创产业正逐步实现自主可控，为保障国家信息安全和推动经济社会高质量发展奠定了坚实基础。

（1）基础硬件领域。CPU 是我国科技发展的"卡脖子"技术，是底层硬件中需要发展的重点技术。目前，国内企业如兆芯、龙芯等在 CPU 设计和制造上取得了重要进展，提升了国产芯片的性能和可靠性，逐步满足不同应用场景的需求。

（2）服务器市场领域。从全球视角来看，服务器市场正在经历全球化的发展，物联网、大数据和云计算等技术成为主导。我国服务器市场对这些技术产生了极大的影响力，市场规模持续扩大，国产服务器在性能、能效比方面不断取得显著进步。

（3）基础软件领域。国产操作系统如麒麟、统信 UOS 等在安全性、稳定性以及用户体验上不断优化，已经在政府和企业中得到广泛应用。数据库技术也取得了很大的进展，国产数据库如达梦、金仓等在事务处理能力、数据存储容量等方面已达到国际领先水平。国产中间件产品在性能、可靠性上不断提升，可有效支撑复杂应用场景的运行。

（4）应用软件方面。国产应用软件在办公软件、企业管理系统、客户关系管理系统等领域不断创新，提供了多样化的解决方案，满足了市场的需求。

（5）信息安全领域。随着信息技术的快速发展，信息安全成为重点关注领域，国产信息安全产品和服务在防病毒、防火墙、入侵检测等方面取得了显著突破。

（6）云计算和大数据应用领域。国内云服务提供商如华为云、阿里云、腾讯云等在 IaaS、PaaS 方面取得了显著成就，推动了云计算技术的广泛应用。大数据技术在数据存储、处理和分析等方面的进步，为数据驱动的决策提供了技术支撑。

> **思维训练**：在全球信息技术领域，国产信创如何平衡国际合作与竞争的关系？如何在保护核心技术和知识产权的同时，积极参与国际交流和合作，提升国际影响力？

1.6.3　国产信创的应用领域及挑战

信创产业包含的细分行业十分庞杂，信创产业链大体可分为软件领域、硬件领域、实际应用和信息安全四大类。软件领域包括应用软件和基础软件，硬件领域包括基础硬件和设备设施，实际应用场景包括企业应用和解决方案，信息安全控制则贯穿整个信创产业。图 1-6 展示了信创产业链的分布情况。

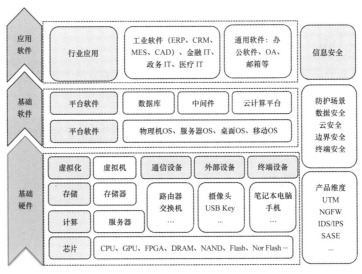

图 1-6　信创产业链示意

目前，国产信创聚焦的关键领域如下。

（1）政府机关。国产信创在政府机关的应用最为广泛，涉及电子政务、信息安全等多个方面，面临的挑战包括系统的稳定性和数据的安全性。

（2）金融行业。金融行业对信息技术的安全性和可靠性要求极高，国产信创产品需要不断提升性能，满足金融交易的高并发和实时性需求。

（3）教育领域。国产信创在教育领域的应用有助于推动教育信息化和现代化，但同时也需要解决教育资源的标准化和兼容性问题。

（4）工业和制造业。国产信创在工业自动化、智能制造等方面具有巨大潜力，但也需要克服工业环境下的极端条件和复杂需求。

信创产业作为战略性新兴产业，国家不断出台相关政策对其发展进行支持。政策扶持对于推进信创产业发展意义重大，我国信创产业竞争力不断增强，国产化进程稳步推进，国产信创正逐渐展现出其独特的价值和潜力，它不仅为国家信息安全提供了坚实保障，也为各行各业的数字化转型提供了强大动力。从政府机关到企业，从金融行业到教育领域，国产信创的应用正在不断拓展，成为推动社会进步和经济发展的关键力量。图 1-7 展示了 2022 年信创产业链各环节的国产化程度。国产信创的发展还面临诸多挑战，技术成熟度、国际竞争力、市场接受度等都是国产信创在发展过程中需要克服的主要问题。如何进一步提升国产信创的技术水平，如何构建完善的产业生态，如何在全球范围内提升国产信创的竞争力，这些都是未来需要应对的挑战。

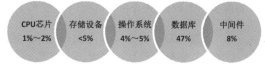

图 1-7　2022 年信创产业链各环节的国产化程度

📖 **思维训练**：技术创新是一个持续的过程，需要不断地投入资源和努力。请思考：国产信创如何在现有基础上继续保持技术创新的活力？我们需要关注哪些新兴技术领域，如人工智能、量子计算等，以确保在未来的全球竞争中保持领先地位？

实验 1　信息的表示与转换

一、实验目的

（1）了解使用 Python 编写程序在文件中存储二进制数据的方法，掌握在 Python IDLE 环境中运行 Python 程序的一般过程。

（2）认识整数编码，了解存储空间大小对整数表示范围的约束限制。

（3）认识文本字符的 ASCII、汉字机内码和 UTF-8 编码，熟练掌握英文字母、数字以及常用控制字符的 ASCII。

二、实验内容与要求

1. 认识整数编码

（1）打开 Python IDLE 编程环境，选择菜单 "File→New File" 打开程序编辑窗口，在窗口中输入图 1-8 所示代码。

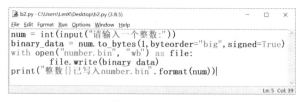

```
num = int(input("请输入一个整数:"))
binary_data = num.to_bytes(1, byteorder="big", signed=True)
with open("number.bin", "wb") as file:
        file.write(binary_data)
print("整数{}已写入number.bin".format(num))
```

图 1-8　输入代码

代码输入完毕后，按"F5"键，在弹出的"Save Before Run or Check"对话框中选择"确定"来保存程序并运行，注意保存文件的位置选择"桌面"，程序文件名为"b2"。设置完成后程序开始运行，且运行窗口会显示"请输入一个整数:"。输入整数 8 并按回车键，程序的运行结果如图 1-9 所示。程序会在计算机桌面上建立一个二进制文件 number.bin，并将整数 8 写入该文件中。下面我们就可以使用可查看二进制编码的软件 WinHex 来观察写入 number.bin 文件中的数据的编码。

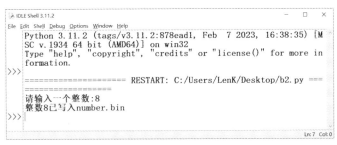

图 1-9　程序运行结果

（2）使用 WinHex 软件打开桌面上的文件 number.bin，可以看到整数 8 已写入该文件，如图 1-10 所示。

（3）切换到程序代码窗口，按"F5"键重新运行程序，每次试着输入不同的数据，观察程序运行结果和 WinHex 软件窗口中的内容。

输入整数 16，程序运行结果为_____，WinHex 软件窗口中的内容为_____。

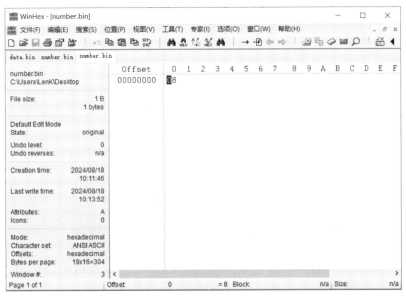

图 1-10　使用 WinHex 软件查看整数 8 的编码

输入整数 127，WinHex 软件窗口中的内容为_____，转换成二进制为_____。

输入整数 -1，WinHex 软件窗口中的内容为_____，转换成二进制为_____，这是整数 -1 的_____码表示。

输入整数 128，程序运行结果为_____，你认为出现这个结果的原因是_____。

（4）返回程序编辑窗口，将第 2 行代码修改如下：

```
binary_data = num.to_bytes(2,byteorder="big",signed=True)
```

再一次运行程序，输入整数 128，程序运行结果为_____，WinHex 软件窗口中的内容为_____。你认为将 num.to_bytes( )函数的第一个参数修改为"2"的作用是_____。

2. 认识文本字符的 ASCII、汉字机内码、UTF-8 编码

（1）使用记事本建立一个文本文件，输入图 1-11 所示内容，保存在桌面上，注意保存时"编码"设置为"UTF-8"，文件名为"字符编码.txt"。

（2）启动 WinHex 软件，打开文件"字符编码.txt"，查看文本字符的编码，并填写在表 1-5 中。

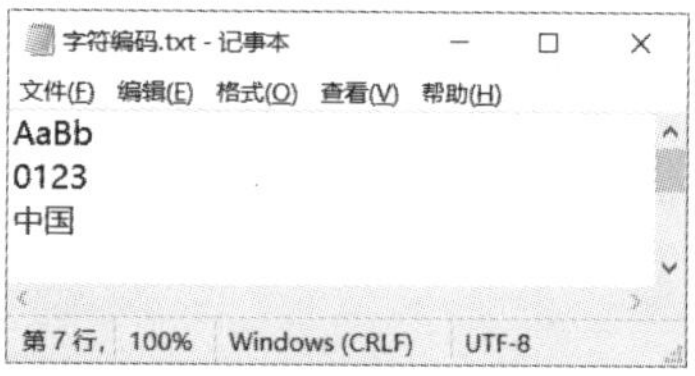

图 1-11 文本文件的内容

表 1-5 部分文本字符的 UTF-8 编码

字符	十六进制编码
A	
a	
0	
换行	
回车	
中	

这个文件的大小为 18 字节，其中英文字符和数字共有 8 个，各占_____字节；汉字 2 个，各占_____字节；另外的_____字节为控制字符_____。

（3）在记事本中打开文件"字符编码.txt"，重新设置"编码"为"ANSI"，选择"另存为"，通过打开的对话框保存文件为"字符编码 ANSI.txt"。用 WinHex 软件打开该文件，查看文本字符编码。与 UTF-8 编码对照，变化为_____。

三、实验操作引导

1. 实验环境

> 📖**提示**：本实验采用最基本的 Python 编程环境完成，读者可到 Python 官方网站进行下载安装。对于 WinHex 软件，读者可通过搜索引擎获取。

2. 数据存储规则

> 📖**提示**：不同类型的数据编码占用的字节数不一样。例如，ASCII 字符占用 1 字节、汉字机内码占用 2 字节、整数占用 2 字节或 4 字节、浮点数占用 4 字节或 8 字节。即使是相同的数据，在不同编码方案下占用的字节数也不一样。例如，采用 UTF-8 编码方案时，对于英文 ASCII 字符，其编码不变，仍然占用 1 字节；汉字则采用全新的编码，占用 3 字节。

3. int.to_bytes(length,byteorder,signed)

> 📖**提示**：Python 中整数的 to_bytes()方法用于将整数转换为字节（二进制数据），这个方法可以将数值转换成所需的字节序列，以便进行文件写入、网络传输等操作。其参数含义如下。
>
> length：需要的字节长度。它指定了结果字节序列的长度，我们必须确保这个长度足以容纳整数，否则可能会出现 OverflowError 错误。

byteorder：字节序，可以是'big'或'little'，'big'表示大端序（网络序），即最高位字节在前；'little'表示小端序，即最低位字节在前。

signed：是否有符号。默认为 False，表示转换为无符号整数的字节序列。如果为 True，则表示转换为有符号整数的字节序列，并根据整数的值进行适当编码（如使用补码形式）。

四、实验拓展与思考

（1）Python 的浮点数类型（float）没有直接的 to_bytes()方法，但可以使用 struct 模块来实现类似的功能，struct 模块提供了一个 pack()函数，可以将 Python 数据类型转换为字节序列。

从实验素材中下载程序 ftob.py，这个程序可以把输入的浮点数转换为二进制字符串并写入文件 float.bin 中。运行程序，在输入浮点数 1.5 并选择精度为 single 后，使用 WinHex 软件打开 float.bin，可以看到浮点数 1.5 的编码为 3F C0 00 00，如图 1-12 所示。请对照 1.2.2 小节中介绍的浮点数编码原理，分析这个编码的含义。

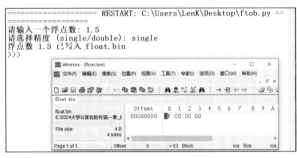

图 1-12　浮点数的编码

（2）打开记事本，输入一段文本，存盘后用 WinHex 软件打开，按照某种规律（如每个字节的数字都加 5）逐个修改每个字节的内容，保存之后再用记事本打开该文件，会发生什么现象？如何恢复文件原貌？

快速检测

1. 判断题

（1）计算机中的数据和信息是等同的。信息就是数据，数据就是信息。　　　　　　（　　）

（2）信息素养指的是具有熟练操作计算机的能力。　　　　　　　　　　　　　　　（　　）

（3）计算机正朝着巨型化、微型化、网络化和智能化几个方向发展。　　　　　　　（　　）

（4）计算机中任何复杂的计算，最终都可以归结为基本的算术和逻辑运算。　　　　（　　）

（5）矢量图形的数据量一定比位图小。　　　　　　　　　　　　　　　　　　　　（　　）

（6）十进制数 35 转换成二进制数是 100011。　　　　　　　　　　　　　　　　　（　　）

（7）"A"的 ASCII 值为 65，则"C"的 ASCII 值为 67。　　　　　　　　　　　　（　　）

（8）数−1 的 8 位补码为 10000001。　　　　　　　　　　　　　　　　　　　　　（　　）

（9）国产信创的发展主要是为了应对国际 IT 巨头的市场竞争。　　　　　　　　　（　　）

（10）浮点数取值范围的大小由阶码决定，而浮点数的精度由尾数决定。　　　　　（　　）

2. 选择题

（1）信息处理进入计算机世界，实质上是进入（　　　）的世界。

　　　A．数字信号　　　　B．十进制数字　　　C．二进制数字　　　D．十六进制数字

（2）计算机最早的应用领域是（　　）。

    A. 科学计算　　　　B. 数据处理　　　　C. 过程控制　　　　D. 信息管理

（3）在信息处理过程中，主要使用传感器技术的环节是（　　）。

    A. 信息获取　　　　B. 信息加工　　　　C. 信息传输　　　　D. 信息利用

（4）就工作原理而论，当代计算机都基于（　　）提出的存储程序控制原理。

    A. 艾兰·图灵　　　　　　　　　　B. 查尔斯·巴贝奇

    C. 冯·诺依曼　　　　　　　　　　D. 威廉·莱布尼茨

（5）下列对补码的叙述，（　　）不正确。

    A. 负数的补码是该数的反码加 1　　B. 负数的补码是该数的原码加 1

    C. 正数的补码就是该数的原码　　　D. 正数的补码就是该数的反码

（6）汉字机内码将两个字节的（　　）作为汉字标识。

    A. 最高位置"1"　　　　　　　　　B. 最高位置"0"

    C. 最低位置"1"　　　　　　　　　D. 最低位置"0"

（7）浮点数之所以能表示很大或很小的数，是因为使用了（　　）。

    A. 较多的字节　　B. 较长的尾数　　C. 阶码　　　　　D. 符号位

（8）将二进制数 110110.01 转换成十进制数，其值是（　　）。

    A. 54.25　　　　　B. 216　　　　　C. 54.01　　　　　D. 217

（9）已知 8 位机器码 10110100，它是补码时，表示的十进制真值是（　　）。

    A. −76　　　　　　B. 76　　　　　　C. −70　　　　　　D. −74

（10）下列选项中，（　　）与高性能计算无关。

    A. 多 CPU　　　　B. 并行程序　　　C. 分布式计算　　　D. 嵌入式系统

（11）在进行计算时，有时会遇到数据"溢出"，这是指（　　）。

    A. 数值超出了内存容量　　　　　　B. 数值超出了机器字长

    C. 数值超出了数据的表示范围　　　D. 计算机出故障了

（12）下列有关二进制的论述，（　　）是错误的。

    A. 二进制数只有 0 和 1 两个数码

    B. 二进制数只由二位数组成

    C. 二进制数各位上的位权都是 2 的幂

    D. 二进制运算逢二进一

（13）人们通常用十六进制而不用二进制书写计算机中的数，是因为（　　）。

    A. 用十六进制书写比用二进制方便

    B. 十六进制的运算规则比二进制简单

    C. 十六进制数可表达的范围比二进制数大

    D. 计算机内部采用的是十六进制

（14）下列选项中，与数据保护无关的是（　　）。

    A. 数据压缩　　　B. 数据加密　　　C. 数据备份　　　D. 远程容灾

（15）有 2 字节的十六进制数 B3 E9，其最不可能代表的信息是（　　）。

    A. 计算机指令　　B. 整数　　　　　C. 声音波形　　　D. ASCII 字符

（16）深度神经网络属于（　　）的技术范畴。

    A. 云计算　　　　B. 物联网　　　　C. 人工智能　　　D. 区块链

（17）下列选项中，与声音信息数字化转换无关的是（　　）。

    A. 采样　　　　　B. 编码　　　　　C. 降噪　　　　　D. 量化

（18）下列无符号整数中，（　　）最小。

  A. 11011001（B）   B. 35（D）

  C. 37（O）   D. 2A（H）

（19）国产信创的背景和意义主要体现在（　　）。

  A. 提升国家信息技术的自主可控能力

  B. 增加国内 IT 企业的市场份额

  C. 降低信息技术产品的成本

  D. 促进国际信息技术合作

（20）2006 年，（　　）被列为我国 16 个重大科技专项之一，这标志着国产信创正式起步。

  A. 云计算   B. 核高基   C. 大数据   D. 人工智能

第2章
计算机系统与工作原理

计算机技术是整个信息技术的核心，它贯穿信息的获取、处理、传输和应用的全过程。本章介绍计算机系统的组成和工作原理，并以"信息流转"为主线，简要介绍微型计算机各主要部件的功能和特点，以及计算机指令执行与系统控制的过程。

本章学习目标

- 掌握计算机系统的组成，熟悉硬件系统和软件系统的基本作用。
- 掌握现代计算机体系结构和计算机基本工作原理。
- 掌握微型计算机硬件的基本作用和工作原理，了解其性能指标及其功能特点。
- 熟悉计算机指令执行与系统控制过程，掌握计算机基本计算原理。
- 理解微型计算机主板的作用，熟悉常见的总线和接口类型。

2.1 计算机系统组成

计算机可对输入的各种信息进行数字化加工，并以人们希望的方式进行存储和输出。一个完整的计算机系统包括硬件系统和软件系统两部分，如图2-1所示。

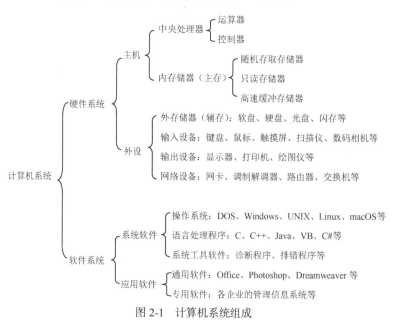

图2-1 计算机系统组成

思维训练：在计算机系统中，硬件系统和软件系统的关系如何？你知道多少有关计算机硬件和软件的相关术语与概念？

2.1.1 硬件系统

硬件系统是组成计算机系统的各种物理设备和电子线路的总称，常称为计算机的"躯干"。硬件系统由主机和外设两部分组成。主机包括 CPU 和内存储器，它们是计算机的核心部件，对整个计算机系统的性能有决定性的影响。其中，CPU 又包含运算器（Arithmetic Logic Unit，ALU）和控制器（Control Unit，CU），前者负责各种算术逻辑运算，后者负责指挥和协调整个计算机系统的工作。外设通常包括输入/输出设备（简称 I/O 设备）、外存储器、网络设备等，它们除负责信息的输入和输出，还用于拓展计算机的功能。

2.1.2 软件系统

软件系统是控制、管理、指挥计算机按规定要求工作的各种程序、数据和相关技术文档的集合，是计算机系统的"灵魂"。人们使用计算机，通常是使用计算机上安装的各种软件。正是这些软件极大地丰富了计算机的功能，并不断拓展计算机的用途。

计算机软件通常分为系统软件和应用软件两大类。系统软件是指负责管理、控制和维护计算机的各种软、硬件资源，并为应用软件提供支持和服务的一类软件。通常，系统软件通过监测计算机上的所有活动以协调整个计算机系统的运行，为处于运行状态的各个应用程序合理分配资源。常见的系统软件包括操作系统、语言处理程序和系统工具软件等。其中，操作系统作为最重要的系统软件，负责对计算机系统中的各种软硬件资源进行集中控制与管理，使整个系统协调、高效地工作，如 CPU 和存储管理、系统控制与软件管理、文件管理、网络管理等。同时，操作系统还提供了越来越好的人机交互体验。语言处理程序的主要作用是将用程序设计语言编写的源程序转换成机器语言的形式，以便计算机能够运行。语言处理程序通常包括汇编程序、编译程序和解释程序 3 种。系统工具软件种类繁多，通常用于对系统进行优化、维护和支持。

应用软件是为完成特定的信息处理任务而开发的各类软件。随着信息技术的普及和因特网（Internet）的飞速发展，计算机应用已深入每一个行业，人们为解决学习和工作中遇到的各种实际问题编制了大量的程序，使应用软件极为丰富多彩，其总量更是难以计数。

思维训练：操作系统、语言处理程序、系统工具软件和应用软件各自的作用如何？你知道 Android、Python、WinRAR、MATLAB、Photoshop 各属于什么类型的软件吗？若不清楚，可通过网络查询这些问题的答案。另外，请上网了解与你所学专业相关的 1～2 个应用软件。

2.1.3 现代计算机的体系结构

尽管现代计算机种类繁多，价格和复杂程度千差万别，但它们都采用了冯·诺依曼提出的以下设计思想。

（1）二进制原理——计算机中使用二进制来表示程序和数据。

（2）五部件原理——计算机由存储器、运算器、控制器、输入设备和输出设备 5 个基本部分组成。

（3）存储程序和程序控制原理——程序和数据被预先存放于内存储器中，计算机由程序控制自动工作。

为什么要把程序事先存储起来呢？这主要是为了方便使用并可在不同任务之间进行快速切换。当需要执行某任务时，计算机可直接将执行该任务的程序调入内存，而存储程序也保证了计算机能方便、灵活地在不同的任务间进行切换。计算机之所以能模拟人脑自动完成某项工作，就在于它能将程序和数据存入自己的"数据交换中心"，以便能按程序的要求对数据进行自动处理。

冯·诺依曼的上述设计思想奠定了现代计算机的体系结构。直至今日，虽然计算机技术和微电子技术迅猛发展，现代计算机在运算能力、使用范围等方面已和最初的计算机有天壤之别，但计算机的体系结构和工作方式仍然没变，其体系结构如图 2-2 所示。

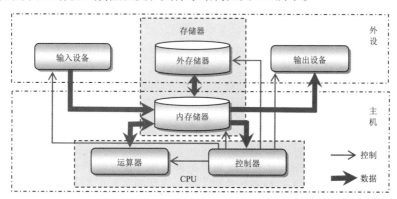

图 2-2　现代计算机的体系结构

可见，现代计算机就如同一个高度自动化的无人值守工厂，由输入设备负责原材料的收集和初步处理，原材料经初步处理后被送往物流中心——内存储器，运算器负责产品的生产和加工，生产出来的成品经物流中心中转后被送往仓库保存（外存储器）或直接交付客户使用（输出设备）。这一过程的每个环节都由工厂指挥中心——控制器负责协调和调度。

2.2　微型计算机的硬件系统

微型计算机简称微机，是最为典型的计算机系统。组成微机的硬件设备非常多，我们要以系统性观点来认识和理解各部件的作用、功能及特点，以形成对微机系统整体性的认识。

2.2.1　信息的输入

计算机的内部工作语言是二进制，因此，任何输入的信息必须先转换成二进制代码，计算机才能够识别。计算机可以接收的信息类型有符号、数值、文本、声音、图像，甚至是环境监测所得到的温度和电压值等。如果待输入的信息为二进制形式，则计算机可以直接识别，否则必须先进行转换。输入设备正是将输入的数据和信息转换为计算机能够识别的二进制形式的设备。常见的输入设备有键盘、鼠标、触控板（点）、轨迹球、触摸屏、手写板、游戏操纵杆、麦克风、扫描仪、数码相机等。如图 2-3 展示了 4 种常用的输入设备。

键盘　　　　　鼠标　　　　　触控板　　　　　触摸屏
图 2-3　4 种常用的输入设备

2.2.2　信息存取与交换

内存储器（简称内存）是计算机临时存放程序和数据的场所，是整个计算机系统的信息交换中心。不仅用户输入的程序和数据被送入内存，计算机的各种信息处理结果也是先保存在内存中，之后再送往外存储器或输出设备。

内存中存放着正在执行的程序和数据，其基本功能是按照指定位置存入和取出相应的二进制信息。按照其工作原理，内存通常可分为随机存取存储器（Random Access Memory，RAM）、只读存储器（Read Only Memory，ROM）和高速缓冲存储器（Cache）3 种类型。

1. 存储容量

存储容量是指存储器所能存放的二进制数据量的总和。在二进制中，1 位二进制数称为 1 比特（bit，b），这是数据量的最小单位。由于要表示一个特定的数据和信息需要的二进制位数较多，人们通常采用字节（byte，B）作为存储容量的基本单位。其中，1B=8bit。此外，人们还采用 KB、MB、GB、TB、PB、EB 等单位来表示更大的存储容量。它们之间的基本关系如下。

内存地址 （十六进制）	内存 （二进制）
...	
80A2H	11000110
...	
2010H	00100010

图 2-4　内存地址示意

$1KB=1024B=2^{10}B$　　$1MB=1024KB=2^{20}B$　　$1GB=1024MB=2^{30}B$

$1TB=1024GB=2^{40}B$　　$1PB=1024TB=2^{50}B$　　$1EB=1024PB=2^{60}B$

2. 内存地址

为了方便程序和数据的读取与写入，内存被划分为许多基本的存储单元，每个存储单元可以保存一定数量的二进制数据，通常为 1B。每个存储单元有唯一编号，称为内存地址，如图 2-4 所示。

> **思维训练**：把内存划分为许多基本的存储单元有什么好处？内存地址的含义和电影院中的座位编号是否相同？如果一个整数（如 100）需要占用 4 个基本存储单元，读取和写入时需要同时指出这 4 个存储单元的地址吗？

3. 随机存取存储器

随机存取存储器（RAM）是人们通常所说的计算机内存，主要用于临时存放正在运行的程序和数据。RAM 中的数据既可以读也可以写，读取时可实现多次读出而不改变其中的原有数据，但写入时新的数据将覆盖相应位置的数据。在计算机断电后，RAM 中的数据将全部丢失。

RAM 通常以芯片的形式焊接在一块被称为"内存条"的小电路板上，一块内存条上可以焊接几块内存芯片。内存条可以方便地插接在主板相应的插槽中，如图 2-5 所示。

图 2-5　内存条（左）及主板上的内存插槽（右）

目前，常见的内存条是在 SDRAM 基础上发展起来的双倍数据速率（Double Data Rate，DDR）内存。DDR 的特点是在时钟脉冲的上升沿和下降沿均能传输数据，这样便可在时钟频率保持不变的情况下加倍提高内存的读取速度。如今，DDR5 内存的工作频率已高达 8400MHz，大大提高了 CPU 与内存信息交换的能力。

4. 只读存储器

只读存储器（ROM）是通过特殊手段将信息存入其中，并能长期保存信息的存储器。ROM 中的信息一般由设计者和生产厂商事先写好并固化在芯片中，即使断电，其中所存储的信息也不会丢失。因此，ROM 常用于保存为计算机提供的最底层硬件控制程序，如上电自检（Power on Self Test，POST）程序和基本输入输出系统（Basic Input Output System，BIOS）程序。随着内存技术的发展，ROM 存储器先后出现了 PROM、EPROM、EEPROM 和 Flash ROM 等类型。目前，主板和部分显卡均采用 Flash ROM 作为 BIOS 芯片，如图 2-6 所示。

5. 高速缓冲存储器

高速缓冲存储器（Cache）是为缓解 CPU 和内存读写速度不匹配而设置的中间小容量临时存储器，集成在 CPU 内部，用于存储 CPU 即将访问的程序和数据。现代 CPU 的执行速度越来越快，一般可达到每秒数十亿次，但内存的读写速度相对较慢，导致 CPU 不得不经常处于等待状态，而这严重影响了整机性能。

在 CPU 和内存之间设置存取速度更快的 Cache 是解决上述问题的通用方法，如图 2-7 所示。Cache 的基本工作原理是：基于程序访问的局部性，将正在访问的内存地址附近的程序和数据事先调入 Cache，当 CPU 需要读写数据时，首先检查所需的数据是否在 Cache 中，如果在（称为"命中"），则直接存取 Cache 中的数据而不必再访问内存；如果不在（未命中），则对内存进行读写。目前的 Cache 调度算法较为先进，Cache 命中率平均高达 80%，这极大地提高了计算机的内存访问效率。

图 2-6　BIOS 芯片采用 Flash ROM

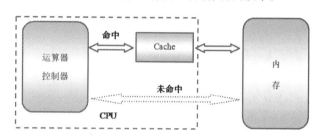

图 2-7　Cache 的工作原理

思维训练： Cache 的作用是缓解 CPU 和内存读写速度不一致的矛盾，但其容量较小，为什么不采用大容量的 Cache 以提高命中率？既然 Cache 的读写速度较快，那么为什么不直接用 Cache 取代内存呢？展望未来的计算机技术，你认为有可能取消 Cache 吗？

6. 内存的性能指标

现代计算机以内存为信息交换中心，内存的性能在很大程度上决定了整个计算机系统的性能。衡量内存性能的指标非常多，除了存储容量，还有时钟频率（周期）、存取时间、CAS 延迟时间和内存带宽等，读者可通过网络进行进一步了解。

2.2.3　信息计算与处理

计算机信息计算与处理的含义绝非仅包括传统意义上的算术运算和逻辑运算。实际上，文档编辑、图像处理、视频播放、游戏渲染和过程跟踪都属于计算机信息计算与处理的范畴。

计算机进行各种信息处理的核心硬件是 CPU，它一般由运算器、控制器以及 Cache 等组成，如图 2-8 所示。作为信息处理和系统控制的重要部件，CPU 的性能直接关系到整个计算机系统的性能，其主要性能指标包括主频、字长、核心数量、Cache 容量、生产工艺等。

图 2-8　CPU 实物（左）和内部简化示意（右）

2.2.4　信息的永久存储

为了长期保存信息，信息必须被转存到外部存储器（简称外存）中。外存就像一个后备大仓库，人们可以将各种数据保存其中，以备将来使用。计算机的外存有很多种类，下面简要介绍目前较为常见的硬盘、光盘和闪存。

1. 硬盘

通常所说的硬盘指机械硬盘，其具有存储容量大、访问速度快和存储量价比高等优点。机械硬盘属于磁介质存储器，它是通过盘面上粒子的磁化现象来存储数据的。机械硬盘的存储盘片一般有多个，它们被安装在同一转轴上，由电机驱动以产生高速旋转。其中，每个存储盘片由上下两面磁性介质组成，每个盘面各配有一个读写磁头，用于对该盘面上的信息进行读写。读写磁头一般离盘面有一个微小的距离，读写数据时并不和盘面直接接触。机械硬盘的结构示意如图 2-9 所示。

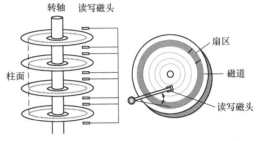

图 2-9　机械硬盘结构示意

机械硬盘的每个盘面被划分为很多的同心圆，每一个同心圆被称为一个磁道（Track），磁道从外往内编号，最外面是 0 磁道，用于保存整个盘面的引导记录和文件分配表（File Allocation Table，FAT）等信息，0 磁道一旦损坏，整个盘面将无法再进行读写；同时，每个磁道被划分为若干段，称为扇区（Sector）。扇区是盘面上最基本的存储单位，每个扇区可存放的信息量为 512B。对于由多个存储盘片组成的机械硬盘，我们可将各盘面上具有相同编号的磁道统称为柱面（Cylinder）。实际上，柱面是立体的磁道，柱面数等于单个盘面的磁道数。因此，一个机械硬盘的容量可由下面的公式进行计算：

$$机械硬盘容量 = 读写磁头数 × 柱面数 × 每道扇区数 × 512（B）$$

例如，一块机械硬盘的读写磁头数为 240、柱面数为 41345、扇区数为 63，则该机械硬盘的存储容量约为 298GB。在单位换算过程中，厂商一般将 1KB 近似当作 1000B，因此，该机械硬盘的容量可被标记为 320GB。

2. 光盘

光介质存储器是 20 世纪 80 年代中期开始广泛使用的外存储器，主要利用激光束在圆盘上存储信息，并根据激光束的反射读取信息。光存储系统包括作为存储介质的各种光盘以及光盘驱动器（简称光驱）。光盘具有容量大、价格低、寿命长和可靠性高等优点，尤其适合音频、视频信息的存储以及重要信息的备份。

光盘盘片一般是在有机塑料基底上加各种镀膜制成的。目前，主流的光盘有 CD、DVD 和 Blu-ray 光盘 3 种。这 3 种光盘的盘片直径均约为 120mm，但采用不同波长的激光光束记录和读取数据，因此，其数据存储密度不同，存储容量可分别达到 650MB/700MB（CD）、4.7GB（DVD）、25GB/27GB（单层 Blu-ray 光盘）。

3. 闪存

闪存是近年来发展特别迅速的存储技术，由闪存芯片制作的可移动存储设备通常称为优盘（或 U 盘），而利用多颗闪存芯片组成的闪存阵列可组建固态硬盘（Solid State Disk，SSD）。无论是 U 盘还是 SSD 硬盘，都是通过电子芯片中的电路系统来存储和读取数据的，都属于固态存储技术的范畴。

U 盘一般采用通用串行总线（Universal Serial Bus，USB）接口，支持设备的即插即用和热插拔功能，并可方便地进行连接和扩展。U 盘的存储容量从几十 MB 到几百 GB 不等，具有读写速度快、价格便宜、小巧方便的优点，还具有防磁、防潮、耐高低温等特性，可擦写上百万次，已取代传统的软盘，成为名副其实的首选移动存储设备。

> 💡**思维训练**：SSD 硬盘代表了硬盘技术的发展方向，请你上网查阅 SSD 的技术特点。你认为在未来几年内，传统机械硬盘会让位给固态硬盘吗？

2.2.5　信息的输出

经 CPU 处理的结果可永久保存在外部存储器中，也可直接转换成人们能够识别的数字、符号、图形、图像等形式，通过显示器和打印机等设备进行输出。

信息的显示输出主要通过显示卡和显示器共同组成的显示输出系统来完成。常见的显卡可分为集成显卡和独立显卡两种，前者是指直接集成在主板上的显卡，后者通常以单独电路板的形式插接在主板上。

此外，信息处理的结果也可通过打印机直接打印输出。常见的打印机有针式打印机、喷墨打印机和激光打印机 3 种。其中，激光打印机具有打印速度快、打印质量高等优点，已成为现代办公以及很多家庭用户的主要选择。

> 💡**思维训练**：如果一幅图像的分辨率为 1024 像素×768 像素，颜色深度为 24 位，则该图像所需要的存储空间大概为多少？

2.3　指令执行与系统控制

依照冯·诺依曼的存储程序原理，计算机是按照事先存储在内存中的程序对信息进行加工和处理的。那么程序如何执行？计算机如何实现自动系统控制？这些问题的本质就是计算机的自动计算原理。

2.3.1　程序和指令

1. 程序

程序（Program）是指挥计算机进行各种任务的一组指令的有序集合。或者说，程序是能实现一定功能的一组指令序列。计算机程序一般用汇编语言或 C/C++、C#、Java、Python 等高级语言编写而成，这样编写的程序（称为源程序）易于人们阅读，但计算机无法直接识别，其必须经过汇编程序、编译器或解释器处理后才能成为计算机可识别的二进制代码，即机器代码或机器指令。

2. 指令

指令（Instruction）是能被计算机直接识别并执行的二进制代码，它规定了计算机所能完成的某一种操作。一条机器指令由操作码和操作数两部分组成，如图 2-10 所示。其中，操作码指明该指令所要完成的功能，如加、减、计数、比较等；操作数指明被操作对象的内容或所在内存单元的地址。当操作数为内存地址时，其可以是源操作数的存放地址，也可以是操作结果的存放地址。

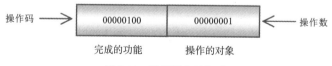

图 2-10　机器指令的组成

3. 指令集

CPU 内部已经用硬件方式实现了加、减、计数、比较、移位、流程控制等基本的操作。随着

CPU 集成度不断提高，有关通用设备控制、多媒体信息处理和优化等基本操作也可由 CPU 内部硬件实现。实际上，尽管计算机可以执行非常复杂的信息处理任务，但这些任务总是被分解为 CPU 可以直接执行的基本操作的集合，只是 CPU 以非常快的速度运行，才让人们感觉计算机具有超强的处理复杂任务的能力。

一台计算机所能完成的基本操作的集合被称为该计算机的指令集（Instruction Set）或指令系统。其中，一种操作对应事先用硬件实现的一种功能，即一条指令。显然，指令操作码的位数决定了一台计算机所能拥有的最大指令条数。不同指令集的计算机具有不同的处理能力，计算机的指令集在很大程度上决定了该计算机的处理能力。

不同类型的计算机，一般具有不同的指令系统。但对于现代的计算机，其指令系统中通常包含数据处理、数据传送、程序控制、输入/输出、状态管理和多媒体扩展指令系统等类型的指令。

2.3.2 运算器

运算器（ALU）又称为算术逻辑单元，是 CPU 中负责各种运算的重要部件。这些运算主要分为算术运算和逻辑运算两大类。其中，算术运算主要指加、减、乘、除等基本算术运算；逻辑运算主要指与（AND）、或（OR）、非（NOT）等基本逻辑运算，以及大于（>）、小于（<）、不等于（!=）等关系比较运算。正如前述，任何复杂的运算都由简单的基本运算逐步实现，计算机只是因为计算速度快得惊人，才具备诸如天气预报、实时控制以及战胜国际象棋高手等复杂信息处理能力。

运算器采用寄存器（Register）来暂时存放待处理的数据或计算的中间结果。寄存器是一种有限容量的高速存储部件，在 CPU 的运算器和控制器中均广为使用，主要用于暂时存放指令执行过程中所用到的数据、指令、存储地址以及指令执行过程中的其他信息。

思维训练： 对于一个特别复杂的问题，若人们没有解决此问题的任何思路，也不知道如何去解决它，人们能将其交给计算机去解决吗？

2.3.3 控制器

控制器（CU）又称控制单元，是整个计算机的指挥中心。只有在控制器的指挥和控制下，计算机才能协调各部件有条不紊地自动执行程序以完成各种信息处理任务。控制器是基于程序控制方式而工作的。由程序转换成的指令序列被事先存入内存中，控制器依次从内存中取出指令、分析指令并执行指令，指挥和控制计算机的各个部件协同工作。

控制器主要由程序计数器（Program Counter，PC）、指令寄存器（Instruction Register，IR）、指令译码器（Instruction Decoder，ID）、微操作控制电路（Micro-Operation Control Circuit，MOCC）及时序控制电路（Sequential Control Circuit，SCC）等组成。

控制器正是按照时序控制电路产生的工作节拍（通常称为主频）以及程序计数器指示的单元地址，依次从内存中取出指令存于指令寄存器中，经指令译码器分析后，由微操作控制电路产生各种控制信号，从而控制计算机各部件协调地自动工作。

2.3.4 指令执行与系统控制过程

计算机工作的过程实际上是不停地执行指令的过程。一条指令的执行包括取出指令、分析指令、执行指令和 PC 更新 4 个环节，如图 2-11 所示。

下面以两个数相加的指令为例，具体说明指令执行与系统

图 2-11 指令的执行周期

控制过程。

当程序开始执行时，第一条指令的内存地址 A1 被送入控制器的 PC 中，控制器根据 A1 的指示将 A1 中存储的指令取出后放入指令寄存器（IR）中。接着，控制器的指令译码器（ID）根据指令的具体操作要求通知 ALU 准备好相关数据（2 和 3）以待处理，如图 2-12 所示。

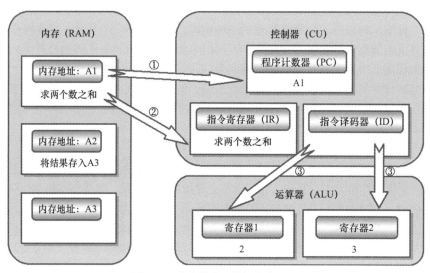

图 2-12　取出指令和分析指令过程

ALU 接收到控制器发出的"求两个数之和"指令后，便将寄存器 1 和寄存器 2 中的数据进行相加，同时将结果存放在累加器中。累加器中的结果可用于进一步计算或依据下一条指令送往内存。"求两个数之和"的指令执行完后，控制器（CU）取得下一条指令，如图 2-13 所示。之后，在该条指令的控制下，累加器中暂存的计算结果（此时为 5）将被送入内存地址 A3。

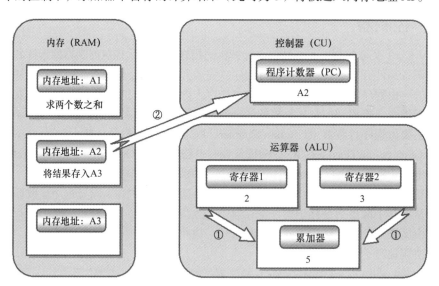

图 2-13　执行指令和 PC 更新过程

可见，指令执行的过程实际上是在控制器的控制下，计算机各个组成部件按指令要求完成相应工作的过程。在这当中，控制器扮演"最高指挥官"的角色，任何部件的操作都由控制器指挥和控制，并需要向控制器汇报其当前状态和执行情况。

🔖思维训练: 控制器通过 PC 知道下一条指令的内存地址。对于顺序执行的程序,PC 通常表现为"自动加 1",这究竟是什么意思?

2.3.5　指令的高效执行

早期的 CPU 采用串行方式执行指令,即同一时间只能执行一条指令。也就是说,在前一条指令的所有步骤执行完毕之前,不能启动新的指令。为了提高 CPU 执行指令的效率,进而增强 CPU 的性能,人们研发出指令流水线(Instruction Pipelining)技术和指令并行处理(Parallel Processing)技术。

指令流水线技术允许 CPU 在前一条指令执行完毕之前启动新的指令。该技术就像现代工厂的生产流水线(如啤酒加工生产线),在前一个产品加工完成之前,可以开始另一产品的加工工序。指令并行处理技术则更像工厂中具备几条生产流水线,可以同时进行多个产品的加工。这两种技术的指令执行方式如图 2-14 所示。

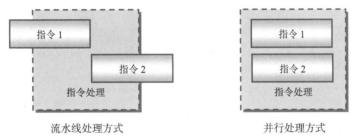

图 2-14　指令执行的流水线处理方式和并行处理方式

2.3.6　国产 CPU 的发展

国产 CPU 的发展经历了多个阶段,从起步、转折到提速,逐步形成了当前百花齐放的局面。1956 年,半导体科技被列为国家新技术四大紧急措施之一,我国相继成立了中国科学院计算所等研发机构。1986 年,中国科学院计算所、半导体所等单位合并成立中国科学院微电子中心。这一阶段,国产 CPU 的发展面临严峻挑战,但为后续的技术积累奠定了基础。之后的近 20 年,国际 CPU 市场基本被 Intel 和 AMD 垄断,国产 CPU 的研发举步维艰。可喜的是,2002 年,我国首款通用 CPU——龙芯 1 号(代号 X1A50)流片成功,这标志着国产 CPU 进入快速发展阶段。随后,国家推出"核高基"重大专项、《国家集成电路产业发展推进纲要》等政策措施,进一步推动了国产 CPU 的发展。目前,国产 CPU 已初具规模,涌现出了飞腾、鲲鹏、海光、龙芯中科、申威等一批领军企业。可见,国产 CPU 的发展经历了从无到有、从弱到强的过程,目前正处于快速发展阶段。未来,随着技术的不断进步和市场需求的持续增长,国产 CPU 有望在更多领域实现国产替代和自主可控。

🔖思维训练: 通过网络查阅国产 CPU 的发展情况,了解"中国芯"的发展情况和重要意义。

2.4　信息传输与转换

计算机中的信息传输都离不开各种传输线路,且信息在各个部件间进行转移时,经常需要做相应转换。为了计算机连接和组装方便,现代计算机通常采用主板来统一规划各种传输线路,并将主要信息转换电路做成各种插槽或接口的形式。

2.4.1 主板

主板（Main Board）又称为母板（Mother Board），是计算机系统中最大的电路板，几乎所有的计算机部件和各种外部设备都要通过它连接起来。主板上提供了各种插座或插槽以方便 CPU、内存、显卡、硬盘等部件的安装，并设置有鼠标、键盘、音箱、U 盘、打印机等外部设备的连接接口，有些主板还集成了声卡、显卡和网卡等部件，以降低整机的成本。典型主板的结构如图 2-15 所示。

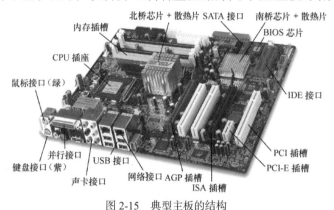

图 2-15　典型主板的结构

主板对整个计算机系统的性能有明显的影响。主板上最重要的是芯片组，由北桥芯片和南桥芯片组成。其中，北桥芯片主要负责 CPU 与内存、显卡之间的联系，南桥芯片则主要负责 CPU 和硬盘、光盘以及其他外部设备之间的数据交换，并进行电源管理。由于这些芯片发热量较高，因此芯片上一般会安装散热片。可以说，芯片组决定了主板的基本结构和性能，同时也决定了可以使用什么样的 CPU 和内存。

思维训练：主板的性能很大程度上取决于主板上的芯片组。传统的主板一般采用南北桥双芯片设计模式。但随着计算机技术的发展，有很多主板采用单芯片设计，即用一颗芯片完成南北桥芯片的功能。请说明单、双芯片设计的优缺点。

2.4.2 总线

CPU 是信息处理的中心。每一个与计算机相连的外部设备都要直接或间接地与 CPU 进行信息交换。由于与计算机相连的各种设备较多，若每一种设备都通过自己的线路与 CPU 相连，线路将复杂得难以实现。为了简化电路设计，现代计算机采用总线（Bus）方式来规划信息传输的线路。总线是一组信息传输的公共通道，所有计算机部件或外部设备均可共用这组线路和 CPU 进行信息交换，对于特定的设备，可通过接口电路将其"挂接"到总线上，以较为方便地实现各部件和各设备之间的相互通信。计算机总线结构示意如图 2-16 所示。

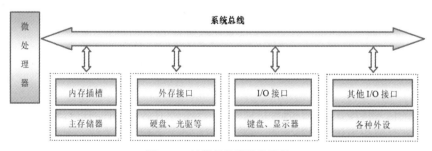

图 2-16　计算机总线结构示意

可见，计算机总线非常类似现实生活中的高速公路。总线是用于信息交换的共用快速通道，而和每一个设备相连的接口电路则像一条条和高速公路相连的匝道，负责该设备和总线的连接及信息转换。

按照不同的角度，总线的分类方法主要有以下几种。

（1）按总线在计算机系统中的层次和位置不同，可将其分为片内总线（Chip Bus）、系统总线（System Bus）和外部总线（External Bus）3 种。

（2）按数据的传输方式不同，可将其分为串行总线（Serial Bus）和并行总线（Parallel Bus）两种。近年来，串行传输技术发展迅速，大有完全取代并行传输方式的势头，如 USB 取代 IEEE 1284、SATA 取代 PATA、PCI Express 取代传统的 PCI 等。

（3）按传输信息的类型不同，可将其分为数据总线（Data Bus，DB）、地址总线（Address Bus，AB）和控制总线（Control Bus，CB）3 种。数据总线用于传输数据信息，其位数通常与 CPU 字长相同，且信息传输是双向的。地址总线用于传送存储单元或 I/O 接口的地址信息，信息传输是单向的，只能从 CPU 送出。地址总线的位数决定了 CPU 可直接寻址的内存空间的大小，即 CPU 能管辖的最大内存容量。若地址总线为 n 位，则可寻址的内存空间为 2^n 字节。例如，地址总线为 32 位，则内存容量为 2^{32}=4GB。控制总线用于传送控制信号和时序信号，这些信号可以是 CPU 发送给存储器和 I/O 接口的读/写信号或中断响应信号等，也可以是外围部件反馈给 CPU 的总线请求信号或设备就绪信号等。因此，控制总线的传输是双向的，其位数主要取决于 CPU 的字长。

在总线技术的发展过程中，先后出现了 ISA/EISA、PCI、AGP 和 PCI-E 等具有代表性的总线类型。业界通常采用总线位宽、总线频率和总线带宽等技术指标来衡量总线的性能。例如，作为微机上最早使用的系统总线，ISA 总线的位宽为 8 位和 16 位，总线频率为 8MHz，总线带宽为 32MB/s，之后的 PCI 总线的位宽为 32 位，工作频率为 33MHz，带宽为 133MB/s。PCI 扩展型总线 PCI-E 是近年来推出的一种串行、独享式总线，其目的是克服 PCI 共享型总线只能支持有限数量设备的问题，并提供更高的带宽。PCI-E 总线采用点对点串行连接和多通道传输机制，每个通道的单向传输速率为 250MB/s，且支持信息的双向传输。根据通道数量不同，PCI-E 又可分为 PCI-E X1、X2、X4、X8、X16 和 X32 等。例如，PCI-E X16 显卡的双向数据传输速率达 8GB/s，PCI-E 2.0 和 3.0 标准更是将总线带宽分别提高到 16GB/s 与 32GB/s。

> 🐾**思维训练**：并行总线就如同一条多车道的城市大道，串行总线如同单车道的乡间小路，为什么串行传输方式反而比并行传输方式好呢？请你通过网络查询总线的基本类型，并判断 ISA、PCI、PCI-E、AGP、USB 等总线分别属于串行总线还是并行总线。

2.4.3　接口

计算机使用的外部设备很多，而且不同的设备都有自己独特的系统结构和控制方式，计算机要将这些设备连接在一起协调工作，就必须遵守一定的连接规范。接口就是一套连接规范以及实现这些规范的硬件电路，其功能主要为：负责 CPU 和外部设备的通信与数据交换、接收 CPU 的命令并提供外部设备的状态、进行必要的数据格式转换等。

通过接口，我们可方便地将鼠标、键盘、显示器、打印机、扫描仪、U 盘、移动硬盘、数码相机、数码摄像机、手机等设备连接到计算机上。目前，计算机主板上的常见接口有 PS/2 接口、串口、并口、USB 接口、VGA 接口、DVI 接口、RJ45 接口、音频接口和 IEEE 1394 接口等，部分接口如图 2-17 所示。

> 🐾**思维训练**：总线是一组连接通道，接口是一种连接规范和标准。但是，这两个概念有时很容易混淆，你能给出一些区分的方法和技巧吗？

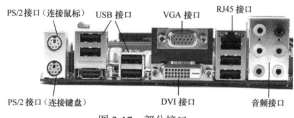

图 2-17　部分接口

实验 2　微机组装与计算原理

一、实验目的

（1）熟悉计算机的各组成部件，掌握查看硬件信息的常见方法。

（2）理解程序和指令的基本概念，熟悉指令执行与系统控制过程。

（3）熟悉微机各组成部件的正确连接方法和一般组装步骤。

二、实验内容与要求

（1）查看实验所用计算机各主要硬件的相关信息，仿照参考样例，将实验计算机的相关信息填入表 2-1。

表 2-1　　　　　　　　　　　　　实验所用计算机的相关信息

项目	参考计算机	实验计算机
计算机制造商	Lenovo	
计算机型号	20ASEB3	
处理器类型	Intel Core i7 4712MQ	
处理器主频	2.3GHz	
处理器核心数	4 个	
处理器工艺	22nm	
L1 大小	数据：4×32KB。指令：4×32KB	
L2 大小	4×256KB	
L3 大小	6MB	
内存容量	4.00GB	
内存类型	DDR3	
显示适配器	NVIDIA GeForce GT 720M	
硬盘制造商	Seagate(希捷)	
硬盘容量	1TB	
硬盘分区信息	C、D、E、F	
操作系统	Windows 7 家庭普通版	

（2）从实验素材的"实验 2"中下载"指令执行与计算原理.swf"，认真学习"指令执行过程"和"将两个数相加"Flash 演示动画（见图 2-18～图 2-21），了解和熟悉计算机指令执行与系统控制的过程，加深对计算机基本计算原理的认识，并回答以下问题。

图 2-18　Flash 演示动画主界面

图 2-19　指令执行过程示意

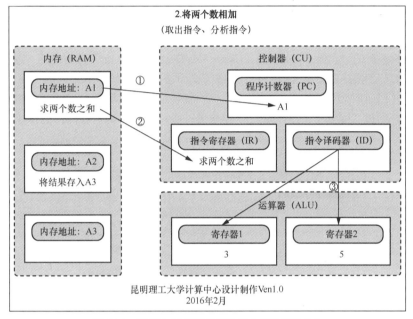

图 2-20　将两个数相加（取出指令和分析指令）

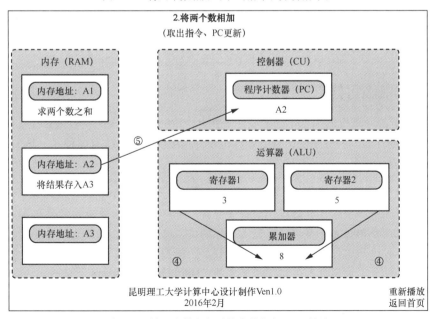

图 2-21　将两个数相加（指令执行与 PC 更新）

① 指令是能被计算机直接识别并执行的二进制代码，计算机工作的过程就是不停地执行指令的过程。一条指令的执行包括_____、_____、_____和_____4个环节。

② 在实现两个数相加的过程中，第①步的含义是_____，第②步的含义是_____，第③步的含义是_____，第④步的含义是_____，第⑤步的含义是_____，其中，取出指令对应第_____步。接下来，你认为第⑥步将实现的功能是_____。

③ 中央处理器（CPU）主要由运算器（ALU）和控制器（CU）两部分组成。其中，运算器的作用是_____，控制器的作用是_____。控制器由_____、_____、_____、微操作控制电路（MOCC）以及时序控制电路（SCC）等组成。

④ 在运算器和控制器中，都包含一些寄存器，它们的主要区别是_____。控制器通过程序计数器（PC）得到下一条指令的地址。对于顺序执行的程序，"PC更新"通常表现为"自动加1"，其意义是_____。

（3）从实验素材的"实验2"中下载"Cisco_VA_Desktop_v40.rar"并解压缩，通过浏览器运行Index.html文件，启动图2-22所示的"Cisco虚拟桌面装机实验（IT Essentials Virtual Desktop）"。先通过"学习（LEARN）"模块学习桌面计算机的安装过程，然后通过"测试（TEST）"模块检验学习效果，并通过"探索（EXPLORE）"模块进一步研究计算机主要部件的作用和特点。

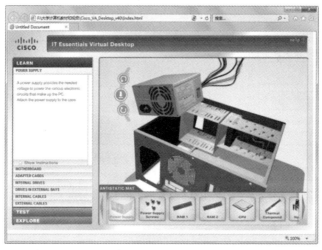

图2-22　启动"Cisco虚拟桌面装机实验"（IT Essentials Virtual Desktop）

三、实验操作引导

（1）不同配置的计算机适用于不同的应用。决定计算机性能档次的主要是CPU、内存、硬盘、显卡等关键部件的性能。一般来说，查看计算机硬件相关信息的方法有两种：一是采用操作系统内置的功能；二是采用第三方专用软件。

> 📖提示：对于方法一，通过"系统属性"窗口，可查看Windows操作系统版本、处理器类型和内存容量等系统摘要信息；通过"设备管理器"窗口，可进一步查看计算机上安装的各种硬件信息；通过"系统信息"窗口，可查看系统摘要、硬件资源、组件和软件环境等。对于方法二，通过第三方专用软件CPU-Z，可得到处理器、缓存、主板、内存、显卡等计算机关键部件的详细信息。此外，大家也可尝试使用鲁大师、Hard Drive Inspector等软件。

（2）计算机作为一台能按预先存储的程序和数据进行自动工作的机器，指令执行与系统控制是计算机最基本的计算原理。大家在认识程序、指令、指令系统等基本概念的基础上，应对计算机指令执行与系统控制的一般过程进行研究，以加深对二进制原理、存储程序和程序控制原理的认识和感悟。

> 🖳 提示：根据 2.3 节的内容，不难总结出指令执行的 4 个环节，并明确两个数相加过程中各步骤的含义。在"两个数相加"指令执行完毕后，程序计数器（PC）自动加 1，即转到下一条指令"将结果存入 A3"，开始一个新的指令循环。此外，在指令执行过程中，控制器中的寄存器主要用于存放当前指令的地址以及指令内容，运算器中的寄存器则用于存放当前参与计算的数据以及运算的中间结果等。

（3）"Cisco 虚拟桌面装机实验（IT Essentials Virtual Desktop）"是由思科（Cisco）公司研发的一个虚拟仿真台式机组装实验平台，具有仿真性好、交互性强等优点。通过"学习（LEARN）"模块，大家可依次学习计算机主要部件的安装过程；通过"测试（TEST）"模块，大家可实际操作，检验学习效果；通过"探索（EXPLORE）"模块，大家可以以不同视角仔细查看和研究计算机各主要部件的作用与特点。

> 🖳 提示："Cisco 虚拟桌面装机实验"采用 Flash 技术设计制作，因此要求浏览器允许 Adobe Flash Player 插件运行，并且大家需要将实验程序所在的文件夹设置为 Flash Player 的受信任位置（控制面板→Flash Player→高级→受信任位置设置）。主流的浏览器（如 IE、360、搜狗、火狐等）均支持该软件的运行，若其不能正常运行，可将运行模式修改为兼容模式。

四、实验拓展与思考

（1）从鲁大师官方网站下载鲁大师软件并安装，通过该软件检测和查看实验所用计算机的各种信息，并总结该软件的优缺点。

（2）在实验操作引导第（2）项内容的基础上，给出第二条指令"将结果存入 A3"的执行过程示意图，并思考该指令执行完毕后，程序接下来会怎样。

（3）比较北京、深圳、成都和当地微机配置的价格差异，并说明导致这种价格差异的主要原因。

快速检测

1. 判断题

（1）计算机是一台能按预先存储的程序和数据进行自动工作的机器。　　　　　　（　　）

（2）硬盘一般安装在机箱内部，属于主机的重要组成部分。　　　　　　　　　（　　）

（3）内存地址是给每个存储单元指定的编号，它具有唯一性。　　　　　　　　（　　）

（4）即使断电，ROM 中所存储的信息也不会丢失。　　　　　　　　　　　　（　　）

（5）Cache 是一种中间小容量临时存储器，通常集成在 CPU 内部。　　　　　　（　　）

（6）尽管计算机可以执行非常复杂的信息处理任务，但这些任务总是被分解为 CPU 可以直接执行的简单操作的集合。　　　　　　　　　　　　　　　　　　　　　　（　　）

（7）Intel 的睿频加速技术，可以使 CPU 根据实际应用需要自动调整主频高低，但不能调整核心数量。　　　　　　　　　　　　　　　　　　　　　　　　　　　　（　　）

（8）机械硬盘的读写磁头在读写数据时并不和盘面直接接触。　　　　　　　　（　　）

（9）DVD 光驱的 1×数据传输速率被设定为 1350KB/s，则 20 倍速的 DVD 光驱的数据传输率为 27MB/s。　　　　　　　　　　　　　　　　　　　　　　　　　　　　（　　）

（10）PCI 扩展型总线 PCI-E 是一种串行、独享式总线，其目的是克服 PCI 共享型总线只能支持有限数量设备的问题，并提供更高的带宽。（　　）

2. 选择题

（1）通常所说的主机包括（　　）。

    A. CPU、内存、硬盘　　　　　　　　　B. ALU、控制器、主存

    C. CPU、硬盘、主板　　　　　　　　　D. CPU、内存、I/O 设备

（2）冯·诺依曼的（　　）原理阐述了内存作为计算机重要组成部分的必要性。

    A. 自动控制　　　B. 存储程序　　　C. 二进制　　　D. 五大部件

（3）人们通常所说的计算机内存是指（　　）。

    A. RAM　　　　　B. ROM　　　　　C. Cache　　　　　D. EEPROM

（4）以下有关 RAM 特点的说法中，不正确的是（　　）。

    A. 数据可以读出也可以写入

    B. 写入新的数据将覆盖原有位置的数据

    C. 读取时可实现多次读出而不改变 RAM 中的原有信息

    D. 计算机断电后，RAM 中的信息不会丢失

（5）以下有关 BIOS 和 CMOS 的说法中，正确的是（　　）。

    A. BIOS 和 CMOS 是完全等价的

    B. BIOS 是系统的基本输入输出系统程序，位于硬盘的 0 磁道上

    C. CMOS 存储器用于保存计算机的配置信息，是一种 RAM 存储器

    D. 主板上的电池负责给保存 BIOS 程序的 ROM 芯片供电

（6）下面有关指令集的说法中，不正确的是（　　）。

    A. 一台计算机所能完成的基本操作的集合被称为该计算机的指令集

    B. 指令操作码的位数决定了一台计算机所能拥有的最大指令条数

    C. CPU 内部已经用硬件方式实现了这台计算机所能理解的每条指令

    D. 计算机的指令集在很大程度上决定了该计算机的处理能力

（7）衡量内存储器信息吞吐量的指标是内存带宽，其单位是（　　）。

    A. ns　　　　　　B. Hz　　　　　　C. byte　　　　　D. bit/s

（8）下面有关程序和指令的说法中，不正确的是（　　）。

    A. 程序是指挥计算机进行各种任务处理的指令集合

    B. 指令是能被计算机直接识别并执行的二进制代码

    C. 程序易于阅读但计算机无法直接识别

    D. 指令虽不易于阅读，但计算机可以直接识别

（9）下面不属于控制器组成部分的是（　　）。

    A. 累加器　　　B. 程序计数器　　　C. 指令寄存器　　　D. 指令译码器

（10）Intel Core i5-2300 2.8GHz 的 L1 Cache 为 4×64KB，L2 Cache 为 4×256KB，L3 Cache 为 6MB，则以下关于该 CPU 的说法中，不正确的是（　　）。

    A. 共有 4 个核心

    B. 每个核心的二级缓存（L2 Cache）是一级缓存（L1 Cache）的 4 倍

    C. 三级缓存（L3 Cache）的数量是二级缓存（L2 Cache）的 6 倍

    D. 每个核心的三级缓存（L3 Cache）为 1.5MB

（11）无法通过改进 CPU 生产工艺来达到（　　）。

    A. 提高主频　　　B. 提高集成度　　　C. 降低功耗　　　D. 降低发热量

（12）机械硬盘在进行信息组织时，每个盘面被划分为很多的同心圆，每个同心圆被称为（　　）。

    A. 柱面　　　　　B. 磁道　　　　　C. 扇区　　　　　D. 轨道

（13）和传统机械硬盘相比，不属于 SSD 的优势的是（　　）。

    A. 容量大　　　　B. 噪声小　　　　C. 存取速度快　　D. 功耗低

（14）在下面的光存储介质中，存储容量最大的是（　　）。

    A. CD 光盘　　　B. DVD 光盘　　C. DVD+R 光盘　D. BD 光盘

（15）USB 2.0 标准的数据传输速率为（　　）。

    A. 1.5MB/s　　　B. 12MB/s　　　C. 60MB/s　　　D. 480MB/s

（16）（　　）是一组信息传输的公共通道，所有计算机部件或外部设备均可共用这组线路和 CPU 进行信息交换。

    A. 主板　　　　　B. 总线　　　　　C. 接口　　　　　D. 高速公路

（17）下列总线类型中，总线带宽最大的是（　　）。

    A. ISA　　　　　B. PCI　　　　　C. PCI-E ×16　　D. AGP 8×

（18）下列总线类型中，不属于串行传输方式的是（　　）。

    A. PCI　　　　　B. PCI-E　　　　C. SATA　　　　D. USB

（19）以下不属于显示接口的是（　　）。

    A. VGA　　　　　B. DVI　　　　　C. HDMI　　　　D. ATA

（20）市场上通常所说的串口硬盘，一般采用的接口类型是（　　）。

    A. USB　　　　　B. IDE　　　　　C. SATA　　　　D. SCSI

第3章
计算机网络与数字化生存

数字时代，人们不仅生活在现实空间里，也生活在虚拟空间里，正经历从实体世界向虚拟与实体交织融合的新生存状态——数字化生存跨越。计算机网络作为这一变革的核心驱动力，不仅仅是一个信息传输的平台，更是一种全新的社会交往空间。它打破了地理界限，使人与人之间的交流跨越时空限制，实现了即时互动与信息共享。本章主要介绍计算机网络的基本概念、体系结构、组网设备及主要功能，以及支持数字化生存的互联网典型应用和主要服务。

本章学习目标
- 了解计算机网络的基本概念、功能和分类方法。
- 熟悉计算机网络模型及其常见的网络协议。
- 了解常见的网络设备及其主要功能。
- 掌握有线、无线局域网组建的方法与步骤。
- 了解互联网的基本知识以及数字化生存的核心数字素养。

3.1 计算机网络概述

当今，人们生活在一个计算机网络时代。计算机网络承载的信息以及支持的服务，无时无刻不在影响和改变人们的生活。人们理解了计算机网络的架构和原理，就能更好地驾驭与运用网络。

3.1.1 何为计算机网络

计算机网络是现代通信技术和计算机技术结合的产物。所谓计算机网络，是指将地理位置不同的具有独立功能的多台计算机及其外部设备，通过通信线路连接起来，在网络操作系统、网络管理软件及网络通信协议的管理和协调下，实现资源共享和数据通信的系统。

计算机网络满足以下4点。

（1）至少有两台功能独立的计算机，它们构成了通信主体。

（2）通信线路和通信设备是实现网络物理连接的物质基础。例如，网线和网卡就是最基本的通信线路与通信设备。

（3）网络软件的支持。具备网络管理功能的操作系统和具有通信管理功能的工具、网络协议软件等统称为网络软件，它们可实现连网设备之间信息的有效交换。

（4）数据通信与资源共享。数据通信是计算机网络最基本的功能，资源共享是建立计算机网络的主要目的。

随着网络基础设施的大规模建设，计算机网络、电信网络、有线电视网络正在实现"三网合一"，语音、数据、图像等信息都可以通过编码成"0"和"1"的比特流进行传输与交换。故此，在本章后续表述中，"网络"一词特指计算机网络。

> 🧠**思维训练：**计算机技术和现代通信技术构成了计算机网络技术的两块基石。源自艾伦·图灵（Alan Turing）思想和冯·诺依曼体系的计算机技术已为人熟知，而克劳德·香农（Claude Shannon）创建的现代通信理论人们知之甚少。请通过拓展学习，理解香农定理，并思考提高网络通信性能的方法及渠道。

3.1.2　计算机网络的功能

在网络出现以前，计算机犹如一个个计算的孤岛，只能单机独立工作。随着网络时代的到来，硬件、软件、数据都可以作为共享资源提供给连网且经授权的用户使用。网络主要具有以下主要功能。

1. 数据通信

数据通信是网络最基本的功能，是指计算机与计算机之间或者计算机与终端之间利用通信系统对二进制数据所进行的传输、交换和处理。例如，电子邮件（E-mail）可以使相隔万里的异地用户快速准确地相互通信，电子数据交换（Electronic Data Interchange，EDI）可以实现商业部门或公司之间订单、发票、单据等商业文件安全准确地交换，文件传输服务可以实现文件的实时传递。

2. 资源共享

资源共享是建立网络最初的目的，也是网络最主要的功能。网络中所有的软件、硬件和数据都是可供全部或部分网络用户共享的"资源"。如今，网络的资源共享功能在广度和深度上都不断地得到延展。可供共享的资源已经囊括了计算能力、存储能力以及包罗万象的网络化社会资源。这种资源共享的技术和思想，还催生了"共享经济"这种全新的经济模式和社会服务模式。

3. 分布式处理

利用现有的计算机网络环境，把数据处理的功能分散到不同的计算机上，这样可以使一台计算机的负担不至于太重，从而起到分布式处理和均衡负荷的作用。

网络的这些功能，革命性地改变了人类处理信息的方式。计算机从以往一种高速快捷的计算工具，演变为信息传输的通信媒介，进而成为支撑知识经济时代的信息基础设施。

3.1.3　计算机网络的分类

从不同的角度出发，我们可以将计算机网络分为多种类型，表 3-1 列举了几种主要的计算机网络分类情况。

表 3-1　　　　　　　　　　　　　　计算机网络分类情况

分类依据	分类描述	具体分类
覆盖范围	连网设备覆盖的地域面积	个域网、局域网、城域网、广域网
拓扑结构	网络设备之间的物理布局	星形、总线型、环形、树形、网状
传输媒介	承载数据的线缆和信号技术	双绞线、同轴电缆、光纤、红外线、微波等
带宽	网络传输数据的能力	宽带、基带
通信协议	保证数据有序、无误传输的规则	TCP/IP、SPX/IPX、AppleTalk 等
组织结构	网络中设备之间的层次关系	客户端/服务器、对等网等

下面对两种常见的计算机网络分类方法进行介绍。

1. 按照覆盖范围划分

按照连网的计算机等设备之间的距离和网络覆盖面的不同，计算机网络可分为个域网（Personal Area Network，PAN）、局域网（Local Area Network，LAN）、城域网（Metropolitan Area Network，MAN）和广域网（Wide Area Network，WAN）。

（1）个域网。个域网是伴随个人通信设备、家用电子设备、家用电器等产品的智能化而诞生的计算机网络类型，如图 3-1 所示。个域网以低功耗、短距离无线通信为主要连接方式，以 Ad-hoc（点对点）为网络构架，覆盖范围一般在 10m 之内，用于实现个人信息终端的智能化互联。短距离通信产品的服务多元化和个性化深受用户的喜爱，在广阔的市场需求背景下，蓝牙、UWB、Zigbee、RFID、Z-Wave、NFC 及 Wibree 等技术竞相涌现，有力地支撑了个域网技术的快速发展。

图 3-1　个域网示意

（2）局域网。局域网覆盖范围一般为 1m～2km，由于光纤技术的出现，局域网实际的覆盖范围已经大大增加。在宿舍、教学楼、实验室、办公室等范围内，各种计算机及终端设备往往通过局域网相互连接。局域网能够提供高数据传输速率和低误码率的高质量数据传输服务。

（3）城域网。城域网覆盖范围一般为 2km 到几十千米，通常以光纤为通信的骨干介质，城域网的服务定位是城区内大量局域网的互联。例如，某个有多个校区的大学，每一个校区的教学服务网络由一个局域网承担，而校区之间的局域网互连则组成了一个更大范围的城域网。

（4）广域网。广域网覆盖范围从几十千米到几千千米甚至全球范围。广域网由交换线路、地面线路、卫星线路、卫星微波通信线路等组成。广域网可实现不同地区的局域网或城域网的互连，可实现不同地区、城市和国家之间的网络远程通信。因特网就是最为典型的连接全球的开放式广域网。

2. 按照拓扑结构划分

拓扑（Topology）一词来自几何学。网络拓扑结构是指网络的形状，即连网设备的物理布局方式。按照拓扑结构的不同，计算机网络可以分为星形、总线型、环形、树形和网状 5 种。计算机网络的拓扑结构反映网络中各个实体之间的结构关系，是网络规划建设首先要考虑的要素，它对网络的性能、系统的可靠性与通信费用等都有重大影响。

（1）星形拓扑结构。星形拓扑结构如图 3-2 所示。在该拓扑结构中，所有计算机都通过通信线路直接连接到中心设备上，这一中心设备通常是集线器（Hub）或交换机（Switch）。目前使用最普遍的以太网（Ethernet）就是星形拓扑结构。其优点是结构简单，遇到网络故障易于排除，建设成本低，且容易扩展。其缺点是对中心设备依赖性强。在局域网中，使用最多的是星形拓扑结构。

（2）总线型拓扑结构。总线型拓扑结构如图 3-3 所示。所有连网设备共用一条通信线路，在该拓扑结构中，任意时刻只能有一台计算机发送数据，否则将会产生冲突。这种拓扑结构具有组网费用低、用户入网灵活等优点，缺点是网络访问获取机制较复杂。

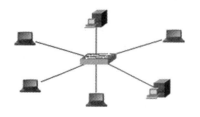

图 3-2　星形拓扑结构

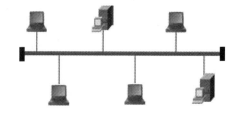

图 3-3　总线型拓扑结构

（3）环形拓扑结构。环形拓扑结构如图 3-4 所示。与总线型拓扑结构类似，所有连网设备共用一条通信线路，不同的是这条通信线路首尾相连构成一个闭合环。环形拓扑结构消除了终端用户通信时对中心系统的依赖性。环可以是单向的，也可以是双向的。单向的环形网络，数据只能沿一个方向传输。

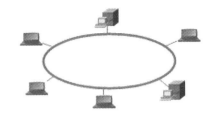

图 3-4　环形拓扑结构

环形拓扑结构主要应用于 IBM 早期推出的令牌网，现已较少使用。

（4）树形拓扑结构。树形拓扑结构如图 3-5 所示。树形拓扑结构的网络，其本质是星形网络和总线型网络的混合，其传输介质可有多条分支，但不形成闭合回路，我们也可以把它看成星形网络的叠加。树状拓扑结构与星形拓扑结构有许多相似的优点，但比星形拓扑结构的扩展性更强，具有较强的可折叠性，适用范围很广。

（5）网状拓扑结构。网状拓扑结构如图 3-6 所示。用这种拓扑结构的网络也称为全互连网络。该拓扑结构主要用于广域网，由于节点之间有多条线路相连，所以网络的可靠性较高。但是由于结构比较复杂，该类型网络建设成本较高。

图 3-5　树形拓扑结构

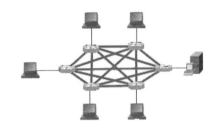

图 3-6　网状拓扑结构

在实际应用中，两种或两种以上拓扑结构同时使用的混合型拓扑结构也较为常见。另外，在无线网络及移动通信普及的今天，以点到点或点到多点传输为特征的无线网络通常采用蜂窝拓扑结构。

3.2　网络协议与模型

在网络技术出现的早期，很多大型公司都拥有自己的网络技术，可实现公司内部计算机的互连和共享数据，但无法与其他公司的计算机实现联网。造成这一问题的主要原因是当时的网络没有一个统一的规范，计算机之间相互传输的信息对方无法理解。因此，遵守相关的协议并构建统一体系结构的网络模型，对解决不同制造商之间产品的通信兼容问题非常重要。

3.2.1　网络协议

计算机网络通信硬件各式各样，管理和应用网络的软件千差万别。如何实现它们之间彼此无障碍地通信呢？网络中计算机之间通信的桥梁依赖的是通信双方共同遵守的通信协定——网络协议。网络协议就好像人与人之间用语言作为沟通工具一样，计算机与计算机之间想要彼此通信交流，也需要一种彼此都懂得的"语言"。例如，Internet 就使用 TCP/IP 作为沟通用的"语言"。

网络协议就是通信的计算机之间必须共同遵守的一组约定。例如，如何建立连接、如何相互识别、如何校验传递的信息的正确性等。总之，网络协议是为网络数据交换而制定的规则、约定与标准，通常包括以下 3 个基本要素。

（1）语法：数据或控制信息的结构与格式。

（2）语义：比特流的每一部分的意义，即需要发出何种控制信息、完成何种动作以及做出何种响应等。

（3）时序：事件实现顺序的详细说明，如通信双方的应答关系。

网络协议数量繁多，每种协议都有其设计目的和解决问题的目标。随着网络技术的发展，新的网络协议不断涌现。一个完整的网络通信体系中，需要有众多的网络协议各司其职，协同工作。

> 🔍**思维训练**：网络协议是构成网络的基础条件，网络协议技术涉及芯片、元器件、设备、操作系统、系统集成、网络运营等从研究到市场应用的全域产业生态链。请通过拓展学习，了解目前 5G 通信主要的协议，以及这些协议的制定背景和应用主体。

3.2.2 开放系统互连参考模型

为了简化网络系统的复杂性，大多数网络均采用分层体系结构进行设计，以实现各层网络功能的相对独立，进而便于网络的管理及设计实现。其中最为著名的是国际标准化组织（International Organization for Standardization，ISO）发布的开放式系统互连参考模型（Open System Interconnect Reference Model，OSI/RM），简称 OSI 参考模型。该模型包括 7 层，如图 3-7 所示。

OSI 参考模型各层的含义和作用简介如下。

（1）应用层（Application Layer）。作为最高层，它是直接面对网络终端用户的，提供了应用程序的通信服务。应用层包含丰富的协议，如 Telnet、HTTP、FTP、SMTP 等都属于应用层协议。

（2）表示层（Presentation Layer）。其主要功能是定义数据格式及加密。例如，通过 FTP 传输文件，表示层允许用户选择以二进制或 ASCII 格式传输。如果选择二进制，那么发送方和接收方不改变文件的内容。如果选择 ASCII 格式，发送方将把文本转换成 ASCII 编码后发送数据，接收方则将 ASCII 编码转换成本地计算机可接收的字符格式。

（3）会话层（Session Layer）。其主要功能是定义会话的开始、控制和结束过程。在网络通信中，会话是指用户与网络服务之间建立的一种面向连接的可靠通信方式。

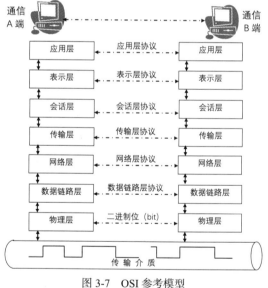

图 3-7　OSI 参考模型

（4）传输层（Transport Layer）。其负责总体的数据传输和数据控制，是资源子网与通信子网的界面与桥梁。传输层保证数据可靠地从发送节点发送到目标节点。TCP、UDP、SPX 等都是典型的传输层协议。

（5）网络层（Network Layer）。其负责对端到端的数据包传输进行定义。网络层不仅定义了能够标识所有节点的逻辑地址（IP 地址），还定义了路由实现的方式。此外，网络层还定义了如何将一个包分解成更小的包的分段方法。IP、IPX 是典型的网络层协议。

（6）数据链路层（Data Link Layer）。其定义了在单个链路上如何传输数据的规约。这些协议与各种传输介质有关，如 ATM、FDDI 等传输介质都有自身对应的链路层协议。

（7）物理层（Physical Layer）。其规范了有关传输介质的特性标准，这些规范通常也参考了其他组织制定的标准。连接接头、帧、电流、编码及光调制等都属于物理层规范中的内容。RJ45、802.3 等都是物理层标准。

OSI 参考模型定义和描述了网络通信的基本框架。尽管由于网络技术的飞速发展，在实际环境中并没有一个真实的网络系统与之完全对应，但是 OSI 参考模型仍然是研究网络通信最好的参照规范。许多网络设备，如交换机、路由器等，就是遵循该模型而设计的。

3.3　常见的网络设备

网络设备是组成计算机网络的物质基础，主要由网络传输介质、网络接口设备、网络连接设备等组成。

3.3.1　网络传输介质

数据可以通过双绞线、同轴电缆、光纤等有线传输介质以及微波、红外线、激光、卫星线路等无线传输介质在连网设备间传递。下面简要介绍几种常见的网络传输介质。

1. 双绞线

双绞线是将一对或多对相互绝缘的铜芯线绞合在一起，再用绝缘层封装而形成的传输介质。这是目前局域网最常用的有线传输介质，其两端安装有 RJ45 接头，用于连接网卡、交换机等设备。双绞线的优点在于布线成本低，线路更改及扩充方便。双绞线和 RJ45 接头的外观如图 3-8（a）所示。

2. 同轴电缆

同轴电缆由内部铜质导体、绝缘层以及绝缘层外的金属屏蔽网和最外层的护套组成，如图 3-8（b）所示。金属屏蔽网可防止传输信号向外辐射电磁场，也可防止外界电磁场干扰传输信号。

3. 光纤

光纤是光导纤维的简称，是广域网骨干通信介质的首选。光纤的简化结构自内向外依次为纤芯、包层、护套，如图 3-8（c）所示。光纤具有带宽高、信号损耗低、不易受电磁场干扰、介质耐腐蚀等传统通信介质无法比拟的优势。

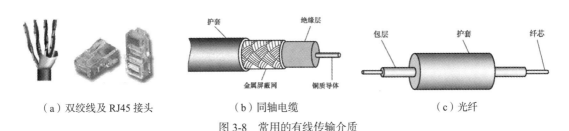

（a）双绞线及 RJ45 接头　　　　（b）同轴电缆　　　　　　（c）光纤

图 3-8　常用的有线传输介质

4. 无线传输介质

无线传输介质通过电磁波或光波携带、传播信息信号。常见的无线传输介质有微波、红外线、无线电波、激光等。在局域网环境中，无线通信技术得到了广泛的应用，其灵活性给家庭用户、移动办公用户提供了极大的方便，使支持蓝牙、Wi-Fi 等无线通信技术标准的通信产品得到了迅速普及。通过卫星进行微波传输中继的通信是无线网络的重要应用领域，卫星通信具有全球无缝覆盖的优势。无线传输通信系统如图 3-9 所示。

> **思维训练：** 随着大数据时代的到来，人们对高速网络的需求愈发迫切。2023 年 5 月，我国实现了每秒总传输容量为 4.1Pbit、净传输容量为 3.61Pbit 的单模 19 芯光纤传输系统实验，继续领跑全世界。该传输容量相当于 1s 可以下载约 135300 部最高画质的电影，或者实现 1128 亿人同时通话。请你换算一下，该光纤用于网络通信，每秒可以传输多少字节的信息？

图 3-9　无线传输通信系统

3.3.2　网络接口及连接设备

除了传输介质连接构成网络通信的信道，组建网络还要考虑传输介质中传输的模拟信号与计算机所能接收的数字信号之间的转换问题、异构网络之间的数据包格式转换问题，以及复杂网络传输路径中数据包传递的路径问题等。所以，不同类别的网络接口设备和网络连接设备也是组网必备的硬件设施。

1. 网络接口设备

网络接口设备负责处理传输介质与计算机内部数据处理方式不同的问题，因此，在传输介质和计算机之间一定要有网络接口设备。常见的网络接口设备有网卡和调制解调器。

（1）网卡（Network Interface Card，NIC）。网卡是传输介质与计算机进行数据交互的中间设备。网卡实质上就是一块实现通信的集成电路卡。网卡的功能主要有两个：一是将计算机内的数据封装为帧，并通过传输介质将数据发送到网络中；二是接收网络上其他设备传过来的帧，并将其重新组合成数据，发送到所在的计算机中。现在许多计算机主板上直接集成有网卡，在家庭和小型办公场所，无线网卡得到了越来越多的应用。

（2）调制解调器（Modem）。计算机访问互联网，信号在远程传递的过程中，必然经历数字信号和模拟信号的转变，调制解调器就是承担这一工作的设备。所谓调制，是指将数字信号转换成模拟信号的过程，解调则是将模拟信号转换成数字信号的过程。

传输速率是衡量调制解调器品质的一项重要技术指标。调制解调器的传输速率主要以 bit/s 为单位。调制解调器的传输速率主要包括实际下载速率、拨号连接速率和理论最高连接速率，在实际通信过程中由于通信噪声、线路质量等诸多因素的影响，实际通信速率低于理论峰值。图 3-10 所示为利用调制解调器连接 Internet 的流程以及调制解调器的工作原理。

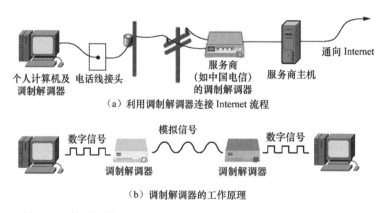

（a）利用调制解调器连接 Internet 流程

（b）调制解调器的工作原理

图 3-10　利用调制解调器连接 Internet 的流程及调制解调器的工作原理

2. 网络连接设备

网络连接设备主要用于延长网络通信距离、异种网络间信息交换、实现各层协议间逻辑通信等。常见的网络连接设备如表 3-2 所示。

表 3-2 常见的网络连接设备

设备名称	功能描述	工作原理示意
中继器 （Repeater）	通过接收并放大信号的强度，延长网络的通信距离	
网桥 （Bridge）	两个局域网之间的存储转发设备，所连接的网络系统要具备相同或者相似的体系结构	
集线器 （Hub）	网络传输介质的中央节点，可提供多端口服务，方便局域网拓展	
交换机 （Switch）	在集线器的基础上增加了线路交换和网络分段功能，提高了传输带宽	
网关 （Gateway）	连接两个体系结构不同的网络，如家庭中的局域网连接 Internet	
路由器 （Router）	连接多个逻辑上分开的网络，具有网址判断和路径选择的功能	
无线访问接入点 （Access Point, AP）	将各个无线网络客户端连接到一起，再将无线网络接入以太网	

现代网络设备往往集成了传统的两个甚至多个网络设备功能于一身，如目前常用的路由器就兼具交换机和网关的功能。家用网络中，一个兼具路由、调制解调器、网关功能的无线路由器就可以实现无线局域网组网及连接访问 Internet 的功能了。

3.4 局域网

局域网是家庭、学校、工作单位内最为常见的集成网络环境。打印机、服务器等许多办公及通信设备都可以通过局域网相连，并实现在局域网范围内的资源共享。大量的应用服务和管理系统也都工作在局域网环境中，为人们提供便捷、高效的服务。如今，多数局域网都可以通过各种形式接入互联网，成为互联网中有效的资源节点。

3.4.1 局域网概述

相对广域网而言，局域网技术发展更快、在通信和网络环境中更为活跃。局域网技术之所以发展迅速、广受欢迎，主要是由其自身特点决定的。

（1）覆盖地域范围小，用户集中。局域网可覆盖 1m～2km 的范围，适用于教室、宿舍、办公室等小范围的联网，用户和网络共享设备集中，易于构建协同办公环境。

（2）数据传输速率高，传输误码率低。由于数据传输距离相对较短，局域网易于获得较高的传输速率和较低的误码率，当前以双绞线为传输介质的局域网数据传输速率一般在 10Mbit/s～100Mbit/s，高速的局域网数据传输速率可以达到 1Gbit/s。局域网的数据传输误码率一般在 10^{-11}～10^{-8}，所以其可以为内部用户提供高速可靠的数据传输及设备共享服务。

（3）可以使用多种传输介质，网络易于搭建。1980 年 2 月，IEEE 成立了 IEEE 802 委员会，针对当时刚刚兴起的局域网制定了一系列的标准。该标准规定了局域网的参考模型、物理层所使用的信号、编码、传输介质、拓扑结构等规范。按照 IEEE 802 标准，局域网的传输介质有双绞线、同轴电缆、光纤、电磁波等，如 IEEE 802.11 为无线局域网标准、IEEE 802.8 为光纤局域网标准等。

3.4.2 无线局域网

无线局域网（Wireless Local Area Network，WLAN）已经成为局域网的重要形式，毕竟没有人愿意让家里、办公室遍布各种各样的线缆。无线局域网的优势主要体现在可移动性上，同时从物理安全角度看，其受到来自通信电缆的电涌及感应雷击的风险要小于有线局域网。目前，无线局域网几乎成为家庭、办公网络用户的首选，无线网络信号遍布在人们的工作、生活环境之中。

无线局域网也存在缺点，主要体现在：第一，无线局域网信号易受到 2.4GHz 无绳电话基座、微波炉以及其他同类无线网络信号源的干扰，造成短暂的网络信号中断；第二，无线局域网信号在遇到厚墙等障碍物时，其衰减程度会加剧，从而缩小了有效的覆盖范围；第三，相对有线局域网而言，无线局域网更容易受到外部入侵，因此利用加密技术来保护无线局域网的安全非常必要。

无线局域网传递数据所用的无线信号主要有无线电信号、微波信号、红外信号等。无线电信号也叫射频（Radio Frequency，RF）信号，连网计算机可以通过带有天线的无线信号收发设备发送和接收无线网络上的数据。微波同样属于电磁信号，但微波具有明确的方向性，传输容量大于无线电波。微波的不足之处在于穿透和绕过障碍物的能力较差，一般要求接收端和发送端之间为"净空"环境。红外信号的特点是有效覆盖距离近，通常适用于个域网设备之间的短距离通信。

目前，随着无线网络的快速发展，新技术及新应用层出不穷。无线网络技术在个域网领域主要以蓝牙、无线 USB 等技术为主，可实现无线键盘、鼠标、打印机、数码相机、投影仪等设备的互连；在局域网领域以 Wi-Fi 为主；在城域网和广域网领域以 WiMAX、Zigbee 技术为主。下面对广泛使用的 Wi-Fi 和蓝牙技术进行简要介绍。

1. Wi-Fi 技术

Wi-Fi（Wireless Fidelity，无线保真）是目前应用最为广泛的无线网络传输技术。Wi-Fi 是一组无线网络技术标准，在 IEEE 802.11 标准中，其分别用 a、b、e、g、h、n 等作为后缀进行标识。Wi-Fi 标准如表 3-3 所示。

表 3-3 Wi-Fi 标准

IEEE 802.11 标识号	性能描述
802.11a	工作在 5GHz 频带的 54Mbit/s 传输速率无线以太网协议
802.11b	工作在 2.4GHz 频率的 11Mbit/s 传输速率无线以太网协议
802.11e	保障无线局域网的服务质量，如支持语音 IP
802.11g	802.11b 的继任者，在 2.4GHz 提供 54Mbit/s 的数据传输速率
802.11h	对 802.11a 的补充，使其符合 5GHz 无线局域网的欧洲规范
802.11n	其使 802.11a/g 无线局域网的传输速率提升一倍

　　Wi-Fi 信号的覆盖能力受环境内的障碍物影响较大，一般 Wi-Fi 的有效通信距离是 5～45m，
实际传输速率能达到 144Mbit/s，这一传输速率虽然
慢于千兆以太网，但完全能满足一般家庭和普通办
公的应用需求。Wi-Fi 组网设备十分容易获取，大多
数笔记本电脑都有内置的 Wi-Fi 电路，台式机则往往
需要购置 USB 或 PCI 接口形式的 Wi-Fi 无线网卡。

　　若要将无线局域网接入因特网，则还需要调制
解调器和无线路由器。用这些设备可以组成以无线
路由设备为中心点的无线集中控制网络。该网络实
现了 Wi-Fi 局域网与因特网的连接，具有非常灵活
的组网能力和较好的安全保证，是目前非常流行的
办公及家庭组网方式，其结构如图 3-11 所示。

图 3-11　无线集中控制网络

2. 蓝牙技术

　　蓝牙是一种低成本、近距离的无线网络技术，它可以不借助有线传输介质，不通过人工干预，
自动完成具有蓝牙功能的电子设备之间的连接。蓝牙技术一般不用于计算机之间的互联，而是用
于鼠标、键盘、打印机、耳机等设备与主设备之间的无线连接。蓝牙技术在手机连网、共享数据
方面的应用较为普及。

　　蓝牙技术运用 IEEE 802.15 协议，在 2.4GHz 波段运行，该波段是一种无须申请许可证的工业、
科技、医学无线电波段。因此，使用蓝牙不需要为该技术支付任何费用。蓝牙技术发展至今有多
个版本的技术标准，其中 2.1 版本技术标准的传输速率只有 3Mbit/s，覆盖范围一般在 10m 之内，
而 3.0 版本技术标准的传输速率可以达到 480Mbit/s。

　　蓝牙技术在当今有丰富的应用，蓝牙耳机、车载免提蓝牙、蓝牙键盘、蓝牙鼠标等为家居、
办公及旅行通信带来很大的便利。

3.5　因特网

　　因特网（Internet）对许多人来说，越来越像水、电一样，成为生活中必备的资源。网络视听、
微信互动、网络购物等网络应用无处不在，已经成为人类社会生活的重要组成部分。

3.5.1　因特网的诞生及发展

　　1969 年，美国国防部高级项目研究局研发的 ARPAnet（阿帕网）投入使用，以改善美国当时
的科技基础设施。ARPAnet 最初只有 4 个节点，即加州大学洛杉矶分校、斯坦福研究院、犹他州
立大学和加州大学圣巴巴拉分校。ARPAnet 最终发展成为世界上覆盖面最广、规模最大、信息资
源最丰富的计算机信息网络因特网。

　　在半个多世纪的发展历程中，从 ARPAnet 到 Internet，因特网的发展经历了若干次里程碑式的
进步。1972 年，ARPAnet 在首届计算机后台通信国际会议上首次与公众见面，并验证了分组交换技
术的可行性，由此，ARPAnet 成为现代计算机网络诞生的标志。1983 年，ARPAnet 被分为两部分：
ARPAnet 和军事通信网络（Military Network，MILNET）。1983 年 1 月，TCP/IP 协议取代以往的 NCP
协议，成为 ARPAnet 的标准协议。其后，人们称这个以 ARPAnet 为主干网的网际互联网为 Internet。

　　从网络通信的角度来看，因特网是一个以 TCP/IP 为基础通信协议，连接各个国家、各个地区、
各个机构计算机网络的数据通信网。从信息资源的角度来看，因特网是一个将各个领域的信息资

源集为一体，供用户共享的信息资源网。一般认为，因特网的定义至少包含以下 3 个方面的内容。

（1）因特网是一个基于 TCP/IP 协议簇的网络。

（2）因特网拥有规模庞大的用户群体，用户既是网络资源的使用者，也是网络发展的建设者。

（3）因特网是所有可被访问和利用的信息资源的集合。

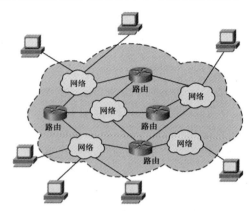

因特网的逻辑结构如图 3-12 所示。在此结构中，处于边缘的是连接在因特网上的主机，这一部分被用户直接使用，为用户提供通信和资源共享；核心部分（云图部分）由大量网络和连接这些网络的路由器所组成，它们主要为整个互联网提供连通性和交换服务。

图 3-12　因特网的逻辑结构

早期的因特网并不像今天一样易用，当时的用户往往仅限于教育和科研工作者团队。诸如邮件收发、文件传输等工作，人们只能通过原始的命令行完成。因特网之所以能够流行，主要得益于其发展历程中的一些重要的技术突破以及软件开发者所提供的用户界面友好的因特网应用软件及工具。从 ARPAnet 到 Internet，其间的重要技术变革如图 3-13 所示。

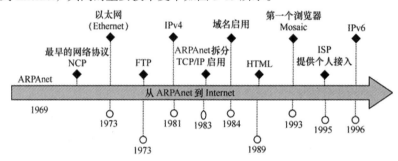

图 3-13　从 ARPAnet 到 Internet 的重要技术变革

3.5.2　因特网的架构

因特网并不隶属于任何政府、组织和个人。现在的因特网是由成千上万的网络与网络互连，以及网络与因特网骨干网互连而形成的。因特网骨干网是指为因特网上的数据传输提供主干路由的高性能的通信链路网络，它由高速光纤链路和高性能路由器组成，骨干网路由器及链路由网络服务提供商（Network Service Provider，NSP）进行管理和维护。NSP 之间的链路可以通过网络接入点（Network Access Point，NAP）连接到一起。一个简化的因特网骨干网结构如图 3-14 所示。

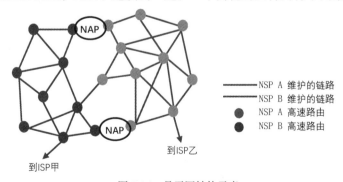

图 3-14　骨干网结构示意

小型网络和个人用户不能直接连接到因特网骨干网，而是连接到因特网服务提供商（Internet Service Provider，ISP），再通过 ISP 与主干网相连。ISP 是一个为商业、组织机构和个人提供因特网访问服务业务的公司。ISP 接收个人用户的因特网接入服务申请，并提供一个通信软件以及一个用户账号，用户通过调制解调器把计算机连到电话线等通信线路上，连接好之后，ISP 就在用户计算机和因特网主干网之间进行数据传送。个人计算机及小型局域网中的计算机连接因特网的方式如图 3-15 所示。

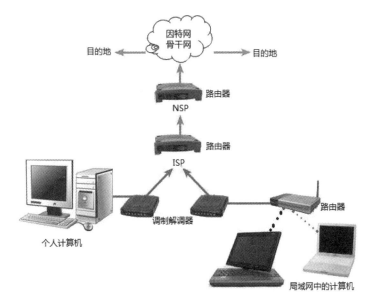

图 3-15　个人计算机及小型局域网中的计算机连接因特网示意

虽然因特网不被任何政府、组织管辖，但是作为技术发展飞速的领域，有很多机构引导着因特网的发展，并负责制定因特网的技术标准。例如，位于麻省理工学院的万维网联盟（World Wide Web Consortium，W3C）致力于为 Web 开发标准；非营利组织因特网协会致力于引导因特网的发展方向。

3.5.3　因特网的基本概念及服务

1. 因特网协议

TCP/IP（Transmission Control Protocol/Internet Protocol，传输控制协议/网际协议）是因特网的基础协议。实际上，TCP 和 IP 只是 TCP/IP 协议簇中的两个重要协议，由于 TCP 和 IP 是广为人知的协议，以至于人们用"TCP/IP"这个词代替了整个 TCP/IP 协议簇。表 3-4 介绍了 TCP/IP 协议簇中的几个常用的协议。

表 3-4　　　　　　　　　　　　　　　TCP/IP 协议簇中的常用协议

协议名	英文全称	功能
HTTP	Hyper Text Transport Protocol	超文本传输协议，用于在因特网上传输超文本文件
FTP	File Transfer Protocol	文件传输协议，允许用户将远程的文件复制到本地
SMTP	Simple Mail Transfer Protocol	简单邮件传输协议，用于发送电子邮件
POP	Post Office Protocol	邮局协议，用于接收邮件
Telnet	Telecommunication Network	远程登录协议，允许用户在本地登录及操纵远程主机
VoIP	Voice over Internet Protocol	因特网语音传输协议，在因特网上传输语音会话
BitTorrent	BitTorrent	比特洪流，由分散的客户端进行文件的传输

TCP/IP 是公开的，其体系结构和 OSI 参考模型等价，二者的关系如图 3-16 所示。

TCP/IP 体系结构各层简介如下。

（1）网络接口层（Network Interface Layer）。该层位于 TCP/IP 协议体系结构的最底层，负责接收 IP 数据报并通过网络发送，或者从网络上接收物理帧，分离出 IP 数据报，交给 IP 层。该层通常包括操作系统中的设备驱动程序和计算机中的网卡，负责相邻计算机之间的通信。

（2）网络层（Internet Layer）。该层主要解决主机到主机的通信问题。它所包含的协议涉及数据包在整个网络上的逻辑传输，其赋予主机一个 IP 地址来完成对主机的寻址，还负责数据包在多种网络中的路由。该层有 3 个主要协议：网际协议（IP）、互联网组管理协议（Internet Group Management Protocol，IGMP）和互联网控制报文协议（Internet Control Message Protocol，ICMP）。

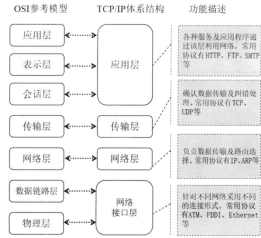

图 3-16　OSI 参考模型与 TCP/IP 协议体系结构对照

（3）传输层（Transport Layer）。该层主要为两台主机上的应用程序提供端到端的通信。其功能包括格式化信息流和提供可靠传输。传输层包括传输控制协议（TCP）、用户数据报协议（User Datagram Protocol，UDP）等协议。

（4）应用层（Application Layer）。该层负责向用户提供一组常用的应用程序，如电子邮件、文件传输访问、远程登录等。

2. IP 地址

在局域网和因特网中，IP 地址是连网设备的唯一标识。目前 IPv4 和 IPv6 是常被使用的两种 IP 地址格式。

IPv4 地址通常采用"点分十进制"表示。例如，192.168.3.1，其本质是 4 段长度皆为 8 位二进制数的 32 位二进制数值，圆点分隔的每段 IP 地址的范围为 0～255。IPv4 地址主要由两部分组成：一部分是左侧若干位，用于标识所属的网络段，称为网络号；另一部分是右侧剩余的位，用于标识网段内某个特定主机的地址，称为主机号。

IP 地址分为 A、B、C、D、E 5 个类别，其中常用的是 A、B、C 3 类 IP 地址。D 类和 E 类 IP 地址分别留作多点传输和将来使用。各类 IP 地址是通过第一段（前 8 位）的十进制数加以区别的，具体的取值范围如表 3-5 所示。

表 3-5　　　　　　　　　　　　各类 IP 地址的前 8 位取值范围

类别	开始十进制	结束十进制
A	1	126
B	128	191
C	192	223
D	224	239
E	240	255

如果用二进制来表达，我们不难看出：A 类 IP 地址以 0 作为起始标识；B 类 IP 地址以 10 作为起始标识；C 类 IP 地址以 110 作为起始标识。A、B、C 3 类 IP 地址的结构对比如图 3-17 所示。

思维训练：根据图 3-17，计算 1 个完整的 A 类和 C 类 IP 地址段内所拥有的主机数量，并分析 D 类、E 类 IP 地址的起始标识。此外，查找资料了解我国目前拥有几个 A 类 IP 地址段。

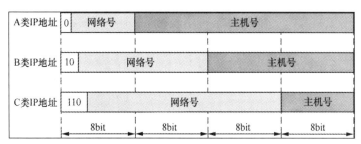

图 3-17　A、B、C 3 类 IP 地址的结构对比

另外，在 IPv4 地址中，还有一些特殊的 IP 地址，它们具有特殊的含义，一般不被因特网地址分配机构所分配。例如，127.0.0.1 表示本机地址，主要用于测试，在 Windows 系统中，该地址有一个别名 Localhost；255.255.255.255 则表示网段内的广播地址。需要说明的是，32 位的 IPv4 地址，在理论上总数最多为 2^{32} 个，即 43 亿个左右。去除特殊的 IP 地址，实际可分配的 IP 地址总数比这要少。2011 年 2 月，互联网数字分配机构将最后 5 个 A 类 IP 地址分配给五大区域地址分配机构，这意味着全球 IPv4 地址总库完全耗尽。面对稀缺的 IPv4 地址资源，人们如何应对"IP地址危机"呢？主要有以下几种方法。

（1）划分子网。仅根据网络号和主机号构成的 IP 地址进行分配，势必会浪费很多 IP 地址，划分子网的方法源于 1985 年公布的 RFC950，RFC950 规定了用子网掩码划分子网的标准。子网掩码的书写格式与 IP 地址相同，不同之处在于子网掩码前面若干位必须是连续的 1，而后面则是全 0。例如，C 类 IP 地址的默认子网掩码为 255.255.255.0。子网掩码全 1 的部分代表网络号，而全 0 的部分代表主机号。通过子网掩码，人们可以在主机号部分"开辟"出若干位作为"子网号"，从而缩小网络的规模；也可以通过子网掩码将若干个网络合并成一个更大的"超网"，从而实现对IP 地址的充分利用。

（2）采用动态 IP 地址。一台计算机可以有一个固定分配的静态 IP 地址，或临时分配的动态IP 地址。一般情况下，在因特网上作为服务器的计算机要分配静态 IP 地址，而作为一般的用户，都只拥有动态 IP 地址。去除特定设备保留的 IP 地址和特殊用途的 IP 地址，因特网最后能够分配给用户的 IP 地址不足 15 亿个！为避免 IP 地址用尽的情况，对于一般用户，大多采用需要时分发、离线时收回的动态 IP 地址分配机制。

（3）采用 IPv6 地址。IPv4 地址资源枯竭后，采用上述方法仅能缓解 IPv4 地址耗尽的威胁。现在难以计数的各种个人电子设备、家用电器、工业控制设备甚至汽车都有了连接因特网的需求。IETF 早在 20 世纪 90 年代就意识到了 IP 地址危机并着手解决这一问题，确定 IPv6 为下一代 IP协议。IPv6 地址拥有 128 位长度，相较于 32 位的 IPv4 地址，其所拥有的地址个数实现了指数级别的跨越。假设 IPv4 地址容量为 $1cm^3$，则 IPv6 地址的总容量相当于半个银河系的规模。因此，可以说 IPv6 地址几乎是无限的。我国 IPv6 技术已进入规模商用阶段。

3. 域名

尽管可以用 IP 地址来标识连网的计算机，但要记住 IP 地址这样的数字串很不方便。为了便于用户记忆，因特网在 1985 年开始采用域名系统（Domain Name System，DNS）。DNS 负责将用"."分隔的域名映射为相应的 IP 地址。典型的域名结构如下：

　　主机名.机构名.顶级机构类型或地理名

例如，某大学 Web 服务器的域名为 www.tsin**ua.edu.cn,其中 www 表示 Web 服务器,tsin**ua表示机构名称，edu、cn 分别表示机构类型和国家名称。

DNS 服务器承担域名与 IP 地址的转换任务。它提供一种目录服务，允许用户通过搜索计算机名称实现因特网上该计算机对应 IP 地址的查找，反之亦然。值得注意的是，域名与 IP 地址之间并非严格的一一对应的关系。例如，部分网络服务器没有申请域名，一个域名也可以对应包含映射地址在内的多个 IP 地址。域名解析过程如图 3-18 所示。

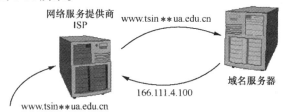

思维训练：顶级域名通常分为顶级机构类型和顶级地理域名两种，你知道 com、gov、net、org、hk、tw、uk 等顶级域名的类型和含义吗？".中国"可以作为顶级地理域名吗？

图 3-18 域名解析过程

4. 因特网基本服务

用户接入因特网就相当于加入了全球数据通信系统，因特网的基础协议（如 TCP、UDP、IP 等）保障了数据在因特网中的传输。因特网应用协议则保证了因特网向人们提供各种类型的实用服务。下面介绍 3 种常见的因特网基本服务。

（1）电子邮件（E-mail）。电子邮件是因特网最早的应用。和传统的邮件一样，电子邮件在通信中也需要收信人地址和发信人地址。电子邮件地址遵循"用户名@邮件服务器域名"的格式。例如，"abc@***.com"的用户名是"abc"，邮件服务器域名是"***.com"。邮件地址中不可以含有空格，"@"符号作为分隔符必不可少。

目前的邮件服务系统都支持多用途互联网邮件扩展（Multipurpose Internet Mail Extensions，MIME）协议。利用这一协议，电子邮件可以交换图形、声音等非文本的多媒体信息。电子邮件的附件可以是任意类型扩展名的文件，附件大小的限制由邮件服务器决定。电子邮件收发原理如图 3-19 所示。

（2）文件传输协议（File Translation Protocol，FTP）服务。FTP 是因特网提供的存取远程计算机中文件的一种服务，也是因特网早期提供的基本服务之一。FTP 广泛用于文件的共享及传输。目前的大多数浏览器和文件管理器都能和 FTP 服务器建立连接。利用 FTP 操控远程文件，如同操控本地文件一样。

FTP 使用的是客户机/服务器（Client/Server）工作模式。集中存放文件并提供上传、下载功能的一端是 FTP 服务器，用户工作的一端是客户机。FTP 文件传输原理如图 3-20 所示。

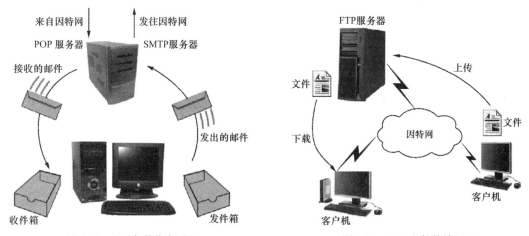

图 3-19 电子邮件收发原理　　　　　　图 3-20 FTP 文件传输原理

（3）Telnet。Telnet 提供了一种登录到因特网上其他计算机的途径。一旦登录成功，用户就可以操纵已经登录的那台计算机。远程登录的目的就是让远程计算机的资源为本地服务，例如，一个大型的仿真程序在本地计算机上需要运行几天的时间，而登录到远程的大型计算机上，只需要运行几分钟。远程登录的连接过程可能要求输入授权的用户名及密码，一旦连接成功，则可用本地的键盘和鼠标操纵远端的计算机。

5. 常用的网络命令

在网络的配置和测试中，网络命令不依赖图形用户界面，简洁而高效，掌握一些常用的网络命令是管理者必备的技能，表 3-6 列举了几个常用的、基础性的网络命令。

表 3-6　　　　　　　　　　　　　　　常用的网络命令

名称	举例	功能说明
ping	ping 192.168.1.1	ping 命令可以测试计算机名、IP 地址、域名，验证测试计算机与远程计算机的连接状况
ipconfig	ipconfig -all	显示本机 TCP/IP 配置的详细信息
netstat	netstat -an	netstat 是一个监控 TCP/IP 网络的非常有用的工具，它可以显示路由表、实际的网络连接以及每一个网络接口设备的状态信息
net	net accounts	net 命令包含管理网络环境、服务、用户、登录等功能
tracert	tracert www.***.cn	路由跟踪实用程序，用于确定 IP 数据报访问目标所采取的路径

在 Windows 系统中，用户可以单击“开始”→“运行”，在弹出的“运行”对话框中输入“cmd”并单击“确定”按钮，然后在弹出的命令行界面中输入相应的网络命令并执行，如图 3-21 所示。

图 3-21　网络命令的执行方式

网络命令在应用中还可以加入诸多参数，以实现更加丰富的功能及更具针对性的控制。在表 3-8 中并没有列举这些参数及参数的使用规则，使用者可以通过“命令名/?”的方式调取系统给出的该命令的帮助信息，自学网络命令的详细参数及应用。

3.6　数字化生存

网络及数字技术的深度发展，使人类的生活足迹从现实世界延伸至虚拟世界。数字技术不再只是学习、工作的辅助工具，而是逐渐支撑和构建了一种全新的生存方式——数字化生存（Being Digital）。人们的工作方式、生活方式、交往方式、行为方式、思维方式等在数字化生存环境中都呈现出全新的面貌，数字化政务、数字化商务、网络学习、网络游戏、网络购物、网络就医等描绘出了一幅全新的数字化生存图景。

3.6.1　网络信息检索

数字化生存时代，信息浩如烟海，用户具有前所未有的自主权和选择权。快速而有效地获取信息已经成为数字化社会人们必备的技能。广义的信息检索包括信息存储与检索，存储就是建立数据库，这是检索的基础；检索是指采用一定的方法和策略从数据库中查找出所需信息，这是检索的目的，是存储的逆过程。网络信息检索是指通过网络信息检索工具，检索存在于因特网信息空间中各种类型的网络信息资源。

1. Web 信息检索工具

网络信息检索工具是指在因特网上提供信息检索服务的计算机系统，目前主要以 Web 信息检索工具为主，主要包括以下几种。

（1）搜索引擎。搜索引擎使用自动索引软件来发现、收集并标引网页，建立数据库。它以 Web 形式提供给用户一个检索界面，供用户输入检索关键词、词组或短语等检索项，然后在数据库中找出相匹配的记录并返回按相关度排序的结果。使用此类工具的检索方法被称为"关键词搜索"，其优点是信息量大且新，速度快；缺点是准确性较差。知名的搜索引擎有 Bing、百度等。

（2）目录型网络检索工具。目录型网络检索工具是一种将网络信息资源搜集后，以某种分类法进行整理，并和检索算法集成在一起的检索应用。主题分类法、学科分类法、图书分类法等是目录型网络检索工具的主要分类方法。相对于搜索引擎，目录型网络检索工具具有学术性强、分类浏览直观和查准率高等优点，但是数据库的规模相对较小，检索到的信息数量有限。现在，搜索引擎和目录型网络检索工具已逐渐被整合在一起，以增强检索能力。图 3-22 展示了一种典型的目录型网络检索工具——万方数据的专利分类目录检索。

图 3-22　万方数据的专利分类目录检索

（3）元搜索引擎。元搜索引擎将多个搜索引擎集成在一起，并提供一个统一的检索界面，且将一个检索提问同时发送给多个搜索引擎，同时检索多个数据库，再经过聚合、去重之后输出检索结果。

元搜索引擎由 3 部分组成，即检索请求提交机制、检索接口代理机制、检索结果显示机制。检索请求提交机制负责实现用户个性化的检索设置要求，包括调用哪些搜索引擎、检索时间限制、结果数量限制等。检索接口代理机制负责将用户的检索请求"翻译"成满足不同搜索引擎"本地化"要求的格式。检索结果显示机制负责所有元搜索引擎检索结果的去重、合并、输出处理等。元搜索引擎可以弥补单一搜索引擎的不足，同时实现在多个搜索引擎间的检索。但是由于不同搜索引擎的检索机制、所支持的检索算法、对提问的解读等均不相同，导致检索结果的准确性受到影响。常用的元搜索引擎有 Dogpile、InfoSpace 等。

2. 常用信息检索技巧

要进行信息检索，就必须通过合适的方式将自己的检索意愿表达出来。一般通过输入单词、词组或短语进行检索，还可以使用多种运算符对多个检索词进行组合，构成检索表达式。缩小查找范围，在尽可能少的查询结果中找到更加有效的网页列表，是提高信息检索效率最直接的方法。下面列举几项一般性的查询规则。

（1）选择描述性强的词汇作为检索关键词。不要使用描述性不强的词汇，如"思维""计算""information"等，而应选用"计算思维""information processing"这样的词汇。另外，要注重词汇的使用区域性和普遍性。

（2）尽量简明扼要地描述要查找的内容。查询中的每个关键词都应使目标更加明确，多余的词汇只能对查询结果进行不必要的限制。用较少的关键词开始搜索的优点在于：如果没有找到需要的结果，那么所显示的结果很可能会提供很好的提示，使用户知道需要添加哪些字词来优化查询。显然，用"昆明红嘴鸥"作为关键词，比用"昆明市民与红嘴鸥再次相聚翠湖"作为关键词更有利于进一步优化查询。

（3）了解搜索引擎忽略的条件。若输入的关键词是英文，大多数搜索引擎会忽略大小写，并且会自动搜索关键词的派生词汇，高频出现的冠词，如 the、a 等会被忽略。

（4）用好布尔运算符。19 世纪，英国数学家乔治·布尔（George Boole）定义了最早的逻辑系统，布尔运算得名于此。在搜索中，布尔运算符可以用来描述搜索关键词之间的关系，以形成更加精确的查询条件。搜索用布尔运算符如表 3-7 所示。

表 3-7　　　　　　　　　　　　　　　　搜索用布尔运算符

布尔运算符	含　义
AND	逻辑与。用 AND 组合两个以上的关键词，搜索出的页面必须同时包含用 AND 连接的所有关键词。例如，用"陶潜 AND 归隐"作为关键词进行搜索，可能搜索到包含陶潜归隐真相新解、陶潜归隐图等信息的页面。有些搜索引擎用加号（＋）代替 AND
OR	逻辑或。用 OR 连接两个以上的关键词，搜索结果可能只包含关键词中的一个或几个，也可能包含全部
NOT	逻辑非。NOT 代表排除。搜索结果的任何一个页面都不会包含跟在 NOT 后面的关键词。一些搜索引擎用减号（－）代替 NOT，"A－B"表示搜索包含 A 但没有 B 的网页，减号之前必须留有空格，减号与其后的关键词之间不能有空格

（5）善用帮助性搜索。许多搜索网站都提供了实用性很强的帮助性搜索功能，如简单的计算、换算、翻译等功能。例如，当用户在百度中输入"10+6=?"时，百度会调用科学计算器帮助完成运算，而当用户输入"单位换算"时，百度会调用单位换算工具辅助用户完成相应任务。

（6）掌握专题检索。用户不仅仅可以搜索网页，视频、流媒体、软件等皆可通过网络进行搜索，专题检索站点可以帮助用户实现对指定内容和媒体形式的检索。例如，大学的图书馆一般拥有大型学术数据库的检索链接，这是非常有价值的专题检索资源。国内三大中文数字化资源平台——中国知网（侧重教育领域）、万方数据资源系统（侧重为科技及企业服务）、维普网（侧重科技期刊检索服务），虽然侧重点不同，但都以提供科技期刊的信息检索为主要服务，它们为学术研究领域提供了丰富的信息检索资源。

3. 新兴网络信息检索技术——AI 搜索引擎

自 2022 年底 OpenAI 推出 ChatGPT 以来，AI 技术为传统网络信息搜索开辟了全新的发展方向。生成式 AI 工具经过不断迭代优化，不仅能够针对用户提问给出完整、连贯的回复，还能基于用户的搜索偏好和行为习惯提供个性化的解决方案。AI 与搜索引擎的整合带动网络信息检索向更高级别的智能化迈进，能够更好地满足用户的复杂需求。

传统搜索引擎依赖爬虫技术抓取互联网上的网页，之后进行清洗和排序。当用户输入关键词时，搜索引擎会根据其算法对网页进行排序，并将结果展示给用户。用户需要自行选择并单击网页，再阅读内容。这一过程往往耗时较长，需要用户自己去总结信息。相比之下，AI 搜索引擎凭借其深度学习和自然语言处理技术的应用，能够更深入地理解用户的搜索意图，从而提供更加精准、个性化的搜索结果。AI 搜索引擎支持对话式多轮问答，用户可以使用自然语言提出真实问题，而不是输入关键词。搜索结果中的链接会越来越少，取而代之的是答案——这些答案由生成式 AI 基于知识库或网络进行实时撰写和呈现。

传统搜索引擎借助大模型优化搜索流程，向 AI 搜索"迁徙"的步伐不断加快。2023 年 8 月，国内第一款融入大语言模型的搜索引擎——天工 AI 搜索推出；2023 年 10 月，百度将传统搜索引擎升级为 AI 互动式搜索引擎，在搜索页面内置文心一言大模型技术；2025 年初发布的 DeepSeek-R1 推理模型更是展示了 AI"深度思考"和启发式搜索与推理学习的美好前景。图 3-23 所示为 DeepSeek 的对话界面。

可见，AI 搜索引擎通过人工智能技术为用户提供了更加智能便捷的搜索体验，提高了网络搜索的交互性和服务的个性化。但是，如果 AI 搜索引擎的训练数据缺乏多样性或存在系统性偏见，那么其输出结果就可能存在误差或错误信息。

图 3-23 DeepSeek 的对话界面

因此，在数字化生存的背景下，提升数字素养，提高对 AI 生成信息的真实性、正确性的甄别能力，是安全、可靠利用 AI 搜索引擎获取信息的必要前提。

3.6.2 电子商务

电子商务利用计算机技术、网络技术和远程通信技术，实现整个商务过程的电子化、数字化和网络化。电子商务的范围很广，一般可分为企业对企业（Business-to-Business，B2B）、企业对消费者（Business-to-Consumer，B2C）、消费者对消费者（Consumer-to-Consumer，C2C）、企业对政府（Business-to-Government，B2G）等模式。

随着因特网用户的激增，利用因特网进行网络购物的消费方式已日渐流行，其市场份额也在迅速增长，电子商务平台层出不穷。电子商务平台经营的"商品"包含有形的商品、数字产品及服务。

电子商务中的有形商品可以通过现代物流快速地运送到购买者手中，销售者也不必大量囤积货物，甚至可以根据订单需求做到"零库存"销售，从而最大限度地降低销售成本，并且整个物流过程可以很方便地进行跟踪和追溯。

电子商务中的数字产品包括音乐、软件、数据库、有偿电子资料等多种基于知识的商品，这类产品的独特性在于，产品是以比特数据流的形式，在订单产生并付款完成后，直接通过网络传递到购买者手中。数字产品的销售不涉及运送费用。电子商务也可以把服务作为商品出售，如在线医疗咨询服务、经验和技能传授等。随着人们生活节奏的加快，排队付费、购票等时间成本越发受到重视，在电子商务平台中，"跑腿""代办事"等已经成为逐渐普及的付费服务项目。

我国电子商务正在经历多维度融合发展。大数据、人工智能、区块链等数字技术与电子商务加快融合，丰富了交易场景；线上电子商务平台与线下传统产业、供应链等配套资源加快融合，构建出更加协同的数字化生态；社交网络与电子商务运营加快融合，形成了稳定的用户关系。

> **思维训练：** 许多在线购物者较为担心的是在线支付的安全性，以及在交易过程中个人信息是否会被泄露。针对这些问题，请你对目前的在线支付方式进行一次调研，并给出自己的观点。

3.6.3　在线教育

在线教育，即在教育领域建立互联网平台，学习者通过网络进行学习。它是一种全新的学习方式。网络化学习依托丰富的多媒体网络学习资源、网上学习社区及网络技术平台构成的全新的网络学习环境。网络学习环境中汇集了大量针对学习者开放的数据、档案资料、程序、教学软件、兴趣讨论组、新闻组等学习资源，形成了一个高度综合集成的资源库。在学习过程中，所有成员都可以发表自己的看法，将自己的资源加入网络资源库，供大家共享。与传统教学方式相比，在线教育具有互动性、实时性、协作性、个性化等特点。

在线教育提供了学习的随时随地性，从而为终身学习提供了可能。2012 年，大规模开放在线课程（Massive Open Online Course，MOOC）（中文名为"慕课"）作为一种新型的在线教学模式闯入人们的视野，给互联网产业及在线学习、高等教育带来巨大影响。截至 2024 年 5 月，国内上线 MOOC 数量超过 7.68 万门，学习人次达 12.77 亿人次，建设和应用规模居世界第一。

2022 年 3 月，作为教育数字化战略行动的关键支撑，国家智慧教育公共服务平台正式上线，其通过先进的智联网引擎，整合基础教育、职业教育、高等教育等各级各类教育平台，汇聚优质资源，为师生、家长、教育管理者和社会学习者提供"一站式"服务，对纵深推进教育数字化转型、全面推动数字教育高质量发展具有重要意义。

总之，在线教育提供了一种全新的知识传播模式和学习方式，它将引发全球高等教育的重大变革。这场重大变革与以往的网络教学有本质区别，它不单单是教育技术的革新，更会带来教育观念、教育体制、教学方式、人才培养过程等方面的深刻变化。

> 💡思维训练：在 1990 年以后出生的人，被称为信息时代的数字原住民，因为快速发展的互联网技术伴随他们长大成人。你是信息时代的数字原住民吗？互联网对你的成长有哪些影响？在互联网无处不在的今天，你是如何认识与适应数字化生存的？

实验 3　基于 Packet Tracer 的组网仿真实验

一、实验目的

（1）熟悉（Packet Tracer，PT）网络仿真环境，掌握简单的网络布线和常见网络命令的用法，学会组建双机直连及交换机星形网络的方法，并熟悉网络连通测试的步骤。

（2）掌握无线路由器的基本配置，熟悉通过无线路由器使计算机接入局域网的一般步骤。

（3）掌握配置无线路由器 DNS、网关的方法，能通过无线路由器使计算机接入互联网。

二、实验内容与要求

1. 简单网络直连及星形拓扑局域网搭建

从实验素材中下载"1-Cable a Simple Network.pka"活动向导文件，在 PT 网络仿真环境内完成以下操作，以掌握基本的连网布线及网络连通测试方法。

（1）利用双绞线创建两台计算机直连的网络，进而了解传输介质类型对于正确连接设备的重要性。

（2）配置连网计算机的主机名和 IP 地址、子网掩码，并测试直连计算机之间的网络连通性。

（3）将这两台计算机连接到一台交换机上，构成星形局域网拓扑结构，并测试连网计算机之间网络的连通性。实现的拓扑结构如图 3-24 所示。

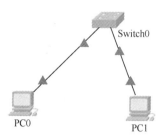

（4）完成上述步骤后，回答下列问题。

双绞线直通线适用于_____和_____的连接，双绞线的交叉线适用于_____和_____的连接。在利用 ping 命令测试网络连通性时，回馈信息中的参数 TTL 代表_____。

2. 在现有的局域网中添加终端计算机

从实验素材中下载 "2-Add Computers to an Existing Network.pka" 活动向导文件，观察图 3-25 所示的拓扑结构，并回答以下问题。

图 3-24　简单的星形拓扑结构

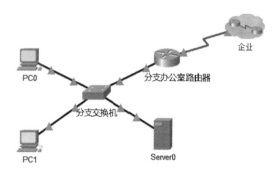

图 3-25　机构局域网与分支企业云连接的拓扑结构

（1）在此拓扑结构中，机构局域网与分支企业云之间的网络设备是_____，机构内网计算机与服务器之间通过_____相连。

（2）在两台计算机上配置 DHCP，观察它们获取的 IP 地址等网络配置信息，填写表 3-8。

表 3-8　　　　　　　　　　　计算机的网络配置及连通测试

测试项	PC0	PC1
IP 地址		
子网掩码		
网关		
DNS		
设备之间的连通测试情况		
PC0 ping PC1		
PC0 ping 路由器		
PC1 ping PC0		
PC1 ping 172.16.1.254		

（3）将 PC1 由 DHCP 改为静态 IP 地址，继续检测 PC1 对 3 层网络关键设备的连通情况，并填写表 3-9。

表 3-9　　　　　　　　　　　静态寻址的 PC1 网络连通测试

测试命令	测试位置说明	连通状况
ping 172.16.1.254	默认网关	
ping 172.16.1.100	Server0	
ping 172.16.200.1	Corporate 云入口点路由器	
ping 172.16.1.254	Corporate 云内服务器	

3. 连接并配置无线路由器

从实验素材中下载"3-Connect to a Wireless Router and Configure Basic Settings.pka"活动向导文件，在 PT 网络仿真环境内完成以下操作。

（1）在图 3-26 所示的拓扑结构中，将计算机 PC0 连接无线路由器 WRS1，并启用 PC0 的 DHCP 功能，使之可以接收无线路由器自动分配给它的 IP 地址。

（2）利用 PC0 的 Web 浏览器访问无线路由器，并查看无线路由器的 DHCP 服务的 IP 范围（无线路由器的 IP 地址及用户名和密码详见 PT 网络仿真环境的提示）。回答下列问题。

PC0 的 IP 地址为_____。

PC0 的子网掩码为_____。

PC0 的默认网关为_____。

WRS1 的 DHCP 服务 IP 地址范围为_____。

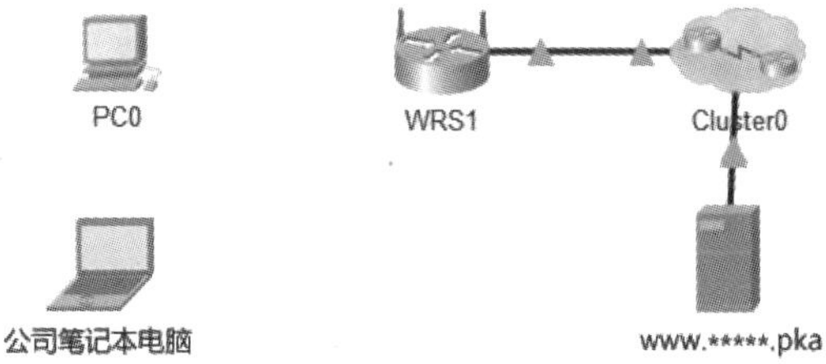

图 3-26　含有内外网段的拓扑结构

（3）配置 WRS1 的 Internet 端口，关闭其 DHCP，改为静态 IP 地址，使之可以连接外网，具体的 IP 地址等参数详见 PT 网络仿真环境的提示。

（4）完成 WRS1 的基本无线设置，更改网络名称为"aCompany"，使之可以接受笔记本电脑 Laptop1 的无线连接。

（5）更改 WRS1 的访问密码及 DHCP 范围。此时，PC0 的 Web 浏览器将显示超时，原因是_____。

（6）最后在 PC0 的命令行输入命令"ipconfig/renew"，该命令的作用是_____，现在 PC0 的新 IP 地址为_____。

三、实验操作引导

1. 认识 PT 仿真软件

Packet Tracer（下文简称 PT）是思科（Cisco）公司开发的一款计算机网络仿真实验软件，可提供网络设计、配置和故障排除的虚拟仿真环境。利用该软件，用户可以通过拖曳操作构建网络拓扑，也可以通过图形用户界面或命令行界面对网络设备进行配置及测试。

（1）PT 软件的获取与运行。PT 是思科网络技术学院的辅助教学工具，大家可以通过注册思科网络技术学院的"Cisco Packet Tracer 入门"课程，下载及使用 PT 软件的最新版本，也可以通过互联网搜索获取 PT 软件。软件安装过程无须进行复杂配置，只要运行安装文件，并根据提示逐步安装即可。

运行 PT 软件时，可以选择以"Guest Login"身份登录，以避免较为烦琐的注册过程。在等待约 10s 之后，"Guest Login"按钮切换为"Confirm Guest"按钮，单击该按钮，即可进入 PT 软件的工作界面。

> 🖳提示：可忽略在登录过程中自动打开的思科网络技术学院站点界面，这不会影响软件的正常使用。

（2）PT 软件的基本操作。PT 软件的工作界面如图 3-27 所示。下面对其主要组成部分及功能进行简要介绍。

① 菜单栏。其包括"File"(文件)、"Edit"(编辑)、"Options"(选项)、"View"(视图)、"Tools"(工具)、"Extensions"(扩展)及"Help"(帮助)等菜单项，可用于完成新建、打开、保存文件，以及复制、粘贴等常规操作。

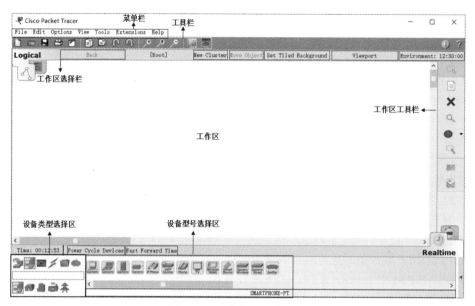

图 3-27　PT 软件的工作界面

② 工具栏。其提供了菜单栏中常用菜单项的快捷方式，如 "New"（新建）、"Open"（打开）、"Save"（保存）、"Print"（打印）、"Undo"（撤销）、"Redo"（重做）等。

③ 工作区。其位于工作界面的中间，用户在该区域可以创建网络拓扑、查看数据包在网络中的传递过程等。

④ 工作区工具栏。其提供了常用的工作区工具，如 "Select（Esc）"（选择/取消）、"Inspect"（查看）、"Delete"（删除）、"Place Note"（放置注释）等，借助这些工具，用户可以快速编辑工作区内的网络拓扑及设备对象等。

⑤ 工作区选择栏。通过工作区选择栏，用户可以实现在 "Logical"（逻辑）工作区和 "Physical"（物理）工作区之间进行切换。逻辑工作区为主要工作区，用户在此可以完成网络设备的逻辑连接及配置；物理工作区提供了办公地点和设备的直观图，用户在此可以对它们进行相应配置。

⑥ 设备类型选择区。其为网络仿真提供可供选择的不同设备类型，如 "Network Devices"（网络设备）、"End Devices"（终端设备）、"Switches"（交换机）、"Connections"（连接线）等。

⑦ 设备型号选择区。在设备类型选择区选中某个设备类型后，设备型号选择区就会出现该设备类型不同型号的具体设备供用户选择。

（3）PT 活动向导文件加载及仿真操作。用 PT 软件可以创建 ".pkt"（网络模拟模型）和 ".pka"（活动向导）两种类型的文件。在自由创建网络拓扑和配置网络通信模型时，通常采用 ".pkt" 文件。PT 软件的活动向导（Activity Wizard）本质上是一个评估工具，通过活动向导可以创建一个非常具体的网络环境，在其中可以预设需要考核的知识点。大家在利用活动向导文件完成既定的网络仿真实验过程中，活动向导会根据大家的操作情况给出最终得分。

本实验使用预设的活动向导文件进行网络设置仿真活动。用 PT 软件打开 ".pka" 文件时，将显示图 3-28 所示的 PT Activity 界面，界面中有预先导入的实验要求，大家可以根据要求按步骤完成仿真实验。同时，界面底部有 "Check Results" 和 "Reset Activity" 两个按钮，前者用于检查实验结果，即查看已经完成的练习量的反馈信息；后者用于重置 PT 活动，即清除自己当前的仿真练习。

2. 双绞线的线序

双绞线一般有 3 种线序：直通（Straight-through）、交叉（Cross-over）和全反（Rollover）。直通线一般用来连接两个不同性质的接口（非同类设备之间的连接），交叉线一般用来连接两个性质相同的端口，全反线不用于以太网的连接，主要用于主机的串口和路由器（或交换机）的 console 口的连接。

图 3-28　PT Activity 界面

在组网过程中，一般同种类型的设备之间使用交叉线连接，如计算机与计算机之间、交换机与交换机之间的连接；不同类型的设备之间使用直通线连接，如计算机与交换机之间、计算机与路由器之间的连接等。当然，现在网络设备的接口一般具有智能识别功能，这种情况下使用直通线和交叉线都可以。

> 💻提示：实验内容 1 以选择合适的通信线缆为主要目的，两台计算机之间不通过任何中间设备直连，实质上就是网卡连接网卡，故选用交叉线。计算机连接交换机则应选择直通线。如果有网线测试仪，可以发现在进行直通线测试时，测试仪接收端的绿灯会顺序闪烁；而在进行交叉线测试时，测试仪接收端的绿灯跳跃闪烁。

3. 双机直连

双机直连是组网方案中最简单的一种。对于组网后的配置，只要分别设置两台计算机的计算机名，用不同名字分别标识两台计算机，而工作组名必须是相同的。IP 地址和子网掩码的设置则需要保证两台计算机在同一子网内部，如 C 类 IP 地址，默认的子网掩码为 255.255.255.0，网关可以采用默认设置。这样两台直连的计算机就可以进行网络资源共享了。

将计算机与交换机相连，进而接入局域网，是目前普遍的局域网组网方案，使用直通双绞线进行连接。连通后网络配置的方式与双机直连的配置方式相同。可以通过 ping 命令测试连网计算机之间的连通性。

> 💻提示：ping 命令用来测试主机到主机之间是否可通信，如果不能 ping 通某台主机，则表明不能和这台主机建立连接。ping 命令使用的是 ICMP 协议，它发送 ICMP 回送请求消息给目的主机。ICMP 协议规定：目的主机必须返回 ICMP 回送应答消息给源主机。如果源主机在一定时间内收到应答，则认为目的主机可达。ping 命令会回显一些返回信息用于判断网络通信的质量。

4. DHCP

DHCP 通常被用于局域网环境，主要作用是集中地管理、分配 IP 地址，使连网计算机动态获得 IP 地址、网关地址、DNS 服务器地址等信息，并能够提升地址的使用率。简单来说，DHCP 的目标就是自动给内网计算机分配 IP 地址的协议。DHCP 的应用也不全是优点，如 DHCP 分配的IP 地址是随机的，具有不确定性，安全性也与静态寻址方案存在差距。

> **提示**：在 PT 网络仿真环境下，选择"Desktop"（桌面）选项卡—>选择"IP Configuration"（IP 配置）并单击"DHCP"按钮，便可使计算机充当 DHCP 客户端。单击"DHCP"按钮后可看到以下消息：DHCP 请求成功。

5. 无线路由器

在家庭和办公室等小型的网络环境中，无线路由器既充当内部网段设备的交换机，又是两个网段之间的路由器。它存在两个网段：Internal（内部）和 Internet（因特网）。无线路由器通常提供 Web 形式的管理与设置功能，连网计算机可以通过 DHCP 功能，与无线路由器之间建立通信。在无线路由器的配置中，网络参数、DHCP 服务与安全功能等是重要的配置选项。

四、实验拓展与思考

无线局域网具有可移动、高灵活及扩展能力强等特点，但由于无线局域网以电磁波作为载体，每个连网终端都面临被窃听和遭到信息干扰的威胁。在具备无线路由管理权的情况下，请考虑对其实施常用的无线局域网安全策略。例如，修改默认的 AP 密码、禁止 AP 向外广播服务集标识符（Service Set Identifier，SSID）、采用 128 位有线对等保密（Wired Equivalent Privacy，WEP）加密技术、MAC 地址绑定等。

> **提示**：无线路由的安全技术运用，可以在 PT 网络仿真环境下实验，也可以在无线路由器的 Web 管理界面中实施。无线局域网安全技术主要有 SSID、MAC 地址过滤、WEP、Wi-Fi 保护接入、端口访问控制技术（IEEE 802.1X）等。

快速检测

1. 判断题

（1）分布式处理是计算机网络的特点之一。 （ ）
（2）组建局域网时，网卡是必不可少的网络通信硬件。 （ ）
（3）Wi-Fi 是一种局域网连接技术。 （ ）
（4）路由器是典型的网际设备。 （ ）
（5）因特网的体系结构从逻辑上划分为 7 层。 （ ）
（6）发送电子邮件时，一次只能发送给一个接收者。 （ ）
（7）网卡的物理地址简称为 MAC 地址。 （ ）
（8）调制解调器的作用是提高计算机之间的通信速度。 （ ）
（9）网站域名地址中的"gov"表示该网站是一个商业部门。 （ ）
（10）192.168.6.16 属于 C 类 IP 地址。 （ ）

2. 选择题

（1）计算机网络最主要的功能是（ ）。
    A. 数据通信   B. 资源共享   C. 分布计算   D. 信息检索
（2）下列网络设备中，承担数据包传输路径选择任务的是（ ）。
    A. 交换机   B. 调制解调器   C. 路由器   D. 集线器
（3）下列网络的英文缩写为 WAN 的是（ ）。
    A. 城域网   B. 个域网   C. 局域网   D. 广域网

（4）星形网作为一种网络类型，其分类依据是（　　　）。

　　　A．拓扑结构　　　B．通信介质　　　C．覆盖范围　　　D．通信协议

（5）双绞线作为通信介质，对应的网线接头是（　　　）。

　　　A．BNC　　　　　B．RJ-11　　　　　C．COM　　　　　D．RJ45

（6）Internet 源自（　　　）。

　　　A．ARC NET　　　B．CER NET　　　C．AT&T　　　　D．ARPAnet

（7）Internet 的通用协议是（　　　）。

　　　A．TCP/IP　　　　B．FTP　　　　　C．UDP　　　　　D．Telnet

（8）下列因素中，不是选择 ISP 时主要考虑的因素是（　　　）。

　　　A．初装及月租价格　　　　　　　B．付费方式

　　　C．地理位置　　　　　　　　　　D．服务质量

（9）130.1.23.8 在 IP 地址分类中，属于（　　　）。

　　　A．A 类地址　　　B．B 类地址　　　C．C 类地址　　　D．D 类地址

（10）以下不属于网络连接设备的是（　　　）。

　　　A．光纤　　　　　B．路由器　　　　C．交换机　　　　D．网桥

（11）下列协议中，用于超文本传输控制的是（　　　）。

　　　A．URL　　　　　B．SMTP　　　　　C．HTTP　　　　　D．HTML

（12）以下家庭用户连接因特网的方式中，传输速率最高的是（　　　）。

　　　A．ADSL　　　　　B．调制解调器　　　C．ISDN　　　　　D．WAP

（13）下列描述中，符合电子邮件（E-mail）特点的是（　　　）。

　　　A．比邮政信函、电报、电话、传真都要快

　　　B．在通信双方的计算机之间建立直接的通信线路后即可快速传递信息

　　　C．采用存储转发式在网络上传递信息，不像电话那样直接、即时，但费用低廉

　　　D．在通信双方的计算机都开机工作的情况下即可快速传递数字信息

（14）下列字符串中，可以作为合法的电子邮件地址的是（　　　）。

　　　A．user.com.cn　　　　　　　　　B．abc.com.cn-user

　　　C．user.cn@abc　　　　　　　　　D．user@abc.com.cn

（15）开放系统互联参考模型的基本结构分为（　　　）。

　　　A．4 层　　　　　B．5 层　　　　　C．6 层　　　　　D．7 层

（16）Internet 使用 DNS 进行主机名与 IP 地址之间的自动转换，这里的 DNS 指（　　　）。

　　　A．域名服务器　　　　　　　　　B．动态主机

　　　C．发送邮件的服务器　　　　　　D．接收邮件的服务器

（17）下列技术手段中，不能用于解决 Ipv4 地址不足问题的是（　　　）。

　　　A．子网的划分　　　　　　　　　B．动态 IP 的应用

　　　C．IPv6 的应用　　　　　　　　　D．设置防火墙策略

（18）电子邮件使用的传输协议是（　　　）。

　　　A．SMTP　　　　　B．Telnet　　　　C．HTTP　　　　　D．FTP

（19）互联网上的服务都基于协议，远程登录服务对应的协议是（　　　）。

　　　A．SMTP　　　　　B．Telnet　　　　C．HTTP　　　　　D．FTP

（20）下列不属于 AI 搜索引擎核心技术的是（　　　）。

　　　A．自然语言处理　　　　　　　　B．深度学习

　　　C．关键词匹配　　　　　　　　　D．机器学习

第4章
数字化编辑与 WPS AI

随着经济的迅猛发展，我国在数字化建设方面取得了显著的进步，科技变革与创新正深刻改变人们的工作方式、生活习惯、学习方法以及文化传播途径。在这一背景下，各类文档的数字化编辑已经成为各行业应用中的核心技能。本章以 WPS Office 为例，介绍长文档高效编排、电子表格处理与分析、幻灯片设计与制作的方法和技巧。此外，本章还将介绍如何利用 WPS AI 智能办公助手来协助智能办公，以提升办公效率。

本章学习目标

- 掌握 WPS 文字的基本操作以及字符、段落、页面的格式化方法。
- 理解样式的概念，掌握长文档排版的一般方法和要素。
- 掌握 WPS 表格的编辑操作，以及单元格内数据的输入与处理方法。
- 掌握公式和函数的应用方法、图表制作方法以及数据分析方法。
- 掌握幻灯片效果设计以及 WPS 演示文稿的美化和播放设置方法。
- 学会借助 WPS AI 完成数字化编辑。

4.1 WPS 概述

在当今的信息智能时代，信息的数字化越来越被人们重视。现代计算机技术的发展使文稿的编辑、处理和统计等任务变得越来越便捷，数字化智能办公逐渐成为全球企业办公的新趋势。人工智能、云计算等前沿技术在智慧办公领域中的广泛应用，使办公环境更加智能化和高效化，智能办公设备、软件和服务的融合趋势愈发明显。北京金山办公软件股份有限公司（后文简称金山公司）30 多年来一直致力于中文办公软件的研发，已在国内办公软件市场中占据主导地位。WPS 已从单一的文字处理软件演变为集文字、表格、演示、在线文档、PDF 阅读等功能于一体的信息化办公平台。2023 年 4 月，金山公司正式发布了具备大语言模型能力的生成式人工智能应用 WPS AI。作为 WPS 办公套件的重要组成部分，WPS AI 能与 WPS 其他产品无缝衔接，提高了用户在办公、写作、文档处理等方面的效率和智能化体验。

WPS 支持桌面和移动应用，适用于制作各类文档。WPS 提供了一套完整的办公工具，主要包括文字、表格、演示、智能文档等多种文档制作工具，其还具备 PDF 转换、图片设计等各类应用组件，从而形成了以文档为基础，融合办公、学习、信息处理等多方位的软件工具平台。下面简要介绍 WPS 中常用的几个组件。

（1）WPS 文字：文字处理程序，提供了多种便捷的文档创建工具和模板，并提供了丰富的图片处理、表格处理等功能。

（2）WPS 表格：数据表处理程序，能够处理各种数据、进行统计分析和辅助决策，广泛应用于管理、统计、财经、金融等众多领域。

（3）WPS 演示：演示文稿制作程序，广泛应用于产品展示、学术交流、课堂教学等领域。

（4）WPS PDF：PDF 文档编辑程序，可以完成 PDF 和各类文档的转换，并支持 PDF 文档拆分、合并、保护以及编辑等操作。

（5）WPS 智能文档：WPS 最新推出的智能文档处理程序，它结合了人工智能技术，能够自动识别文档内容，提供智能排版建议。此外，它还支持语音输入、智能纠错和多语言翻译等便捷功能，极大地提升了文档处理的效率和质量。

（6）WPS 云服务：WPS 提供的云存储和协作平台，用户可以将文档存储在云端，随时随地进行访问和编辑。同时，WPS 云服务支持多人实时在线协作，方便团队成员共同完成文档的编辑和审阅工作。

（7）WPS AI：作为 WPS 办公套件中的重要组成部分，WPS AI 能够通过自然语言处理技术理解用户的需求，提供智能搜索、智能写作、智能排版等服务。用户只需简单地输入指令或描述，WPS AI 就能快速生成文档、演示文稿等，大大节省了用户的时间和精力。

在数字化编辑和智能化办公的背景下，文档的整理与查找、分析与决策以及数据的转换与共享等任务都变得高效快捷。这不仅要求用户熟练掌握常用文档处理软件的使用方法，还要求用户学会运用计算思维的方法解决数字化编辑问题。

4.2　WPS 文字处理

WPS 文字具有友好的图形用户界面，除提供文字的输入、编辑、排版、打印等基础功能外，还能方便地编辑表格、图像、声音、动画，实现图文并茂的编辑效果，并提供自动执行文字拼写检查和审阅等辅助功能。在办公自动化领域中，各类实用文体、科技文章等办公文件均可以用 WPS 文字建成电子文档，以便于后续处理、存储、发布和分享。

4.2.1　初识 WPS 文字

1. 认识 WPS 文字窗口

启动 WPS 应用程序，依次单击"新建""文字""空白文档"，即可打开图 4-1 所示的 WPS 文字窗口。

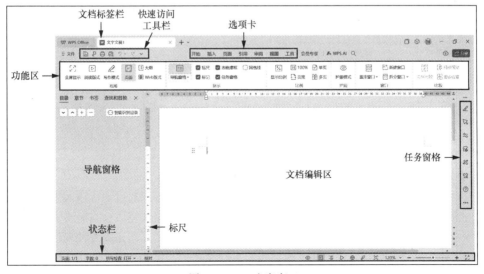

图 4-1　WPS 文字窗口

WPS 应用程序能够创建文字、表格、演示文稿、PDF 等多种格式的文档，所有的文档均可显示在文档标签栏中，以便用户处理多种类型的文档时能够方便地进行切换。在 WPS 文字中，所有命令根据功能被归类至 7 个选项卡：开始、插入、页面、引用、审阅、视图及工具。当用户选择某个选项卡时，相应的命令会以选项组的形式显示在功能区中。若选项组的右下角有 ↘ 按钮，单击该按钮会启动对话框窗口，以便用户进行更详尽的设置。

导航窗格主要用于显示文档的目录结构，也便于用户快速定位和查找文档内容。在"视图"选项卡中，选中"显示"选项组中的"导航窗格"来控制该窗格的显示与隐藏，导航窗格加页面视图是编辑与修改长文档的常用方法。

状态栏用来显示正在编辑文档的相关信息。WPS 文字提供了 5 种不同视图：页面视图、阅读版式视图、Web 版式视图、大纲视图和写作模式视图。其中，页面视图是 WPS 文字的默认视图，可以实现"所见即所得"的效果；阅读版式视图可利用最大的空间来阅读或批注文档；Web 版式视图用于显示文档在 Web 浏览器中的外观，适用于发送电子邮件、创建和编辑 Web 页面；大纲视图用于显示文档的层次结构，可以方便地移动和重组长文档；写作模式视图可用于纵览目录标题，在内容和大纲之间切换，该视图提供了写作技巧、写作素材、诗词库、写作锦囊等功能。

2. 认识页面

在对文档进行编辑或排版之前，需要知道文档页面的组成结构。页面主要由正文、页眉、页脚和页边距等构成，如图 4-2 所示。

页面格式化可以在"页面"选项卡中完成。单击"页面设置"选项组的 ↘ 按钮，打开"页面设置"对话框，如图 4-3 所示，在此可对页边距、纸张大小和方向、页面网格、页面包含的行数及每列的字符数等进行调整。另外，在设计海报、贺卡或邀请函时，常常利用"效果"选项组中的各项功能按钮，以便达到美化页面效果的目的。

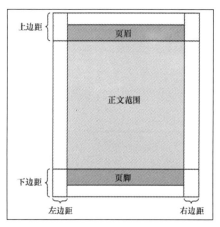

图 4-2　页面构成

图 4-3　"页面设置"对话框

4.2.2　WPS 文字基本应用

1. 文本输入与编辑

完成页面设置后，即可进行文档正文的输入和编辑。用户可以通过键盘输入中英文字符。当需要输入特殊符号时，可通过"插入"选项卡中的"符号"按钮来完成；当需要输入复杂的学科公式时，可单击"公式"按钮，通过打开的"公式编辑器"对话框来完成各种表达式的书写。

对数字化文档进行编辑之前，选定内容是基本操作之一，包括选定字、词、行、段落以及全文。常用的选择方法是鼠标拖曳法，此外，还有一些较为便捷的操作方法。例如，单击文本选择区将选择一行，双击文本选择区将选择一个段落，三击文本选择区将选择全文；按住"Alt"键，再按住鼠标左键并拖曳可选择一个矩形文本块；按住"Ctrl"键，再按住鼠标左键并拖曳可选择不连续的字符或段落；选择大范围文本区域时，可先在选择起始处单击，然后按住"Shift"键，在末尾处再单击即可。

选中指定内容后，便可执行复制、剪切、粘贴、移动等基本编辑操作。WPS 文字提供了多种粘贴方法，以减少对文档的重复格式化，提升编辑效率。例如，使用"Ctrl+V"组合键可保留原格式粘贴；若复制内容有超链接或其他格式存在，可以单击鼠标右键，在弹出的快捷菜单中选择"合并格式"或"只保留文本"方式粘贴；在"开始"选项卡的"剪贴板"选项组中，打开"选择性粘贴"对话框，可以将文本粘贴成图片或 WPS 文字对象等。

在编辑文档过程中，WPS 会自动记录最近执行的操作，用户可通过撤销与恢复功能对误操作进行及时更正。这些功能可通过快速访问工具栏的" ↶ ↷ "按钮或组合键"Ctrl+Z"和"Ctrl+Y"来实现。

2．查找和替换

在"开始"选项卡的"查找"选项组中，单击" ⌕ "按钮，打开"查找和替换"对话框。在"查找内容"文本框中输入查找文本，在"替换为"文本框中输入替换的文本，单击"替换"按钮即可完成查找和替换操作。WPS 文字的查找和替换功能不仅支持字符的查找与替换，还支持格式的查找和替换，包括字体格式、段落格式及特殊格式。在"查找和替换"对话框中，单击"特殊格式"或"格式"按钮，可完成对各类格式的查找或替换操作。例如，若需要将文档中的所有手动换行符改为段落标记，操作方法为：将光标置于"查找内容"文本框中，单击"特殊格式"→"手动换行符"，再将光标置于"替换为"文本框中，单击"特殊格式"→"段落标记"，便可以将文档中所有的" ↓ "符号改为" ↵ "符号。

3．字符格式化

字符格式化是为已选择的文本设置字体、字符间距等。选择"开始"选项卡的"字体"选项组，可对字体进行格式设置，如图 4-4 所示。也可以单击" ↘ "按钮打开"字体"对话框，进行更详细的设置，字符格式化效果如图 4-5 所示。

图 4-4　"字体"选项组

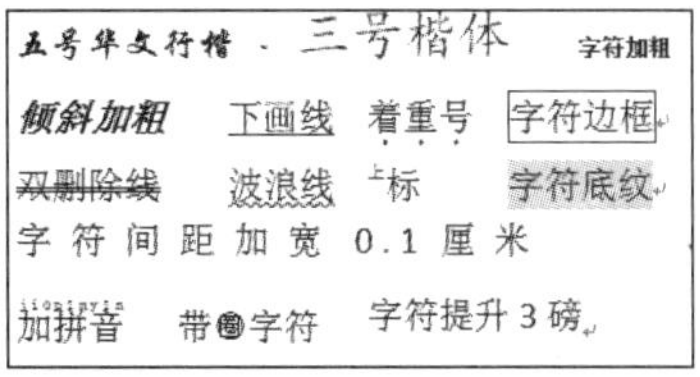

图 4-5　字符格式化效果示例

4．段落格式化

文档编辑过程中，在光标所在位置按"Enter"键，将产生一个段落标记" ↵ "（硬回车）。段落标记显示与否可通过"段落"选项组中的" ↳ "按钮进行选择，它不会在打印时出现。若要调整段落的格式，可选择"开始"选项卡的"段落"选项组进行设置。段落格式化操作包括设置对齐方式、缩进、间距，设置项目符号与编号，设置边框和底纹，设置纵横混排、双行合一等。

与硬回车相对应的是软回车，也称为手动换行符。按"Shift+Enter"键时，会出现" ↓ "标记符（软回车），它表示新的一行开始，即便新行前留有两个空格，上下文依然属于同一个段落。在需要时，可以利用查找和替换功能将软回车改成硬回车。

✍ **思维训练：** 在报纸或杂志上经常可以看到第一个字非常醒目，这在排版中称为首字下沉。首字下沉功能在哪个选项组中，其本质是什么？

5. 格式刷

格式刷是 WPS 文字中非常实用的功能之一。通过使用格式刷可以快速将指定段落或文本的格式沿用到其他段落或文本上，从而提高排版工作的效率。由此可见，格式刷是复制、粘贴格式的工具。

选中已格式化的段落或文字，在"开始"选项卡中单击"格式刷"按钮，鼠标将呈刷子形状，随后在目标区域拖曳鼠标指针，该区域格式将与源区域格式相同。若需要修改的是多个不连续目标区域的格式，可双击"格式刷"按钮，使鼠标指针始终保持刷子形状，并在各个不连续区域内进行拖曳操作，直至再次单击"格式刷"按钮以结束复制格式操作。

> 💭思维训练：格式刷可以完成文本格式的复制、粘贴操作，其是否可以完成图形、艺术字等对象格式的复制、粘贴呢？

6. 分节

节是一种排版单位。默认情况下，一篇文档为一节，在此节内仅能设置一种版面布局。若需要实现一篇文档有多种页面格式，比如不同的页眉页脚、页面方向、版式等，则必须将文档分为多个节，并为每节设置相应的文档格式。

节的结束标记称为分节符。插入分节符的方法是：将光标置于需要插入的位置，在"页面"选项卡中单击"分隔符"命令，随即出现的下拉菜单中给出了 4 种分节符。其中，"下一页分节符"表示新节从下一页开始；"连续分节符"表示新节从当前的插入位置开始；"偶数页分节符"表示新节从下一个偶数页开始；"奇数页分节符"表示新节从下一个奇数页开始。当需要查看分节符时，可在"段落"选项组中单击"⊊▾"按钮，以显示标记；当需要删除分节符时，可将光标定位在分节符前面，然后按"Delete"键。

7. 分栏

分栏是指将页面划分成若干部分，以增强版面的活力和可读性。在"页面"选项卡的"页面设置"选项组中，单击"分栏"按钮，从弹出的下拉菜单中选择"更多分栏"选项，即可打开分栏对话框。用户可根据需要，将选定的段落分为一栏、两栏或多栏，并可调整栏宽、间距和添加栏间分隔线。若分栏操作的段落是文档的最后一段，建议在该段落之后插入一个空段落，或者在选择最后一段时避开选择段落标记符，以确保分栏效果的美观性。

4.2.3 WPS 文字高级应用

1. 图文混排

图文混排是对文档中的文本与图片等对象进行综合排版，即文本可环绕在图片的四周、嵌入图片的下面或浮于图片的上方等。文档中的非文本对象包括文本框、符号、图片、图形、表格、公式等，对这些对象进行恰当的排版可以编辑出内容丰富、版式多样的文档。

在 WPS 文字中，"插入"选项卡是创建非文本对象的入口。创建某对象后，选中该对象便会出现新的选项卡，用于对该类对象进行编辑。例如，选中插入的图片后，会出现"图片工具"选项卡，通过该选项卡可以修改图片的属性，也可以灵活设置文字和图片的布局。

（1）插入形状。形状主要包括线条、基本形状、箭头、流程图、标注等。插入形状后，可以在形状中添加文字、设置形状的格式、调整形状叠放次序等。按住"Ctrl"键，选中多个形状图，可通过右键快捷菜单将其组合在一起，以保持形状图的相对位置不变，便于进行图文混排。

在绘制形状时，同时按住"Shift"键，可以得到更规整的形状。例如，绘制椭圆时按住"Shift"键可绘制圆形。选中绘制的形状后，按"Shift+方向键"或"Ctrl+方向键"，可以对形状的大小和位置进行微调。

（2）插入智能图形。智能图形是信息和观点的视觉表示形式，包括各类组织结构图形，以提高文档的专业水准。WPS 文字提供了列表、流程、循环、组织架构、关系等多种类型的智能图形。选中创建的智能图形，通过"绘图工具"选项卡可对智能图形进行编辑。

（3）插入表格。表格是 WPS 文字编排中常用的功能之一。在"插入"选项卡的"常用对象"选项组中，单击"表格"下拉列表即可创建表格。通过"表格工具"和"表格样式"选项卡可以完成对表格的编辑，包括插入/删除单元格、行或列，合并与拆分单元格，设定行高和列宽，设置文字方向及表格的边框和底纹等。

（4）插入二维码。WPS 文字提供了二维码制作功能，方便用户分享信息。单击"插入"选项卡中的"更多素材"，在下拉列表中选择"二维码"，即可弹出"插入二维码"对话框。用户可以制作文本、网址等的二维码。

2. 样式

在 WPS 文档编辑过程中，用户可使用格式刷快速复制、粘贴字体和段落的格式，从而提高排版效率。然而，对一篇长文档而言，相同格式的内容用格式刷完成也会显得烦琐，而且一旦格式发生变动，重新设置又是一项繁重、重复的劳动。为此，WPS 文字提供了样式功能，以进一步提高排版效率，并且它还提供了目录自动生成等文档自动化管理功能。

样式是指一组已经命名的字符和段落格式的组合。用户可以选择需要的样式来格式化文档，也可以创建新样式应用于文档。

（1）修改内置样式并应用。在"开始"选项卡的"样式"选项组中，右击任一已有的内置样式，在弹出的快捷菜单中单击"修改样式"按钮，便可打开"修改样式"对话框，对该样式所包含的所有格式进行设置和调整。之后，选中需要应用该格式的文本或段落，单击相应的样式名称，就可以将更新后的格式集应用到所选内容上。

（2）创建新样式。若系统提供的样式无法满足文档格式化需求，用户可自行创建新样式。在"样式"选项组中单击 ↘ 按钮，弹出"样式和格式"窗格，单击"新样式"按钮，便可打开"建新样式"对话框。在该对话框中，用户需要输入样式名称并设定样式类型及格式要求。其中，"样式基于"是指新样式基于何种已有样式创建，若选择"无样式"，则新样式的全部格式设置均需要自行完成；"后续段落样式"是指在应用该样式的段落后按"Enter"键时，新产生的段落将默认采用该样式。

（3）删除样式。系统内置的样式是不可以删除的，用户仅能删除自行创建的样式。单击"样式"选项组的 ↘ 按钮，弹出"样式和格式"窗格，在该对话框中，单击需要修改的样式右侧的下拉按钮，并选择"删除"命令，即可将该样式删除。

（4）清除格式。对于已经应用了样式的文字或段落，可以一次性清除其格式。首先，选中需要清除样式或格式的文本；然后，在"样式和格式"窗格中单击"清除格式"按钮，即可完成格式的清除。

3. 题注

在长文档编辑中常常需要添加图、表、公式等元素，这些元素通常会被标注为"图 1""表 1""公式 1"等。一旦图表被添加或删除，后续的所有标注均需要重新编号。WPS 文字提供了题注功能为图表或公式实现自动编号。

为图片、表格、公式等元素插入题注的方法：先选中需要添加题注的对象，接着单击"引用"选项卡中的"题注"命令，此时将弹出图 4-6 所示的"题注"对话框。题注由标签和编号组成，标签用于显示题注类型的名称，可以通过"新建标签"按钮进行编辑；"编号"按钮则用于设置题注编号格式。题注中的章节编号可以通过题注标签设

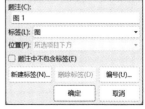

图 4-6　"题注"对话框

定，也可以通过编号中的章节起始样式设定。例如，假设题注形式为"图 4-A"，则可新建标签内容为"图 4-"，设置编号格式为"A,B,C…"。

4. 脚注与尾注

在文档编辑过程中，经常需要对特定内容加以注释，注释分为脚注和尾注两种形式。脚注附在每页的最底端，按顺序显示该页包含的所有脚注内容，如科技论文的作者简介；尾注附在文档最后一页文字下方，显示该文档包含的所有尾注内容，如文档的参考文献可以采用尾注形式呈现。默认情况下，尾注之后不允许再出现文档的正文内容。如果需要在尾注后继续添加文档内容，则必须对文档进行分节处理。

在文档中插入脚注、尾注的方法：将光标置于插入点，在"引用"选项卡的"脚注和尾注"选项组中，单击 ↘ 按钮，在弹出的对话框中进行设置后，单击"插入"按钮即可完成操作。

通常情况下，删除引用标记后，注释文本也会被删除，同时编号也会自动更新。若需要删除全部脚注或尾注，可通过"查找和替换"对话框，将"脚注标记"或"尾注标记"替换为空即可。分隔符默认为直线，若需要隐藏该线，可在"引用"选项卡的"题注和尾注"选项组中，单击"脚注/尾注分隔线"命令进行设置。

5. 交叉引用

交叉引用是指在文档中对其他位置的内容进行引用，用户可为标题、脚注、题注、编号段落等设置交叉引用。交叉引用类似于超链接，它能够为正文中的相关位置与引用内容建立关联。例如，当文档正文中出现"如图 4-1"的文字，用户可通过交叉引用为文字内容与图建立联系，这样一旦图的引用标签发生变化，正文内容也随之更新，从而有效减少文档编辑过程中的错误。

建立交叉引用的方法：首先，将光标定位到需要插入交叉引用的位置，然后在"引用"选项卡中单击"交叉引用"命令，在随后打开的对话框中，选择所需的标签、标号或文字内容，即可完成设置。一旦交叉引用建立，用户按住"Ctrl"键的同时单击交叉引用的文字，便可快速跳转到目标位置。

6. 页眉和页脚

页眉和页脚分别指每个页面的顶部和底部区域，其内容可以是文本、图片、艺术字等多种对象。在文档中添加页眉和页脚不仅可以提升文档的视觉美感，还便于用户定位文档内容。

在"插入"选项卡中单击"页眉页脚"按钮，光标将定位至当前页面的页眉区域，此时正文文档以灰色显示，表明已进入页眉页脚编辑状态。在"页眉页脚"选项卡内可对页眉页脚进行编辑，无论是文字还是图片的格式化，其方法均与正文的格式化方法一致。

WPS 文字中，页码实际上是一个域代码，可以根据文档页数自动更新。单击"页码"按钮，在弹出的下拉列表中，用户可以设置页码的插入位置和页码的格式。需要注意的是，页码不应通过手动直接输入数字来设置。

7. 目录

WPS 文字目录包括文档目录和图表目录。文档目录用于显示文档的结构，其呈现形式为文档各级标题及其页码的列表；图表目录用于显示文档中图表或者公式的题注及其页码。

在创建文档目录之前，必须依据标题样式来设定大纲级别，即确定各目录标题所处层次级别的编号。例如，内置样式"标题 1"的大纲级别为"1 级"，"标题 2"的大纲级别为"2 级"，这个默认的级别可以通过"修改样式"进行调整。如果不使用内置样式，也可以通过"段落"对话框来定义段落的大纲级别。在为文档的标题段落依次设置好大纲级别后，可在"引用"选项卡的"目录"选项组中单击"目录"按钮，并在弹出的下拉列表中选择所需的目录格式；或单击"自定义目录"命令，打开"目录"对话框，通过"修改"按钮对目录中各级标题的格式进行调整；单击

"确定"按钮完成设置并生成相应的目录。

图表目录是依据图与表的题注标签来展现的,因此,在生成图表目录前,必须先为图片、表格、公式添加题注。插入图表目录的方法:在"引用"选项卡的"题注"选项组中,单击"插入表目录"命令。

目录自动生成后,若文档的页码或标题内容有所变动,只需在目录区域右击,从弹出的快捷菜单中选择"更新目录"即可完成更新。

8. 域

域是文档中的变量,是一种特殊命令,它由花括号、域名(域代码)及选项开关构成。文档中显示的内容实际上是域代码执行后的结果,也称为域结果。前面所述的页码、图表的题注、脚注、尾注编号及目录等,均是域应用的体现。它们的共同特性为:单击域结果时,背景呈现灰色;域结果能够根据文档内容或相应因素的变化而自动更新。

输入域的方法主要有以下两种。

(1)手动输入:如果熟悉域代码,可在插入点直接按"Ctrl+F9"组合键,此时出现域特征字符花括号,可在括号内直接输入域代码,再次按"F9"键即可显示域结果。例如,输入代码"{Author}",将显示文档的用户名。

(2)自动输入:在"插入"选项卡的"部件"选项组中,单击"文档部件"下拉列表中的"域"按钮,可打开域对话框,从而插入多种类别的域代码。

当域的数据源发生改变时,需要对域结果显示的内容进行更新。更新域的方法有以下两种。

(1)右击域结果,在弹出的快捷菜单中单击"更新域";或者选中域结果后按"F9"键。若需要更新文档中的所有域结果,按"Ctrl+A"组合键选中整篇文档后按"F9"键即可。

(2)单击"文件"命令,在弹出的菜单中单击"选项"命令,打开"选项"对话框,单击"打印"选项卡,在"打印选项"区域选中"更新域"复选框,单击"确定"按钮。那么,在每次打印文档前,系统将自动更新所有的域结果。

9. 批注和修订

在论文提交给审阅者进行审阅的过程中,审阅者通常会通过添加批注或修订文档的方式来完成审阅工作。审阅者可通过"审阅"选项卡中的"批注"选项组和"修订"选项组的功能来完成文档的审阅工作。

批注功能允许审阅者为文档添加特定的解释性说明。在"审阅"选项卡的"批注"选项组中单击"插入批注"按钮,文档右侧将出现一个文本框,审阅者可以在其中输入说明内容。

修订功能将标记审阅者对文档所做的删除、插入或其他更改。在"修订"选项组中,单击"修订"按钮启动文档为"修订"模式,在此模式下,对文档的编辑行为都会被标记出来,审阅者可同时查看原文内容和修订后的内容。

查阅修订情况时,若要用修订内容代替原文内容,可以单击"更改"选项组中的"接受"按钮;若要拒绝修订内容,可单击"拒绝"按钮。此外,用户也可以右击修订内容,在弹出的快捷菜单中选择相应的操作选项。

4.3　WPS 表格管理与应用

在日常生活和工作中,人们经常会遇到各种数据处理和分析的任务。WPS 表格以其表格化的数据记录与管理方式,不仅能够对数据进行有效的组织、计算、分析和统计,而且能够通过图表、图形等多种方式呈现处理结果。因此,WPS 表格在财务、金融、统计、行政和教育等多个领域得到了广泛的应用。

4.3.1 初识 WPS 表格

1. 认识 WPS 表格工作窗口

启动 WPS，选择表格，单击"空白表格"，系统会自动创建一个新的工作簿，如图 4-7 所示。

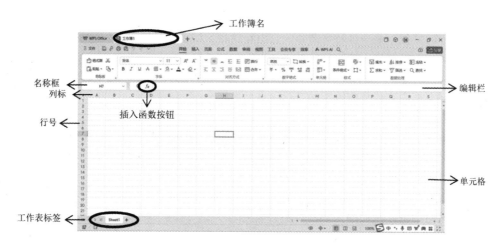

图 4-7　WPS 表格工作窗口

WPS 表格的界面与 WPS 文字基本相似，只是在选项卡下面增加了名称框、插入函数按钮以及编辑栏。名称框可以显示或输入单元格地址，插入函数按钮用于快速打开"插入函数"对话框，编辑栏则用于输入或编辑单元格的值或公式。

WPS 表格的主要操作对象包括工作簿、工作表和单元格。

（1）工作簿是用于存储和处理数据的文件，由多张工作表组成。

（2）工作表是主要工作场所。每张工作表都有一个标签，用户可以通过单击标签来选择不同的工作表，或通过右击标签来重命名、复制或删除工作表。

（3）单元格是 WPS 表格存储数据的最小单位，通过行号和列标来标识。例如，工作表左上角的单元格地址为 H7，这表明该单元格位于第 H 列第 7 行。单元格中可以包含数字、字符、公式、图形或者声音文件等多种内容。

2. 录入数据

在 WPS 表格中，单元格是数据存储的最小容器。用户可以在其中输入多种类型的数据，默认情况下，输入的数据分为 4 种类型：文本、数值、日期和时间、逻辑值。

（1）文本。文本包含汉字、英文字母、具有文本性质的数字、空格以及符号等。系统默认将文本数据左对齐。若内容过长，可以调整列宽，或在"开始"选项卡的"对齐方式"选项组中单击"自动换行"按钮。若要输入纯数字的文本，如 001（小于 12 位），可以在输入的数字前加英文单引号。例如，在单元格中输入"'001"，则显示为 001 。

（2）数值。数值包含 0～9 这 10 个数字组成的数值串，还包含+、−、E、e、$、/、%，以及小数点和千分位符号"，"等特殊字符，如输入"3E10"，显示为 3.00E+10 。数值的默认对齐方式为右对齐。在单元格中输入分数时，系统可能将其识别为时间日期型，正确的输入格式为"0 空格分子/分母"，如输入"0 1/2"，单元格内显示的便是 1/2。

（3）日期和时间。输入日期和时间需要遵循内置的一些格式，常见的日期时间格式为

yy/mm/dd、yy-mm-dd、hh:mm（AM/PM）。时间格式中，AM 或 PM 与分钟之间应有空格，如 "10:30 AM"，缺少空格将被当作字符处理。日期和时间数据的默认对齐方式为右对齐。输入日期时的分隔符只能是 "/" 或 "-"。可以使用组合键 "Ctrl+:" 输入系统日期，使用组合键 "Ctrl+Shift+:" 输入系统时间。

（4）逻辑值。用 True（真）和 False（假）表示逻辑值时可以直接输入，也可以输入关系或逻辑表达式产生逻辑值，默认对齐方式为居中对齐。

此外，在 "开始" 选项卡的 "数字格式" 选项组中，单击 ↘ 按钮打开 "单元格格式" 对话框，在其中的 "数字" 选项卡中，可以方便地对单元格或行列内容格式进行设置。

3. 自动填充

WPS 表格具备自动填充功能，能够对内容相同或者结构上有规律的数据进行快速填充，以提高数据输入的效率。常见的操作方法如下。

（1）使用填充柄进行填充。当选中单元格时，单元格右下方的黑色小方块即为填充柄，一旦鼠标指针被置于填充柄上，其便变成实心的十字形，此时，沿水平方向拖曳鼠标指针即为行填充，沿垂直方向拖曳鼠标指针即为列填充。通常情况下，选中多个有规律的单元格后再拖曳填充柄，若单元格内容相同，则执行复制操作；若单元格内容不同，则系统根据选中的内容自动分析数据规律，而后进行填充。

（2）通过 "序列" 对话框填充。在 "开始" 选项卡的 "数据处理" 选项组中单击 "填充" 按钮，在弹出的下拉列表中单击 "序列" 按钮，打开 "序列" 对话框。在对话框中选择序列类型，填入步长等内容，也可快速填充工作表中有规律的序列。

（3）自定义填充序列完成自动填充。在单元格内依次输入 "星期日""星期一"，选中这两个单元格后，拖曳填充柄，单元格内自动出现 "星期二""星期三"……然而，如果输入 "立春""雨水"，却不会出现 "惊蛰"，这说明序列是系统预先设定的。当然，用户可以自行定义填充序列。查看和新建自动填充序列的方法如下。

① 单击 "文件" 命令，在弹出的菜单中单击 "选项"，打开 "选项" 对话框。

② 单击 "自定义序列" 选项卡，在弹出的对话框中输入自定义序列后，依次单击 "添加" 和 "确定" 按钮。

要注意的是，无论是自动填充还是输入内容，都可能会遇到一些错误信息，例如，输入的公式不能计算出结果、公式中单元格名称引用错误等。WPS 表格会在单元格中显示出一些特定的错误值，了解这些错误值的意义，有利于尽快更正错误。

① #####：单元格中输入的内容长度大于单元格列宽。

② #VALUE!：单元格不能将文本转换为正确的数据类型，或者公式、函数中引用值错误，不能正确计算。

③ #NAME?：公式中使用了不能识别的文本，公式中引用文本类型的数据时没有使用双引号，或者区域引用没有使用冒号。

④ #DIV/0!：公式的除数为零或空白单元格。

⑤ #N/A：公式或函数中没有可用数值。

⑥ #REF!：单元格引用无效。

⑦ #NUM!：公式或函数中有数字问题，比如数字太大或太小，导致不能表示出该数字。

⑧ #NULL：使用了不正确的区域运算符，或引用的单元格区域的交集为空。

4. 数据有效性

数据有效性允许用户对单元格、行或列设定输入数据的规则，从而提高工作效率，同时也避免非法数据的输入。例如，可以规定整数的取值范围，设定文本的长度，或指定文本的具体内容等。在"数据"选项卡的"数据工具"选项组中单击"有效性"按钮，即可设置相应的有效性条件。

5. 工作表格式化

WPS表格的格式化操作涵盖对单元格数据的格式化以及对输出页面的格式化。可以通过"开始"选项卡的"数字格式"选项组的⬛按钮，打开"单元格格式"对话框，完成对选中内容的字体、对齐方式、边框等项目的设置。

此外，WPS表格提供了表格样式及单元格样式功能，通过这些功能可以实现字体大小、填充颜色和对齐方式等格式的集合应用，从而快速格式化表格。在"开始"选项卡的"样式"选项组中单击"套用表格样式"或"单元格格式"按钮，从预置样式库中选择所需的样式，便可将相应的格式应用于当前选定的工作表或单元格中。

在"样式"选项组中，单击"条件格式"按钮，实现对特定条件的数据进行突出显示。例如，将成绩低于60分的单元格填充为浅红色，操作方法如下。

（1）选中成绩列，在"开始"选项卡的"样式"选项组中单击"条件格式"按钮。

（2）在下拉列表中选择"突出显示单元格规则"→"小于"选项，弹出图4-8所示的对话框，在此完成设置后单击"确定"按钮。

图4-8　条件格式的设置

4.3.2　公式与函数

1. 公式

在WPS表格的单元格中，除了直接输入数据，还可以输入公式以实现各种计算与统计。公式是以"="开始，通过运算符按照一定的顺序组合进行数据处理的式子。通常情况下，公式中包含以下几种元素。

（1）常量：数值型常量可直接输入，而文本型常量以及时间日期型常量参与运算时，通常需要加英文双引号，如"是基数""2024/9/1"。

（2）单元格引用：指定要参与运算的单元格地址。可以是同一个工作表中的单元格，也可以是同一个工作簿中其他工作表中的单元格，还可以是不同工作簿中的单元格。

（3）函数：如"sum(2,3)"，具体含义详见后续介绍。

（4）括号：用于规定公式中表达式的计算顺序，括号可以嵌套使用，嵌套时由内到外，系统依次解析括号中的内容。

（5）运算符：表达某种运算关系，如"+""-"等。

在输入正确的公式后，编辑栏中将显示具体的表达式，单元格中则显示计算得出的结果。根据实际需要，可以选择清除公式只保留计算结果，操作方法有以下两种。

（1）当修改数据较少时，双击单元格，按"F9"键后再按"Enter"键，便可将公式计算得出的结果转为静态数据。

（2）当修改数据较多时，选中并复制需要修改的单元格，在"开始"选项卡的"剪贴板"选项组中，单击"粘贴"下拉列表中的"选择性粘贴"，出现图4-9所示的对话框，选中"数值"单选按钮，再单击"确定"按钮，即可清除所选单元格的公式。

2. 运算符

运算符是公式中对各种元素进行计算的符号，其大致可分为

图4-9　"选择性粘贴"对话框

以下 4 种类型。

（1）算术运算符：用于完成基本的数学运算，包括百分号（%）、乘方（^）、乘（*）、除（/）、加（+）、减（−），例如，在某单元格中输入"=3+2"，按"Enter"键后，单元格显示结果为 5。

（2）比较运算符：用于比较两个数值大小关系的运算符，包括大于（>）、大于等于（>=）、小于（<）、小于等于（<=）、不等于（<>）、等于（=），计算结果只能是 TRUE 或 FALSE。例如，在某单元格中输入"=15>=3"，按"Enter"键后，单元格显示结果是 TRUE。

（3）文本连接符：用于连接两个或多个文本字符串以产生一个新的字符串。文本连接符为"&"。例如，在某单元格中输入"=3 & "是奇数""，按"Enter"键后，单元格显示结果为"3 是奇数"。值得注意的是，输入的式子中，3 的英文双引号可以省略，系统会自动将其转为文本，而"是奇数"3 个字的英文双引号不能省略，表示内容为文本型。

（4）引用运算符：用于对单元格区域进行合并运算，包括冒号（:）、逗号（,）、单个空格（ ）。冒号又称区域运算符，其作用是包含引用单元格地址之间的所有单元格，如"A1:B2"表示 A1、A2、B1、B2 4 个单元格。逗号又称连接运算符，其作用是包含引用单元格地址的所有单元格，如"A1,B2"表示 A1 和 B2 两个单元格。空格又称交叉运算符，其作用是取两个区域的公共单元格区域，如"A1:D1 B1:B4"表示交叉的 B1 单元格。

当多种类型的运算符同时出现在一个公式中时，将按照运算符的优先级别从高到低进行运算，同级别的运算符将从左到右进行计算。在公式中，可以通过加括号来改变运算的优先级。各运算符的优先级如表 4-1 所示。

表 4-1　　　　　　　　　　　　　　　　　　运算符的优先级

优先级	运算符	说明
1	冒号（:）、逗号（,）、空格（ ）	引用运算符
2	%	百分号
3	^	乘方
4	*、/	乘、除
5	+、−	加、减
6	&	文本连接符
7	=、<、>、<=、>=、<>	比较运算符

3. 单元格引用

单元格引用是指对工作表中的单元格或单元格区域进行定位，以便确定公式中所使用的值或数据的位置。单元格引用分为 3 种类型：相对引用、绝对引用和混合引用。

（1）相对引用。这是 WPS 表格默认的引用方式，它是指把公式复制到其他单元格时，公式中的单元格地址会根据公式所在位置的相对位置发生变化。例如，在 H2 单元格中输入公式"=E2*G2"，该公式的含义为在 E2 和 G2 单元格中检索数据，并将检索结果相乘后呈现在 H2 单元格中。此时，若将 H2 单元格复制粘贴到 H3 单元格中，H3 单元格的公式将自动从"=E2*G2"调整为"=E3*G3"。用户常利用自动填充的功能来完成公式的复制和粘贴，此时，相对引用的单元格会随之变化。

（2）绝对引用。绝对引用常用来引用特定位置的单元格，它可以确保引用单元格的地址在复制到另外的单元格时保持不变。绝对引用是通过在列号和行号前加"$"符号来实现的。例如，在 H2 单元格中，输入公式"=$E$2*$G$2"。此时，无论是将 H2 单元格复制还是自动填充到 H3 单元格中，H3 单元格的公式仍然是"=$E$2*$G$2"，其结果和 H2 单元格中的结果相同，公式没有发生相对改变。

（3）混合引用。混合引用是指在一个单元格的地址中包含一个绝对引用和一个相对引用，在复制公式时，单元格引用的一部分固定，而另一部分自动改变。例如，在 H2 单元格中输入公式“=$E2*G$2”，其中$E2 属于绝对列相对行引用，G$2 属于绝对行相对列引用。此时，若将 H2 单元格复制或自动填充到 H3 单元格中，H3 单元格的公式变为“=$E3*G$2”，其会检索 E3 单元格和 G2 单元格的数据，并进行乘法运算。

除了对同一张工作表的单元格进行引用，WPS 还提供了多个工作表之间的引用，以及不同工作簿之间的引用。若在工作表 Sheet1 中引用工作表 Sheet2 中的单元格，引用方式为“工作表名!单元格地址”，如“Sheet2!A5”；若在工作簿 1 中引用工作簿 2 中的单元格，引用方式为“[工作簿名]工作表名!单元格地址”，如“[工作簿 2]Sheet1!D20”。

4. 函数

函数是 WPS 表格自带的已定义好的公式。WPS 表格内包含众多函数，涵盖财务、日期与时间、数学与三角函数、统计、查找与引用、数据库、文本、逻辑、信息等多个类别，这些函数为用户提供特定的运算和分析支持。

函数的调用遵循以下格式：

```
函数名(参数 1,参数 2,…)
```

函数的参数可以是常量、单元格引用、区域引用、公式或其他函数等。当函数被作为另一个函数的参数时，即形成函数嵌套。不同的函数，其参数的个数不同，有些函数无需任何参数，但是函数格式中的括号不能省略。例如，在单元格中输入“=TODAY()”，将显示系统当前的日期。

插入函数的方法很多，既可以直接在公式中输入函数，也可以在“公式”选项卡的“快速函数”选项组中单击“插入”按钮，或在编辑栏中单击“fx”按钮来插入函数。下面以图 4-10 为例介绍表 4-2 中部分函数的使用方法。图 4-10 中，左图是基础数据表，记录了民族和民族代码信息；右图是统计表，记录了 3 次人口普查中云南少数民族的人口数量。

1	民族名称	民族代码	是否有文字
35	布朗族	34	无
36	撒拉族	35	无
37	毛南族	36	无
38	仡佬族	37	无
39	锡伯族	38	有
40	阿昌族	39	无
41	普米族	40	无
42	塔吉克族	41	无
43	怒族	42	无

	A	B	C	D	E	F	G	H	I	J
2	民族代码	是否有文字	民族名称	性别	2020年	2010年	2000年	2020年占比	2010年占比	2000年占比
3	34	无	布朗族	男	61333	60117	47279	0.90%	0.90%	0.77%
4	34	无	布朗族	女	58436	56456	43109	0.86%	0.84%	0.70%
5	39	无	阿昌族	男	19962	19017	17083	0.29%	0.28%	0.28%
6	39	无	阿昌族	女	20022	19042	16436	0.29%	0.28%	0.27%
7	40	无	普米族	男	21371	21055	16838	0.31%	0.31%	0.27%
8	40	无	普米族	女	21690	20988	16085	0.32%	0.31%	0.26%
9	42	无	怒族	男	17524	16240	14467	0.26%	0.24%	0.23%

图 4-10　函数应用实例

表 4-2　常用函数

函数名	功能	示例	结果
AVERAGE	求出所有参数的算术平均值	=AVERAGE(E3:E9)	31476.85714
COUNTIF	统计某个单元格区域中符合指定条件的单元格数目	=COUNTIF(E3:E9,">=28562")	2
COUNTIFS	统计多个区域中满足指定条件的单元格数目	=COUNTIFS(E3:E9,">=28562",D3:D9,"=男")	1
DATE	返回代表特定日期的序列号，结果为日期格式	DATE(2024,9,1)	2024/9/1
FREQUENCY	用一列垂直数组返回某个区域中数据的频率分布	=FREQUENCY(E3:E9,{19999,29999,49999,59999})	2 3 0 1 1

续表

函数名	功能	示例	结果
IF	根据对指定条件的逻辑判断的真假结果，返回触发相应条件的计算结果	=IF(E3>F3,"增长","负增长")	增长
LEFT	从一个文本字符串的第一个字符开始，截取指定数目的字符	=LEFT(C7,1)	普
MAX	求出一组数中的最大值	=MAX(F3:F9)	60117
MID	从一个文本字符串的指定位置开始，截取指定数目的字符	=MID(C7,2,2)	米族
MIN	求出一组数中的最小值	=MIN(F3:F9)	16240
MOD	返回两数相除的余数。结果的正负号与除数相同	=MOD(5,2)	1
RANK	返回某一数值在一列数值中相对于其他数值的排位	=RANK(E5,$E$3:$E$9)	6
RIGHT	从一个文本字符串的最后一个字符开始，截取指定数目的字符	=RIGHT(C2,1)	称
ROUND	把数值字段舍入为指定的小数位数	= ROUND(E3,-1)	61330
SUM	求出一组数值的和	=SUM(F3:F9)	212915
SUMIF	计算符合指定条件的单元格区域内的数值和	=SUMIF(D3:D9,"男",E3:E9)	120190
TODAY	给出系统日期	=TODAY()	
VLOOKUP	在数据表的首列查找指定的数值，并由此返回数据表当前行中指定列处的数值	=VLOOKUP(C7,基础数据表!$A$1:$C$57,2,0)	40
YEAR	返回指定日期中年份的整数	=YEAR(TODAY())	2024

　　表 4-2 中的 SUMIF(区域,条件,[求和区域])函数，可以对指定单元格区域中符合条件的值求和。其中，"区域"参数指定条件判断的范围，"条件"参数定义了求和的条件，"求和区域"参数指定了需要进行求和的单元格区域。例如，公式"=SUMIF(D3:D9,"男",E3:E9)"将对 D3 到 D9 单元格范围内值为"男"的记录的 E3 到 E9 单元格区域内的数值进行求和，也就是计算 4 个民族 2020年男性人口总数。

　　表 4-2 中的 VLOOKUP(查找值,数据表,列序数,匹配条件)函数，可以在表格的首列查找指定的数据，并返回指定的数据所在行中的指定列的值。其中，"查找值"参数指定需要在数据表第一列中查找的数据，"数据表"参数指定需要查找数据的数据表，"列序数"参数指定返回值在数据表中的列序号，"匹配条件"参数决定查找的精确性。如果匹配条件值为 FALSE 或 0，函数会进行精确查找，若能找到匹配的值，函数会返回相应的结果，如果找不到，则函数返回错误值#N/A。如果匹配条件值为 TRUE 或 1，函数将查找近似匹配值，在这种情况下，需要将数据按被查找的第一列对数据表进行升序排序，以确保能获得正确的匹配结果。例如，公式"=VLOOKUP(C7,基础数据表!$A$1:$C$57,2,0)"将在基础数据表的 A1 到 C57 区域中，查找出与 C7 单元格内容匹配的行，并返回基础数据表的第二列的值，即找到普米族的民族代码。

　　🧩**思维训练**：WPS 表格自带了上百个函数，请思考怎样快速地知道一个函数的使用方法。

4.3.3　图表

图表是解释和展示数据的重要方式。通过图表能够将工作表内的数据以统计图表的形式呈现，从而直观、形象地反映数据的变化规律和发展趋势。通常情况下，用户所创建的图表与数据在同一个工作簿中，且图表会根据工作表数据的变化自动进行更新。

图表的种类主要包括柱形图、饼图、折线图、面积图以及圆环图等。其中，柱形图常用于展示一段时间内的数据变化或对各项数据进行对比。饼图则用于展示一个数据系列中各部分与总体的比例关系。折线图显示随时间变化的连续数据。面积图着重强调数量随时间变化的程度。圆环图描绘各个部分与整体之间的关系，与饼形图不同的是，它可以包含多个数据系列。

通常，一个完整的图表由图表标题、图表区、绘图区、图例、数据系列、坐标轴等对象组成，如图 4-11 所示。

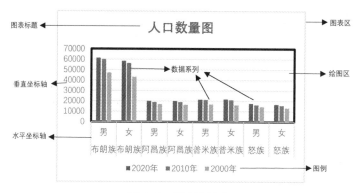

图 4-11　图表的组成

采用 WPS 表格制作图表时，一般先选定工作表中需要创建图表的数据区域，再选取图表类型来创建图表。具体操作步骤如下。

（1）选取数据。为确保自动生成的图表准确无误，必须根据既定要求精确且完整地选择数据区域，否则图表生成过程将无法正确执行。

（2）插入图表。选取数据后，在"插入"选项卡的"图表"选项组中单击"图表"按钮打开"更改图片类型"对话框，单击需要绘制的图表类型。

（3）编辑图表。图表创建完成后，若发现图表不够美观或存在错误等，可对其进行修改。单击图表后，使用"图表工具"选项卡中的"数据"选项组可改变数据源及坐标轴的类别等；通过"属性设置"选项组可修饰图表中的对象，包括图表区格式、绘图区格式、图例格式、图表标题格式等。

4.3.4　数据分析与管理

1. 数据清单

数据清单又称为数据列表，是指在 WPS 表格中按记录和字段的结构特点构成的数据区域。数据清单的首行称为字段名；其余各行包含数据信息，称为记录。为了保证数据表能进行有效的管理和分析，数据清单具有以下特点。

（1）列标识（又称字段名）应位于数据清单的第一行。

（2）同一列中各行数据项的类型和格式应完全相同。

（3）避免在数据清单中间插入空白行或列。

（4）尽量在一张工作表上建立一个数据清单。若需要建立多个数据清单，应该通过空行或空列将信息分割开来。

WPS 表格可以对数据清单执行各种数据管理和分析操作，包括查询、排序、筛选以及分类汇总等。

2. 数据排序

WPS 表格可以根据一列或多列数据按照升序、降序、自定义序列 3 种方式对数据清单完成排序。

（1）单一列升降序排序：当仅需要按单一列排序时，可以将光标定位到该列任意一个单元格，再在"数据"选项卡中单击"排序"按钮，在弹出的下拉列表中选择升序或降序进行排序。

（2）复杂排序：若需要按多列进行排序，可在"排序"下拉列表中选择"自定义排序"，在打开的"排序"对话框中进行设置。在此对话框中，通过"添加条件"按钮，可设置一个主要关键字和多个次要关键字；通过"排序依据"下拉列表可选择按值、按单元格颜色、按字体颜色进行排序；通过"排序次序"下拉列表可选择该字段在某种排序依据下是按升序、降序还是按自定义序列方式排序。所谓自定义序列，是指对选定的关键字，按照用户定义的顺序进行排序。比如"班级"列的数据需要按照"一班，二班，三班"的顺序排列，则必须通过自定义序列来实现。

需要特别注意的是，对有公式的单元格所在行或列排序时，可能会出现由于公式中对其他单元格的引用而导致排序结果出错的问题。通常的解决办法是，将整个数据清单的数据以"值"的形式粘贴到新的数据表中，在新的数据表中完成排序。

3. 数据筛选

对于包含大量数据记录的数据清单，常常需要筛选出符合条件的特定记录。此时，可以在"数据"选项卡中通过"筛选"功能来完成筛选。筛选功能仅显示满足条件的记录，而不会删除任何原有记录。筛选方式有"自动筛选"和"高级筛选"两种。

（1）自动筛选：自动筛选针对光标所在的数据清单（数据表）区域，筛选结果将在原有数据区域呈现，不符合筛选条件的记录将被隐藏。通常的操作是：首先选择数据表中所有的字段名，然后在"筛选排序"选项组中单击"筛选"按钮，在打开的下拉列表中选择"筛选"选项，此时，字段名旁将出现筛选箭头，单击该箭头，将弹出下拉列表，用户可设置筛选条件。鉴于不同的字段类型特征不同，筛选条件也会有所差异。

（2）高级筛选：高级筛选不仅涵盖了自动筛选的所有功能，还允许用户设置更复杂的筛选条件，并可将筛选结果输出为一张新的数据清单。在执行高级筛选前，需要在数据清单之外建立一个条件区域，如图 4-12 所示，L1:M3 是条件区域。条件区域至少包含两行，首行是字段名，其余行是筛选条件，同一行的条件之间为逻辑与关系，不同行的条件之间为逻辑或关系，图中所设置的条件为"筛选出无文字的民族或 2020 年统计人口数少于 1 万人的记录"。条件区域设置完毕后，在"筛选排序"选项组中，单击"筛选"下拉列表中的"高级筛选"按钮，打开"高级筛选"对话框，如图 4-13 所示，在对话框中完成各个区域的设置，单击"确定"按钮即可显示筛选结果。

图 4-12　自动筛选实例

图 4-13　"高级筛选"对话框

4. 分类汇总

分类汇总是对数据清单按某一个字段进行分类，分类字段值相同的归为一类，其对应的记录在表中连续存放，其他字段可按分好的类进行统一汇总运算，包括求和、求平均、计数、求最大值等。分类汇总前必须先对分类字段进行排序，否则分类汇总的结果无意义。例如，统计云南少数民族在 3 次人口普查中的男女总人数，操作步骤如下。

（1）按照"性别"字段进行数据排序。

（2）在"数据"选项卡的"分级显示"选项组中单击"分类汇总"按钮，打开"分类汇总"对话框，按照图 4-14 所示进行设置，便可得到图 4-15 所示的汇总结果。最左边的 3 个按钮为分级显示按钮，单击按钮 1，将仅显示总计与列名；单击按钮 2，将显示总计、分类总计与列名；单击按钮 3，将显示记录明细项、总计、分类总计与列名。

图 4-14　"分类汇总"对话框

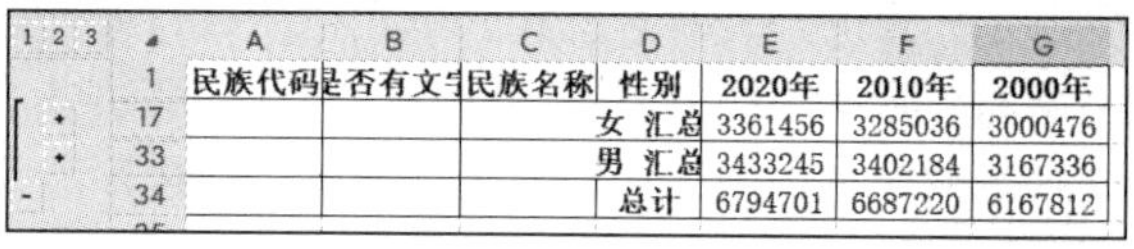

图 4-15　分类汇总实例

分类汇总还允许对汇总后的数据再次执行汇总，这称为嵌套汇总。通常的操作方法是：在已有的汇总数据表中，重新打开"分类汇总"对话框，调整"汇总方式"，并在"分类汇总"对话框中取消选中"替换当前分类汇总"复选框来完成操作。若需要删除分类汇总的结果，只需重新打开"分类汇总"对话框，单击"全部删除"按钮即可。

5. 数据透视表

数据透视表是一种交互式的动态表格，用于快速汇总和构建交叉列表，从而便于分析、组织数据以及多角度查看数据。图 4-16 所示是 2020 年云南各少数民族人口数的数据透视表实例，其结构主要包括 4 个部分：行区域表示数据透视表的行字段；列区域表示数据透视表的列字段；数据区域表示数据透视表的汇总明细；筛选区域表示数据透视表的分页符。

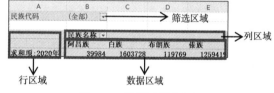

图 4-16　数据透视表实例

创建数据透视表的操作步骤如下。

（1）将光标置于要建立数据透视表的数据源中，在"数据"选项卡的"数据透视表"选项组中单击"数据透视表"按钮，选择单元格区域，单击"确定"按钮，便可以打开图 4-17 所示的"数据透视表"窗格。

（2）窗格的上方是数据源的字段列表区域，下方是构成数据透视表的结构区域。通过将字段列表内的相关字段拖曳至下方的对应区域，即可完成数据透视表结构的构建。

（3）在右下角的值区域内，单击下拉列表框，选择"值字段设置"，便可打开"值字段设置"对话框，如图 4-18 所示，可以自定义显示名称或更改汇总方式，单击"确定"按钮完成设置。

（4）单击数据透视表的数据区域，会出现"分析"和"设计"选项卡，可在此修改数据透视表的属性和格式。

默认情况下，数据透视表的数据源的值发生变化时，数据透视表内的数据不能随之更新。此时，需要采用手动或自动两种方式来更新数据透视表的内容。

（1）手动刷新。在数据透视表的任意一个区域右击，在弹出的快捷菜单中单击"刷新"命令即可刷新数据透视表。

（2）打开文件时自动更新。在数据透视表的任意一个区域右击，在弹出的快捷菜单中单击"数据透视表选项"命令，打开"数据透视表选项"对话框，在对话框中选择"数据"选项卡，选中"打开文件时刷新数据"，再单击"确定"按钮完成数据透视表的自动更新操作。

图 4-17　"数据透视表"窗格

图 4-18　"值字段设置"对话框

4.4　WPS 演示设计与制作

WPS 演示可以帮助用户制作出图文并茂、色彩丰富、形象生动且具有强烈感染力的演示作品，其广泛应用于教育、培训、产品演示等各种场合。WPS 演示具有强大的制作和美化功能，如文字格式化、图像编辑、动画效果、图表制作、多媒体插件以及动态切换等，内容丰富且多样化，可满足不同用户的需求。

4.4.1　初识 WPS 演示

1. 认识 WPS 演示窗口

启动 WPS 应用程序，依次单击"新建""演示""空白文档"，即可新建一个图 4-19 所示的空白演示文稿。

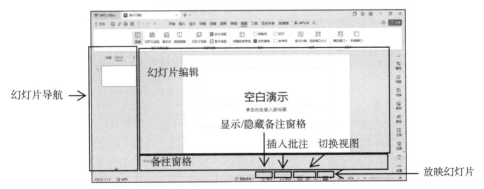

图 4-19　WPS 演示窗口

WPS 演示的窗口构成与 WPS 文字大体一致。其中，备注窗格主要用于添加或修改幻灯片的注释文本，且在放映模式下不会显示。WPS 演示包括 4 种主要的视图。

（1）普通视图。系统默认的视图，是制作幻灯片和编辑幻灯片外观的场所。

（2）幻灯片浏览视图。在该视图下，可同时显示多张幻灯片，便于进行幻灯片的复制、移动、删除等操作。

（3）阅读视图。在该视图下，演示文稿按照窗口大小自动调整，以幻灯片放映形式呈现。

（4）备注页视图。在该视图下，用户可查看和编辑备注内容。该视图可以在"视图"选项卡的"演示文稿视图"选项组中进行切换。

2. WPS 演示常用术语

（1）演示文稿：不仅包含若干张幻灯片，还包含演讲者备注、讲义、大纲和格式信息等要素。

（2）幻灯片：演示文稿的基本构成单位。用计算机放映时，每张幻灯片全屏幕显示。

（3）幻灯片版式：幻灯片布局的格式，可使幻灯片更为规整和简洁。WPS 演示内置了 11 种版式，新建幻灯片时，系统自动应用默认版式。可以通过右击幻灯片，在弹出的快捷菜单中选择"版式"选项来更换幻灯片的版式。

（4）幻灯片母版：可用来控制所有幻灯片或不同版式幻灯片的格式。当母版内容发生变化时，所有应用了该版式的幻灯片格式也将随之更新。

（5）主题：一组预先定义好的方案，包括幻灯片背景、版式、颜色、文字效果等。在演示文稿的制作过程中，可根据制作内容及演示需求改变幻灯片的主题，也可以根据需求自定义主题。可通过"设计"选项卡的"主题"选项组来完成此操作。

（6）模板：预先定义的幻灯片格式文件。通常情况下，母版设置完毕后，仅限于当前演示文稿使用，若后续的演示文稿需要重复使用该母版，则需要把母版保存成文稿模板。

（7）占位符：一种带有虚线边缘的框，用于快速添加文字、图片、表格等对象，能起到规划幻灯片结构的作用。

4.4.2　幻灯片编辑与美化

在"插入"选项卡中，通过各选项组中的命令按钮，可向幻灯片中添加图片、自选图形、文本框、音频、视频、表格、图表、思维导图、页眉和页脚、艺术字、公式、超链接等多种对象。这些命令按钮基本的使用方法与 WPS 文字类似，下面仅择其中一部分进行简要介绍。

1. 编辑文本

文字是幻灯片中不可缺少的元素之一，通过文字表述可以让观众更深入地理解所展示的内容，快速阐明主题。创建一张非空白版式的新幻灯片时，通常会有预设的占位符，可直接将文本输入占位符内。与在幻灯片中手动插入文本框并输入文本不同，占位符中的文本格式可以在母版中进行统一设定，而文本框中的文字格式则需要单独调整。此外，大纲视图会显示占位符内的文字，但不会显示文本框内的内容。可利用"开始"选项卡中的"字体"和"段落"选项组来设置这些文字的字体和段落格式。

2. 制作幻灯片的背景

幻灯片背景的设计会影响演示文稿的氛围。幻灯片背景可以采用图片、单一或渐变颜色、纹理图等。在"插入"选项卡的"背景版式"选项组中，依次选择"背景"→"背景填充"，打开"对象属性"窗格，在窗格中可选择填充方式、选择图片、调整位置和大小以及添加效果，设置完毕后，可以选择将背景应用于全部幻灯片或仅限于当前幻灯片。

在"设计"选项卡中，除了利用"背景版式"选项组美化幻灯片，还可以通过选择不同主题、更改配色方案等方式，进一步提升演示文稿的美观度。

3. 插入图形

图形在一定程度上增强了幻灯片的展示效果。在制作演示文稿时，除了经常需要对图形进行美化操作，还需要对图形进行组合、对齐等操作。下面以图 4-20（右）中的设计为例，简述其基本操作步骤。

（1）在"插入"选项卡的"插图"选项组中，打开"形状"下拉列表，插入合适大小的一个圆形和一个长方形，选中图形，右击，在弹出的快捷菜单中选择"设置对象格式"，打开"对象属性"窗格，选择"渐变填充"并调整颜色和透明度参数。

（2）按住"Shift"键，选中两个形状，右击，在弹出的快捷菜单中单击"组合"选项。

（3）复制粘贴多个组合图形，将第一个和最后一个组合图形移至合适位置，如图 4-20（左）所示。在"绘图工具"选项卡的"排列"选项组中单击"对齐"按钮，在打开的下拉列表中先选择"顶端对齐"，再选择"横向分布"。

（4）选中形状，再添加相应文字，即可实现图 4-20（右）所示的幻灯片效果。

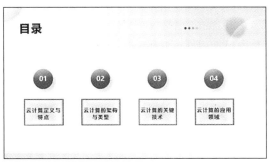

图 4-20　插入图形示例

4. 插入表格

幻灯片中的表格不仅能够清晰地展示数据，直观且明确地传达幻灯片主题，还能够实现图片墙、快速拆图以及页面分隔的效果。幻灯片中的表格既可自行绘制，也可以是来自 WPS 文字的表格和 WPS 表格。然而，不论采用何种方式建立的表格，都不具备 WPS 表格强大的数据处理功能，但可在"表格工具"和"表格样式"选项卡中完成表格修饰和美化。图 4-21 所示的两张幻灯片分别展示了采用表格实现图片墙和快速拆图的效果。

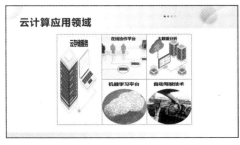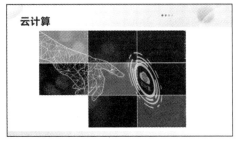

图 4-21　插入表格示例

实现图片墙的主要步骤如下。

（1）插入 2 行 3 列的表格，并将最左侧两个单元格合并。

（2）右击表格，在弹出的快捷菜单中选择"设置对象格式"，打开"对象属性"窗格。

（3）单击每个单元格，并填充相应的图片。建议图片的尺寸和单元格的大小相近，以获得较好的视觉效果。

实现快速拆图的主要步骤如下。

（1）插入 3 行 3 列的表格，并调整表格大小。

（2）插入图片，调整图片尺寸，使其与表格大小相近或比表格略大。

（3）再次选中图片，按"Ctrl+X"组合键剪切图片。

（4）选中表格，通过右键快捷菜单打开"对象属性"窗格，设置填充方式为图片填充（图片来源于剪贴板），并将默认的"拉伸"效果更改为"平铺"效果。

（5）选中特定单元格，调整图片填充透明度，若设置为100%，则背景将呈现为白色。

5. 插入音频

演示文稿并不是一个无声的世界。为了介绍幻灯片的内容，可以在幻灯片中嵌入解说录音；为了突出演示文稿的整体氛围，可以为其添加背景音乐；为了增加动画的视听效果，可以为动画添加音效。在演示文稿中插入音频的操作步骤如下。

（1）在"插入"选项卡的"媒体"选项组中单击"音频"下拉按钮，在打开的下拉列表中可选择"嵌入音频"或"链接到音频"以插入音频。

（2）选定合适的音频文件并将其插入幻灯片后，幻灯片上会出现一个小喇叭的音频图标，选中该图标会自动出现"音频工具"选项卡。

（3）在"音频选项"选项组中，可以设定播放音量、选择音乐开始的方式等。

（4）在"编辑"选项组中，可为音频文件设置淡入和淡出的效果。也可以对插入的音频文件进行剪裁，使其更好地适应幻灯片的播放环境。

6. 设置超链接

使用超链接不仅可以实现放映的有序性，还可以实现幻灯片与其他程序之间的链接。在创建超链接之前，需要先选中欲添加超链接的文本或图形对象，然后选择"插入"选项卡的"链接"选项组，单击"超链接"按钮，打开"插入超链接"对话框，在对话框内完成链接文件或链接幻灯片的设置。

在幻灯片放映过程中，当鼠标指针悬停于超链接上时，鼠标指针会变成手掌形状，此时单击即可打开链接的文件、网页，执行链接的应用程序或显示链接的幻灯片等。链接字体的颜色和链接后字体的颜色是主题中已经定义好的颜色，若需要修改，可右键单击设置了超链接的文本或图片，在弹出的快捷菜单中选择"超链接"，进而选择"超链接颜色"，即可打开相应对话框进行调整。

WPS演示还提供了通过创建动作按钮来实现超链接的功能。可在"插入"选项卡的"图形和图像"选项组中单击"形状"按钮，从打开的下拉列表的"动作按钮"组中选择一个按钮，将其作为超链接的载体，并可以为其添加声音效果。

4.4.3　母版设计

在设计演示文稿的过程中，可借助幻灯片版式、母版、主题和背景等工具，使幻灯片呈现统一的外观与风格。幻灯片母版主要用于控制演示文稿中所有幻灯片的格式，包括主题类型、字体演示、色彩搭配、动画效果及背景等。此外，还可以创建新幻灯片母版或新幻灯片版式。一旦母版的设置发生变化，所有基于该母版的幻灯片格式亦会相应更新。可单击"视图"选项卡中的"幻灯片母版"按钮，进入幻灯片母版的编辑界面。左边的窗格中显示了各种版式的幻灯片母版。其中，最顶层的是WPS母版，其下则是版式母版。WPS母版的任何修改均会影响其下的所有版式母版，而版式母版可单独设置，且仅仅影响应用了该版式母版的幻灯片内容。下面通过如下任务介绍幻灯片母版的设置方法。

任务：首先，为每张幻灯片添加Logo图片；其次，为应用"标题幻灯片"版式的幻灯片添加一张图片；最后，为演示文稿增加一种版式结构，名称为"左中右版式"，左、右是文本占位符，中间是图片占位符。

（1）在"视图"选项卡的"母版视图"选项组中单击"幻灯片母版"按钮，选择主母版。

（2）在"插入"选项卡的"图形和图像"选项组中，将准备好的Logo图片插入主母版中。

此时，所有版式母版也随之添加了该图片，关闭幻灯片母版视图，无论是已存在的幻灯片还是新插入的幻灯片，都将带有此 Logo 图片。

（3）选中"标题幻灯片 版式"母版，在"插入"选项卡的"图形和图像"选项组中，选择图片插入该母版。关闭幻灯片母版视图，无论是创建的新幻灯片还是已有的幻灯片，若选择的是"标题幻灯片"版式，将自动包含该图片。如图 4-22 所示，左边展示的是幻灯片母版视图效果，右边展示的是在普通视图中查看幻灯片版式效果。

（4）在"幻灯片母版"选项卡的"编辑母版"选项组中，单击"插入版式"按钮。默认插入的版式已经有标题占位符。

（5）打开"插入占位符"下拉列表，选择"文字（竖排）"选项，在新建的版式左边拖曳画出占位符；以相同的方法，在右边也创建一个同样的占位符；选择"图片"选项，画出图片占位符。

（6）在"母版"选项组中单击"重命名"按钮，在弹出的输入框中输入"左中右版式"，单击"重命名"按钮完成操作。

（7）关闭幻灯片母版视图，在普通视图中新建幻灯片，此时，将出现"左中右版式"的选项可供选择。

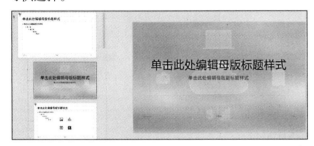

图 4-22　幻灯片母版视图效果及普通视图效果

4.4.4　动画设置

动画设置是指对幻灯片中的标题、文本、图形、图片、艺术字、声音等对象设置放映时出现的动画效果。通过这种方式，在幻灯片放映时，这些对象将以动态形式呈现，从而达到突出重点、控制信息流程并提高演示文稿的趣味性的目的。

WPS 演示提供了多种动画效果，包括进入、退出、强调、路径等。通常，可在"动画工具"选项组中单击动画窗格，进而在动画窗格中完成几乎所有的动画设置工作。如图 4-23 所示，我们给幻灯片中的 4 个对象设置了 5 个动画效果，并且可以修改动画开始效果、各种动画的属性以及动画播放顺序等。WPS 演示还提供了智能动画功能，可以帮助用户实现更生动和引人注目的动画效果。

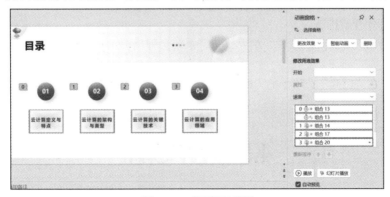

图 4-23　动画设置示例

4.4.5 幻灯片切换与放映

1. 幻灯片切换

在完成每张幻灯片的动画设置后，为了避免页面之间转换的单调感，可以设置幻灯片之间的切换效果。可在"切换"选项卡的"切换"选项组中单击所需的切换效果，该效果可应用在一张或多张幻灯片上。添加切换效果后，动画效果的时间是默认的。可根据需求自行调整动画效果的持续时间以及换片的时间。在"切换"选项卡的"速度和声音"选项组以及"换片方式"选项组中，可进行相应的调整。

2. 幻灯片放映

WPS演示文稿制作完毕后，可直接选择"幻灯片放映"模式进行放映。在放映过程中，通过单击、按"Enter"键、按方向键等都可控制幻灯片的播放过程，按"Esc"键便可结束幻灯片的播放。

在"幻灯片放映"选项卡的"放映设置"选项组中单击"放映设置"按钮，打开"设置放映方式"对话框，如图4-24所示，可设置以下两种放映类型。

（1）演讲者放映：以全屏幕的形式放映演示文稿，适用于大屏幕投影，常用于会议和课堂。在该放映方式中，演讲者可以完整地控制放映过程，可用绘图笔进行勾画。

（2）展台自动循环放映：以全屏幕的形式在展台上自动放映演示文稿，放映顺序按预先设定好的次序进行。使用"排练计时"命令可设置放映的时间和次序。

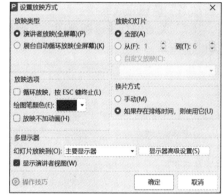

图4-24 "设置放映方式"对话框

在"设置放映方式"对话框中设定好放映类型后，可进一步设置放映选项、换片方式、绘图笔颜色、放映幻灯片的范围等。

在进行幻灯片切换时，虽然可以设置每张幻灯片自动播放，但若各幻灯片持续时间不一，则需要逐一设定，此过程既烦琐又难以精确控制时间。因此，推荐采用"排练计时"功能，该功能能够模拟演示文稿的播放流程，并自动记录每张幻灯片的持续时间，从而实现演示文稿的自动播放。具体操作步骤如下。

（1）在"幻灯片放映"选项卡的"放映设置"选项组中单击"排练计时"下拉按钮，可选择对全部幻灯片或单张幻灯片进行排练计时，此时，幻灯片可全屏放映，并且左上角会出现排练计时的"预演"对话框。

（2）"预演"对话框中显示了当前页面的放映时间和总放映时间，单击左侧箭头按钮，即可跳转到下一张幻灯片开始排练。

（3）在所有幻灯片排练结束后，结束放映，系统会弹出提示对话框，单击"是"按钮，排列计时结束。

（4）此时，在"切换"选项卡的"换片方式"选项组中，录制时间会自动显示在"自动换片"的文本框内。

4.5 WPS AI

WPS AI是金山办公旗下的一款基于人工智能技术的智能办公工具，是一款具备大语言模型能力的人工智能应用，也是国内协同办公领域首个类 ChatGPT 式应用。该应用通过文字指令和人机交互的方式，为用户提供文档内容的生成、改写、总结、润色和翻译等各类服务。例如，针对用户输入的文字需求，WPS AI 能够协助用户撰写工作总结、广告文案、社媒推文、文章大纲、创意故事、旅行游记等，大大提高办公效率，优化文档质量。WPS 在文字、表格、演示及 PDF 文档界面均提供了 WPS AI 按钮，方便用户随时使用 WPS AI。

4.5.1　文字 AI

文字 AI 的处理能力包括多个方面："AI 文档问答"可辅助用户阅读，快速提炼出重要信息；"AI 帮我改"可润色、扩写、缩写文本内容，改变文本的风格；"AI 帮我写"可快速起草各类文档；"AI 排版"可按不同学术机构的要求自动套用论文格式，实现一键排版，并且可进行各类公文的排版；"AI 伴写"可完成句子的补充；"AI 全文总结"可快速高效地提炼出全文的核心内容。下面以撰写一则请假条为例，介绍"AI 帮我写"的具体用法。

（1）打开 WPS 软件，单击"新建"按钮，在弹出的面板中单击"文字"，选择"空白文档"。

（2）Windows 系统下，连续按两次"Ctrl"键；macOS 系统下，连续按两次"Command"键；或者单击选项卡栏中的"WPS AI"按钮，选择"AI 帮我写"。

（3）输入需要生成的文档内容的提示信息，或从图 4-25 所示的场景列表中选择一项。本例中，选择"申请"中的"请假条"。输入相关的问题描述，再单击右侧的"发送"按钮，AI 将自动生成所需的文档，如图 4-26 所示。

（4）生成文档后，可以选择重写、弃用或保留 3 个功能之一，也可以选择调整文档内容，包括润色、扩写等。

图 4-25　场景列表

图 4-26　问题描述及 AI 生成文档

4.5.2　表格 AI

表格 AI 的处理能力主要包括两个方面："AI 写公式"可辅助用户自动生成函数公式；"AI 条件格式"可帮助用户标记满足特定条件的数据。在描述表格的相关问题时，建议确保请求的表述清晰且具体，需要明确指出进行查找或计算的内容的具体范围或列，如单元格、列头、数据位置或工作表的名称。对于需要条件参数的函数（如 IF、SUMIF 等），确保提供明确的条件说明。下面通过实例介绍"AI 写公式"的具体用法。

（1）打开已有的 WPS 表格工作簿，单击需要输入公式的单元格，单击"WPS AI"按钮，选择"AI 写公式"选项。

（2）在弹出的对话框中输入"满足民族名称为 I2，计算 E 列总数"，单击"发送"按钮，AI 不仅提供了公式结果，还将所使用的具体函数以及参数值均呈现给用户，如图 4-27 所示。此时，用户可选择接受或放弃该结果，还可对公式输入框中的内容进行修改，或重新提出问题。

	A	B	C	D	E	F	G	H	I	J
1	民族代码	是否有文字	民族名称	性别	2020年	2010年	2000年		民族名称	2020年
2	34	无	布朗族	女	58436	56456	43109		布朗族	119769
3	39	无	阿昌族	女	20022	19042	16436		阿昌族	
4	40	无	普米族	女	21690	20988	16085		普米族	
5	42	无	怒族	女	16790					
6	46	无	德昂族	女	10341					
7	14	有	白族	女	802187					
8	16	有	哈尼族	女	790546					
9	18	有	傣族	女	632419					
10	20	有	傈僳族	女	348451					
11	21	有	佤族	女	188341					
12	24	有	拉祜族	女	229719					
13	27	有	纳西族	女	152687					
14	28	有	景颇族	女	73870					

完成　弃用　重新提问

提问：满足名族名称为I2，计算E列总数

=SUMIFS(E2:E31,C2:C31,I2)

▶ fx 对公式的解释　C

图 4-27　"AI 写公式"应用示例

若在第（2）步的对话框中输入"计算各民族 2020 年的人数总和"，AI 会提示用户重新提问。由此可见，在使用表格 AI 功能时，确保问题的明确性至关重要。

4.5.3　演示 AI

演示 AI 的处理能力包括："AI 生成 PPT"可根据提供的主题、文档和大纲一键生成完整的演示文稿；"AI 生成单页"可根据主题进行扩写，或通过提纲凝练为单页幻灯片；"AI 帮我写"可根据问题生成文本内容；"AI 帮我改"可对已有的文本进行润色、扩写或缩写。下面通过提供主题的方式自动创建演示文稿，介绍"AI 生成 PPT"的具体用法。

（1）创建一个新的 WPS 演示文稿，单击"WPS AI"按钮，选择"AI 生成 PPT"选项，在弹出的对话框中输入主题：奥运会项目介绍。

（2）单击"发送"按钮后，系统首先生成该主题的大纲，如图 4-28（左）所示。此时可以直接调整大纲内容，符合要求后即可单击"挑选模板"按钮。

（3）选择合适的模板，生成一份以介绍奥运会项目为主题的演示文稿，如图 4-28（右）所示，可以根据个人需求对幻灯片进行修改。

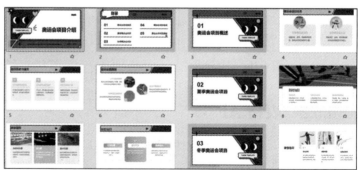

图 4-28　"AI 生成 PPT"应用示例

> 💡**思维训练**：WPS AI 是 WPS 的创新发展，上述介绍仅是其功能的冰山一角，请尝试探索 WPS AI 的更多功能并总结其特点。

实验 4　论文编辑与排版

一、实验目的

（1）掌握电子文档字符、段落及页面格式化的操作，并掌握图文混排的方法。

（2）掌握长文档格式化和排版的常用方法。

（3）掌握自动生成文档目录的方法，以及长文档页眉、页脚、页码的编排方法。

二、实验内容与要求

撰写毕业论文是检验学生在校学习成果的重要环节，每位大学生在毕业前都必须完成此项任务。一篇好的论文，应做到版面符合论文规范、内容条理清晰、结构层次分明。本实验旨在对未排版的论文按照要求进行格式化排版。

毕业论文通常包括封面、中英文摘要、关键词、目录、正文、谢辞、参考文献、注释及附录，其排版格式要求如下。

（1）封面。将"毕业论文封面.docx"文档的内容插入论文首页，并补全横线内容。横线内容字体采用楷体，字号为小三号并加粗显示。将"论文排版（源）.docx"中的标题删除。

（2）页面。全文采用 A4 纸张双面打印，上边距和左边距分别为 25mm，下边距和右边距分别为 20mm，每页正文每行 35 字，共 43 行。

（3）样式。一级标题采用三号黑体字，居中排列，段前段后各空一行，无特殊格式；二级标题采用小三号黑体字，左对齐，段前段后间距均为 12 磅，无特殊格式；三级标题采用四号黑体字，左对齐，段前段后间距均为 8 磅，无特殊格式。正文的中文采用小四号宋体字，数字和外文字母采用小四号 Times New Roman 字体，两端对齐，首行缩进 2 字符，行距为固定值 22 磅。摘要、前言、结论、参考文献均采用一级标题样式。参考文献的内容设置为两端对齐，悬挂缩进 1.5 个字符。

（4）图表说明。图表说明的字号应比正文小一号，图说明放在图片下方并居中，按章节编号，如"图 3-5　XXXXXX"；表格说明放在表格左上方，并同样按章节编号。所有的表格采用三线表，其中顶线和底线采用 1.5 磅，栏目线采用 0.5 磅。

（5）页眉、页脚、页码。封面不设页码；绪论前的内容，页码采用罗马数字，如"Ⅰ, Ⅱ…"；从绪论章节开始，页码采用阿拉伯数字。页码位于页面底端，居中显示，如"‐ 55 ‐"。从绪论章节起，页眉内容为论文题目，靠右对齐，字体为宋体，字号为 5 号，单倍行距。

（6）目录。封面后的页面为目录，单独成页。目录正文采用黑体、小四号字、1.5 倍行距。目录两个字设为黑体、三号。

（7）打印。鉴于大部分论文需要双面打印，论文的封面、中英文摘要、目录、正文、谢辞、参考文献部分的第 1 页通常位于奇数页，可以通过插入节的操作实现，也可以在生成 PDF 后，在 WPS PDF 中编辑、添加空白页。整体效果如图 4-29 所示。

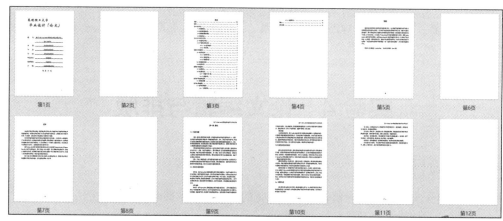

第1页　第2页　第3页　第4页　第5页　第6页

第7页　第8页　第9页　第10页　第11页　第12页

图 4-29　整体效果预览

三、实验操作引导

（1）封面制作。将光标置于标题最前端，按"Ctrl+Enter"组合键实现硬分页，再将封面的内容复制粘贴到新页面中。

（2）页面设置。在"页面"选项卡的"页面设置"选项组中单击 ⌐ 按钮，将弹出"页面设置"对话框，在对话框中修改页面上下左右页边距以及纸张大小；单击"文档网络"选项卡，选中"制定行和字符网格"单选按钮，设定正文 35 字/行、43 行/页。

（3）样式调整。在"开始"选项卡的"样式"选项组中，右击"标题 1"样式，在弹出的快捷菜单中单击"修改样式"按钮，打开"修改样式"对话框，修改格式为：三号黑体字，居中对齐，段前段间距各 1 行，其他设置保持原状。仿照此方法，修改标题 2、标题 3 及正文样式，并将修改后的样式应用于论文的相应部分。如果在修改过程中封面发生变化，请参考封面文档重新设置封面的格式。

完成样式设置后，论文便有了相应的大纲级别，此时可通过导航窗格或大纲视图清晰地查看文档结构。

（4）图表说明的修改。根据要求调整图表说明，也可以自定义两种样式进行设置。其中，三线表通常由 3 条线组成——顶线、底线和栏目线，且没有竖线。顶线和底线为粗线（本实验请采用 1.5 磅），栏目线为细线（本实验请采用 0.5 磅）。如果表格跨页，可以分割为两个表来处理。

（5）页眉、页脚及页码设置。鉴于整篇文档的页眉、页脚需要分为封面、目录、摘要、前言及正文几个部分，经分析后，需要插入两个分节符将文章分为 3 节。建议在"开始"选项卡的"段落"选项组中显示标记，以便于查看插入的分节符。

① 分别将光标定位至封面和前言页面，选择"页面"选项卡的"结构"选项组，单击"分隔符"按钮，在打开下拉列表中选择"下一页"分节符。

② 在"插入"选项卡的"页"选项组中单击"页眉页脚"按钮，选择内置空白项，进入页眉和页脚编辑模式。

③ 单击"页眉页脚"选项卡，在"页眉页脚"选项组的"页码"下拉列表中单击"页码"，打开"页码"对话框，在不同节选择对应的页码格式。如果两节的内容相同，可选中"导航"选项组的"同前节"。

④ 在第三节的页眉中插入论文题目。

（6）插入目录。在文档封面后插入空白页（位于第二节中），在"引用"选项卡的"目录"选项组中，选择"目录"下拉列表中的 3 级目录即可。

四、实验拓展与思考

（1）在特定情境下，对于长文档的编辑，除了常规的文档目录，还需要提供图表目录。请尝试设置论文的图表目录并单独附在文档末尾。

> 📖**提示**：在"引用"选项卡的"题注"选项组中，将图和表的说明文字设置为题注，单击"插入表目录"命令完成操作。

（2）本实验所给出的文档内容均为正文，未设置大纲级别，鉴于文档中有清晰的章节划分，WPS AI 能够生成导航，清晰呈现文档结构。

> 📖**提示**：通过"视图"选项卡的"显示"选项组弹出导航窗格，即可看到提示信息，单击"创建目录导航"，最后通过大纲级别或样式进行进一步的调整。

（3）利用 WPS AI，将论文的摘要部分润色得更为正式。

实验 5　WPS 表格数据统计分析

一、实验目的

（1）掌握工作表数据的输入与编辑方法，能熟练使用自动填充功能。
（2）掌握单元格的引用方法，能利用公式或函数进行计算。
（3）掌握图表的创建、编辑和美化的操作方法。
（4）掌握排序、筛选、分类汇总和数据透视表等常用的数据管理功能。

二、实验内容与要求

建立一个关于工资信息的工作簿，其中包含的已知字段如图 4-30 所示。图 4-30 中，左图为"区域划分代码表"，右图为"员工工资表"。从表中可以看出，某些字段的数字具有特定的含义。比如，身份证号码（本实验中的身份证号码均是按一定规则随机生成的）的前两位代表出生的省份或直辖市代码，第 7～14 位是出生年月日，倒数第二位数字若是奇数则代表男性，若是偶数则代表女性；表中的职工编号前 4 位代表入职年份，中间 3 位为部门代码，后 2 位为个人编号。

实验要求：补充员工工资表的所有字段内容，对表格进行美化，并完成统计数据表的填写；通过图表、分类汇总及数据透视表对数据进行统计分析。具体要求如下。

（1）计算"扣款"字段的值，计算规则为：扣款=基本工资×11%。

（2）计算"实发工资"字段的值，计算规则为：实发工资=基本工资+绩效工资-扣款。扣款和实发工资的单元格应以数字格式显示，并保留 2 位小数。

（3）"性别"字段的填写应利用 IF( )函数、MID( )函数、MOD( )函数来完成。

（4）"出生年月"字段的填写应利用 DATE( )函数、MID( )函数来完成。注意，用 DATE( )函数将内容转为日期型数据，以便后续按年月等信息对数据进行统计。

（5）"出生地"字段的填写应利用 VLOOKUP( )函数、MID( )函数来完成，并且查找的数据基于"区域划分代码表"。

（6）统计数据表的填写应利用 COUNT( )函数、SUM( )函数、MAX( )函数、MIN( )函数、FREQUENCY( )函数及 COUNTIF( )函数来完成。

（7）将第一行标题文字内容合并居中显示，美化工作表，设置打印效果为水平、垂直均居中，并打印顶端标题行是第一行和第二行。确保统计数据表内容也在一页打印。具体效果可参考图 4-31。

（8）将“员工工资表”中的 A、B、C、I、J、K、L 7 列数据以值的形式复制到一张新的工作表中，并命名新工作表为“按部门分类统计表”，在该工作表中统计每个部门实发工资的平均值，结果可参考图 4-32。

（9）筛选出“员工工资表”中技术部所有员工的数据，并将其复制到新工作表“技术部工资分布表”，绘制一张图表，以反映每位职工实发工资和绩效工资的分布情况。效果可参考图 4-33。

（10）创建数据透视表，统计每年每个部门的人数情况。效果可参考图 4-34。

代码	地区名
11	北京
12	天津
13	河北
14	山西
15	内蒙古
21	辽宁
22	吉林
23	黑龙江
31	上海
32	江苏
33	浙江
34	安徽
35	福建
36	江西

员工工资表

职工编号	姓名	部门	身份证号	参加工作时间	性别	出生年月	出生地	基本工资	绩效工资	扣款	实发工资
200200201	黄雅*	财务部	640702197408075337	2002-02-19				5800	1000		
201400202	桂淑*	财务部	530506198811297179	2014-02-06				5600	1300		
200000801	许宏*	生产部	641507197710312356	2000-11-22				5900	1000		
201400401	黄佳*	后勤部	650510198904145089	2014-09-05				3700	2000		
201900101	袁宜*	办公室	151407199408131609	2019-08-14				4100	2000		
200400402	曾珍*	后勤部	310406198109224292	2004-10-28				3800	1000		
199700102	许玉*	办公室	220202197007166087	1997-08-25				4000	1800		
200800103	李珍*	办公室	121301198107306483	2008-03-01				4300	1300		
199500203	王伟*	财务部	151303197209011280	1995-11-16				4900	2000		
199400204	黄冠*	财务部	430206196705147788	1994-06-05				4800	2000		
199800205	张瑞*	财务部	360109197212290549	1998-05-18				4300	1800		
200700501	罗骏*	技术部	141204198311097226	2007-06-02				6300	2000		
201100403	蔡宝*	后勤部	361006198501156354	2011-09-11				5900	1000		
200600502	魏良*	技术部	430606198007221261	2006-01-19				6300	600		
199700503	褚彦*	技术部	640304197309053981	1997-11-12				6100	800		
200800504	张怡*	技术部	411503198411196450	2008-06-10				6400	2000		

统计数据表	
总人数	
总发金额数	
最高实发工资	
最低实发工资	
工资在4000以下的人数	
工资在4000~4999之间的人数	
工资在5000~5999之间的人数	
工资在6000~6999之间的人数	
工资在7000以上的人数	
女员工比例	
男员工比例	

图 4-30　区域划分代码表及员工工资表

员工工资表

职工编号	姓名	部门	身份证号	参加工作时间	性别	出生年月	出生地	基本工资	绩效工资	扣款	实发工资
200200201	黄雅*	财务部	640702197408075337	2002-02-19	男	1974-08-07	宁夏	5800	1000	638.00	6162.00
201400202	桂淑*	财务部	530506198811297179	2014-02-06	男	1988-11-29	云南	5600	1300	616.00	6284.00
200000801	许宏*	生产部	641507197710312356	2000-11-22	男	1977-10-31	宁夏	5900	1000	649.00	6251.00
201400401	黄佳*	后勤部	650510198904145089	2014-09-05	女	1989-04-14	新疆	3700	2000	407.00	5293.00
201900101	袁宜*	办公室	151407199408131609	2019-08-14	女	1994-08-13	内蒙古	4100	2000	451.00	5649.00
200400402	曾珍*	后勤部	310406198109224292	2004-10-28	男	1981-09-22	上海	3800	1000	418.00	4382.00
199700102	许玉*	办公室	220202197007166087	1997-08-25	女	1970-07-16	吉林	4000	1800	440.00	5360.00
200800103	李珍*	办公室	121301198107306483	2008-03-01	女	1981-07-30	天津	4300	1300	473.00	5127.00
199500203	王伟*	财务部	151303197209011280	1995-11-16	女	1972-09-01	内蒙古	4900	2000	539.00	6361.00
199400204	黄冠*	财务部	430206196705147788	1994-06-05	女	1967-05-14	湖南	4800	2000	528.00	6272.00
199800205	张瑞*	财务部	360109197212290549	1998-05-18	女	1972-12-29	江西	4300	1800	473.00	5627.00
200700501	罗骏*	技术部	141204198311097226	2007-06-02	女	1983-11-09	山西	6300	2000	693.00	7607.00
201100403	蔡宝*	后勤部	361006198501156354	2011-09-11	男	1985-01-15	江西	5900	1000	649.00	6251.00
200600502	魏良*	技术部	430606198007221261	2006-01-19	女	1980-07-22	湖南	6300	600	693.00	6207.00
199700503	褚彦*	技术部	640304197309053981	1997-11-12	女	1973-09-05	宁夏	6100	800	671.00	6229.00
200800504	张怡*	技术部	411503198411196450	2008-06-10	男	1984-11-19	河南	6400	2000	704.00	7696.00
200100404	张书*	后勤部	371201197305202073	2001-04-12	男	1973-05-20	山东	4100	1300	451.00	4949.00
201900405	郭家*	后勤部	231410199202014438	2019-10-23	男	1992-02-01	黑龙江	5500	1800	605.00	6695.00
200700104	陈培*	办公室	360403198211214666	2007-06-25	女	1982-11-21	江西	6400	800	704.00	6496.00
200800406	黄丽*	后勤部	331104198202226664	2008-08-22	女	1982-02-22	浙江	4000	2000	440.00	5560.00
201100407	王思*	后勤部	610404198810081161	2011-06-06	女	1988-10-08	陕西	3700	1300	407.00	4593.00
199600408	宋淑*	后勤部	510403196910212922	1996-08-14	女	1969-10-21	四川	4900	1300	539.00	5661.00
199400409	吴佩*	后勤部	120309196609281655	1994-02-28	男	1966-09-28	天津	3400	1300	374.00	4326.00
200100105	黄重*	办公室	611301197605063807	2001-10-05	女	1976-05-06	陕西	5400	800	594.00	5606.00
200600901	张忆*	销售部	310803197906123514	2006-02-12	男	1979-06-12	上海	3800	800	418.00	4182.00
200900902	吴尧*	销售部	611010198107305047	2009-01-21	女	1981-07-30	陕西	6200	2000	682.00	7518.00
202200903	李国*	销售部	120401199504132083	2022-05-23	女	1995-04-13	天津	6100	1000	671.00	6429.00
200100904	刘宗*	销售部	460602197709207162	2001-01-19	女	1977-09-20	海南	4500	1300	495.00	5305.00
199900905	陈玮*	销售部	311210197302144684	1999-12-03	女	1973-02-14	上海	3500	1800	385.00	4915.00

统计数据表	
总人数	90
总发金额数	￥520,974.00
最高实发工资	￥7,763.00
最低实发工资	￥3,537.00
工资在4000以下的人数	3
工资在4000～4999之间的人数	17
工资在5000～5999之间的人数	31
工资在6000～6999之间的人数	29
工资在7000以上的人数	10
女员工比例	48.89%
男员工比例	51.11%

图 4-31　打印预览效果

	A	B	C	D	E	F	G	H
1	职工编号	姓名	部门	基本工资	绩效工资	扣款	实发工资	
2	201900101	袁宜*	办公室	4100	2000	451	5649	
3	199700102	许玉*	办公室	4000	1800	440	5360	
4	200800103	李珍*	办公室	4300	1300	473	5127	
5	200700104	陈培*	办公室	6400	800	704	6496	
6	200100105	黄重*	办公室	5400	800	594	5606	
7			办公室 平均值				5647.6	
14			财务部 平均值				5942.5	
25			策划部 平均值				5442.9	
35			后勤部 平均值				5301.111111	
48			技术部 平均值				6459	
60			客服部 平均值				5071.545455	
69			审计部 平均值				6047.5	
88			生产部 平均值				6015.666667	
100			销售部 平均值				5907.727273	
101			总平均值				5788.6	
102								
103								
104								
105								
106								

区域划分代码表　员工工资表　按部门分类统计表　技术部工资分布表　每年每个部门人数分布统计

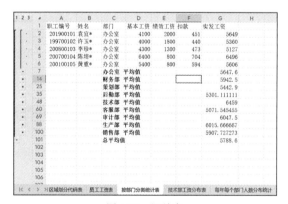

图 4-32　汇总表

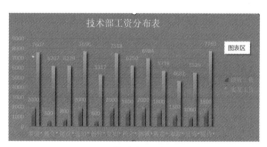

图 4-33　技术部工资分布表

三、实验操作引导

（1）在 K3 单元格中输入公式 "=I3*0.11"，并利用自动填充功能完成其他单元格数据计算。

（2）在 L3 单元格中输入公式 "=I3+J3−K3"，并利用自动填充功能完成其他单元格数据计算。随后，选中 K 列和 L 列，并将数字格式设置为带两位小数的数字。

（3）在 F3 单元格中输入公式 "=IF(MOD(MID(D3,17,1),2),"男","女")"，并利用自动填充功能完成其他单元格数据计算。

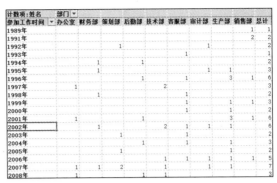

图 4-34　数据透视表

（4）在 G3 单元格中输入公式 "=DATE(MID(D3,7,4),MID(D3,11,2),MID(D3,13,2))"，并利用自动填充功能完成其他单元格数据计算。

（5）在 H3 单元格中输入公式 "=VLOOKUP(MID(D3,1,2)，区域划分代码表!$A$1:$B$32,2)"，其中 $A$1 表示绝对地址，通过 "F4" 键可快速切换多种单元格地址格式；"区域划分代码表" 是另一张工作表的表名。

（6）统计数据表中的公式包括："=COUNT(L3:L92)" "=SUM(L3:L92)" "=MAX(L3:L92)" "=MIN(L3:L92)" "=FREQUENCY(L3:L92,{3999,4999,5999,6999})" "=COUNTIF(F3:F92,"女")/COUNTA(F3:F92)" "=COUNTIF(F3:F92,"男")/COUNTA(F3:F92)"。

（7）选中 A1 到 L1 单元格区域，单击功能区的 "合并" 按钮，修改字体大小和样式；选中 A2 到 L92 单元格区域，单击 "样式" 选项组的 "表格样式" 下拉列表框，从中选择一种样式快速美化工作表；单击 "页面" 选项卡，打开 "页面设置" 对话框，在 "页面" 选项卡中选中水平、垂直居中方式，在 "工作表" 选项卡中设定打印区域，顶端标题行选择第一行和第二行。之后，预览打印效果。

（8）新建一张工作表，命名为 "按部门分类统计表"，选择 "员工工资表" 指定列复制，并粘贴到新工作表中，删除标题行。单击 "数据" 选项卡，先按部门排序，然后单击 "分类汇总"，分类字段选择 "部门"，汇总方式选择 "平均值"，汇总字段选择 "实发工资"，单击 "确定" 按钮后，可通过最左侧的按钮分级查看效果。

（9）选中 "员工工资表" 的 A2 到 L2 单元格区域，单击 "数据" 选项卡中的 "筛选" 命令后，选择 "部门" 字段的下拉列表，选中 "技术部"，将筛选的数据复制、粘贴到新建的工作表中，并将工作表命名为 "技术部工资分布表"。选择姓名、绩效工资、实发工资数据后，单击 "插入" 选项卡，插入柱形图，并在 "图表工具" 选项卡中设置图表标题、显示的数据、图例的位置、图表区颜色等。

（10）选中 "员工工资表" 数据区域的任意单元格，单击 "数据" 选项卡，打开 "创建数据透视表" 对话框，单击 "确定" 按钮。在 "数据透视表" 窗格中，将 "部门" 拖入 "列" 中，"参加工作时间" 拖入 "行" 中，"姓名" 拖入 "值" 中，并选择计数方式——统计。右击任意一个 "参加工作时间" 数据，在弹出的快捷菜单中选择 "组合"，打开 "组合" 对话框，步长选择为年，单击 "确定" 按钮即可。

四、实验拓展与思考

（1）计算男员工比例用 "=COUNTIF(F3:F92,"男")/COUNT(F3:F92)" 公式是否可行？请解释原因。

🖳提示：请查阅资料了解 COUNT( ) 和 COUNTA( ) 两个函数的区别，从而理解 WPS 表格中众多函数虽然相似，但其使用方法存在差异。

（2）本实验使用了很多公式进行计算，若将这些统计任务交由 WPS AI 处理，应如何描述问题以引导 AI 输入正确的公式？

（3）利用"AI 条件格式"功能，将在 2000 年之前出生的职工标记为红色，请仔细分析 AI 提供的"区域、规则、格式"各部分的含义。

快速检测

1. 判断题

（1）使用格式刷可以提高文档排版效率。　　　　　　　　　　　　（　　）

（2）样式功能可以简化文档格式的编辑和修改。　　　　　　　　　（　　）

（3）修改内置样式后，需要手动更新所有应用了该样式的文本。　　（　　）

（4）页码在 WPS 文字中是一个域代码，可以自动更新。　　　　　（　　）

（5）在 WPS 表格中，数据透视表可以快速汇总和构建交叉列表。　（　　）

（6）在 WPS 表格中，饼图用于展示一段时间内的数据变化。　　　（　　）

（7）自动筛选功能会删除不符合条件的原有记录。　　　　　　　　（　　）

（8）"演讲者放映"方式允许用户在放映过程中使用绘图笔进行勾画。（　　）

（9）一份完整的演示文稿，其风格应该是不统一的。　　　　　　　（　　）

（10）一旦关闭幻灯片母版视图，所有版式母版中的 Logo 图片将消失。（　　）

2. 选择题

（1）在我国，拥有自主版权的文字表格处理软件中，使用最广泛的是（　　）。

　　A. WPS　　　　　B. Lotus　　　　　C. Word　　　　　D. CCED

（2）如果要用矩形工具画出正方形，应按住（　　）键。

　　A. Ctrl　　　　　B. Shift　　　　　C. Alt　　　　　D. Ctrl+Shift

（3）脚注和尾注在文档中的位置是（　　）。

　　A. 脚注在文档最后一页文字下方，尾注在每页的最底端

　　B. 脚注在每页的最底端，尾注在文档最后一页文字下方

　　C. 脚注和尾注都在每页的最底端

　　D. 脚注和尾注都在文档最后一页文字下方

（4）页眉和页脚的作用是（　　）。

　　A. 仅用于显示文档的页码　　　　　B. 用于显示文档的页码和文档位置等相关信息

　　C. 用于显示文档的标题　　　　　　D. 用于显示文档的作者信息

（5）创建文档目录前需要（　　）。

　　A. 为文档的标题段落设置大纲级别　　B. 为文档的图片设置大纲级别

　　C. 为文档的表格设置大纲级别　　　　D. 为文档的公式设置大纲级别

（6）域在 WPS 文字中是（　　）。

　　A. 一种特殊命令　　　　　　　　　B. 一种字体样式

　　C. 一种图片格式　　　　　　　　　D. 一种表格类型

（7）下列关于域的说法中，错误的是（　　）。

　　A. 使用域可以提高文档的智能性

　　B. 域代码由花括号、域名（域代码）及选项开关构成

　　C. 文档中使用域可以实现数据的自动更新和文档自动化

D. 域分为域代码和域结果，二者不能转换

（8）在当前单元格 A1 中输入数据"10"，若要使 B1 至 F1 单元格中均输入数据"10"，最简单的方法是（　　）。

    A. 选中 A1 单元格后，单击"复制"按钮，到 B1 至 F1 单元格中逐个粘贴

    B. 从 B1 到 F1 单元格逐个输入数据"10"

    C. 选中 A1 单元格，将鼠标指针放到填充柄上，向右拖到 F1 单元格

    D. 选中 A1 单元格，将鼠标指针放到填充柄上，按住"Ctrl"键的同时拖曳鼠标指针到 F1 单元格

（9）在 WPS 表格中，数据清单的首行通常用来（　　）。

    A. 存储数据　　　B. 存储公式　　　C. 存储字段名　　　D. 存储图表

（10）在 WPS 表格中，分类汇总前必须先对（　　）进行排序。

    A. 分类字段　　　B. 汇总字段　　　C. 计数字段　　　D. 求和字段

（11）在 WPS 表格中使用"升序""降序"按钮做某列排序操作时，活动单元格选定（　　）。

    A. 工作表的任意单元格　　　　　B. 数据清单中的任意单元格

    C. 排序依据数据列的任意单元格　D. 数据清单标题行的任意单元格

（12）要找出成绩表中所有数学成绩在 90 分以上（包括 90 分）的学生，应该利用（　　）命令。

    A. 查找　　　B. 筛选　　　C. 分类汇总　　　D. 定位

（13）如果要将表格中符合某一条件的单元格数目统计出来，应使用函数（　　）。

    A. SUMIF( )　　　B. IF( )　　　C. COUNT( )　　　D. COUNTIF( )

（14）在 WPS 表格中，如果 VLOOKUP( ) 函数找不到匹配的查找值，它将返回（　　）

    A. #REF!　　　B. #N/A　　　C. #DIV/0!　　　D. #NAME?

（15）需要统一演示文稿的整体风格时，可以通过（　　）来快速实现。

    A. 幻灯片母版　　　　　　　　B. 新建一张幻灯片

    C. 复制　　　　　　　　　　　D. 设置背景格式

（16）在幻灯片放映过程中，（　　）可以结束放映。

    A. 右击　　　　　　　　　　　B. 按"Enter"键

    C. 按"Esc"键　　　　　　　　D. 按方向键

（17）在幻灯片母版视图中，版式母版的修改（　　）。

    A. 会影响所有版式母版　　　　B. 仅影响应用了该版式的幻灯片内容

    C. 仅影响主母版　　　　　　　D. 无影响

（18）在 WPS 演示文稿中，若一个演示文稿中有 3 张幻灯片，播放时要跳过第二张幻灯片，可采用的操作为（　　）。

    A. 隐藏第二张幻灯片　　　　　B. 取消第二张幻灯片的切换效果

    C. 取消第一张幻灯片中的动画效果　D. 必须删除第二张幻灯片

（19）在 WPS 演示文稿中，如果希望将某个对象的动画效果快速应用到多个对象上，应该使用（　　）。

    A. 格式刷　　　B. 动画刷　　　C. 复制粘贴　　　D. 幻灯片母版

（20）WPS AI 可以提供（　　）。

    A. 文档内容的生成、改写、总结、润色和翻译

    B. 仅限于文档内容的生成

    C. 仅限于文档内容的翻译

    D. 仅限于文档内容的润色

第5章
问题求解与算法设计

问题求解就是要找出解决问题的方法，并借助一定的工具得到问题的答案或达到最终目标。计算机面对现实问题通常是无能为力的，需要人类将问题抽象化、形式化后才能去机械地执行。本章介绍问题求解过程、用计算机求解问题的方法、算法与程序结构，以及 Raptor 可视化算法流程图设计。

本章学习目标

- 了解问题求解的一般过程，熟悉用计算机求解问题的处理过程。
- 熟悉基于计算机的 3 种问题求解方法，掌握编写计算机程序求解问题的方法、步骤及各阶段的作用和含义。
- 掌握算法的定义、特点及其表示方法，能够绘制一般算法的流程图。
- 熟悉程序的 3 种基本结构，了解程序设计技术的发展情况。
- 掌握使用 Raptor 软件进行可视化算法流程图设计的一般方法和过程。

5.1　问题求解过程

人类社会是在不断地发现问题和解决问题中进步与发展的，人生也是在不停地发现问题和解决问题的过程中实现升华的。人们在研究、工作、学习和生活中不可避免地会遇到各种各样的问题。比如，在教育事业中如何更好地利用互联网技术，如何合理地进行职业生涯规划，如何解一道数学题，如何以最低的代价抢购到一张出行的车票等。这些问题有的很快就能解决，有的则需要考虑众多因素、花费不少时间才能得到答案，有的甚至无法得到绝佳的答案。但无论什么样的问题，求解的思维过程都是相似的，一般要遵循一定的方法步骤。

5.1.1　问题求解的一般过程

要进行问题求解，就需要掌握一定的科学方法，遵循求解问题的一般过程，主要包括以下几个环节。

（1）明确问题。弄清楚需要解决的问题是什么，有什么限制条件，有什么预期结果等。很多问题解决不好，很大程度上是因为问题不够明确，容易造成误解，因此应尽可能对问题进行清晰、准确的描述。

（2）理解问题。搞清楚问题的本质以及问题涉及的各个方面，包括问题背景及问题相关知识，尽量做到分析透彻、心中有数。

（3）方案设计。根据对问题的分析和理解，设计解决问题的方案，最好尽可能全面地列出可行方案，以供选择。

（4）方案选择。根据问题现状、所处环境、能提供的条件等，制订相应的评定标准，分析各种可选方案的利弊，选定最好的解决方案。

（5）确定解决步骤。针对所选择的方案，给出具体、明确、可行的问题解决步骤。

（6）方案评价。检查结果是否正确，是否令人满意。如果结果错误或不令人满意，要重新选择解决方案并避免以后在类似问题中采取这样的方案。

例如，采用上述问题求解过程，可对"鸡兔同笼"问题分析求解如下。

（1）明确问题："鸡兔同笼"问题出自我国古代数学名著《孙子算经》，具体描述是"今有鸡兔同笼，上有三十五头，下有九十四足，问鸡兔各几何？"

（2）理解问题：这是大家熟悉的一个古典数学问题。从生活常识可知，鸡、兔各有一头，且一只鸡有 2 只脚，一只兔有 4 只脚，通过简单计算便可得到答案。

（3）方案设计：至少可以设计 3 种求解方法。一是设鸡和兔分别有 x 和 y 只，采用二元一次方程组求解；二是采用假设法求解；三是采用计算机搜索法求解。

（4）方案选择：这里选择第一种方法。

（5）确定解决步骤。

① 设鸡有 x 只、兔有 y 只，根据题意可得方程组

$$\begin{cases} x + y = 35 \\ 2x + 4y = 94 \end{cases}$$

② 求解上述方程组可得

$$\begin{cases} x = 23 \\ y = 12 \end{cases}$$

（6）方案评价：结果正确，计算简单。但若求解此问题的是小学生，则该方法不易被理解，此时可换一种解题方法，如假设法。

5.1.2　用计算机求解问题的过程

用计算机进行问题求解的本质就是通过计算思维获得求解问题的方法，并通过计算机加以计算的过程。所以，利用计算机求解问题也遵循了人类思维和问题求解的一般方法，求解过程和上面的过程基本相似但稍有不同。用计算机求解问题的一般过程如图 5-1 所示。

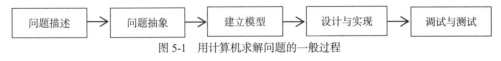

图 5-1　用计算机求解问题的一般过程

（1）问题描述。明确和界定问题，要能够清楚地对问题进行陈述和界定，清晰地定义要达到的结果或目标。

（2）问题抽象。对问题深层次的分析和理解，是计算机求解问题的重要过程。抽象是处理现实世界复杂性的最基本方式，抽象的结果反映出事物重要的、本质的和显著的特征。通过抽象可以抓住问题的主要特征，建立简化高效的客观事物描述模型，降低问题处理的复杂度。例如，在"鸡兔同笼"问题中，鸡和兔分别被抽象成了 1 个头、2 只脚的动物和 1 个头、4 只脚的动物，而它们的样子、大小、颜色等特征都被去掉了。

（3）建立模型。模型是为了理解问题而对问题求解的目标、行为等进行的一种抽象描述，是现实问题的抽象和简化。抽象是建立模型的基础，模型由现实问题的相关元素组成，能够体现这些元素之间的关系，反映现实问题的本质。模型和现实问题从本质上说是等价的，但是模型比现实问题更抽象，模型中各个量之间的关系更加清晰，更容易被找到规律，从而为问题的计算机求

解奠定可行的基础。建立的模型要能够清楚地表示与问题有关的所有重要信息，能正确反映输入、输出关系，易于用计算机实现。

（4）设计与实现。根据建立的模型，便可构建计算机解决问题的方法和步骤，这些步骤要从问题的已知条件入手，通过一系列的操作最终得出解决方案。这一系列的操作步骤就是算法。解决同一个问题通常不止一种算法，在算法的设计和选择过程中，要充分考虑在特定的计算机环境内解决问题的可行性及效率问题。之后，便可通过计算机编程来实现其功能。

（5）调试与测试。程序编写完毕后，先调试，发现并改正语法错误，使其顺利执行后，便可通过程序的测试来验证问题解决方法的正确性和可靠性。测试方法一般有两种：一种是对算法的各个分支即程序的内部逻辑结构进行测试，这称为白盒测试；另一种是检验对于给定的输入是否有指定的输出，即只关心输入输出的正确性而不关心内部具体实现的测试，这称为黑盒测试。

例如，用计算机求解"鸡兔同笼"问题的思路和过程如下。

（1）问题描述。该问题较为简单，描述如 5.1.1 小节所述。

（2）问题抽象与建模。计算机适合进行重复性计算和判断的处理，我们利用计算机搜索速度快的特点，可对鸡和兔的所有可能数量组合进行遍历搜索，从而找到符合条件的答案。这便是计算机科学中最基本的枚举搜索算法，也称穷举法。用穷举法解决问题，忽略其他细节，主要考虑两方面因素：搜索参数和答案符合的条件。

在"鸡兔同笼"问题中，鸡和兔总共有 35 只，若设鸡的数量为 x 只，则兔的数量为 $35 - x$。x 即为搜索参数，可能的取值范围是 0,1,2,$\cdots$,35 共 36 个数。

鸡和兔的脚总数量为 94，可知答案符合的条件为 $2x + 4(35 - x) = 94$。

（3）设计与实现。在上述"鸡兔同笼"问题模型的基础上，可设计图 5-2 所示的搜索步骤来求解答案。

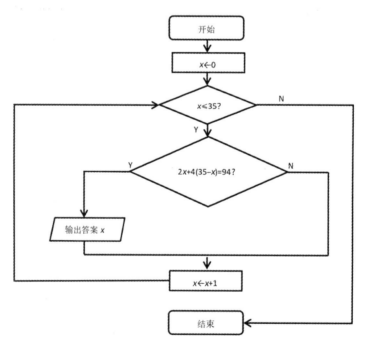

图 5-2　鸡兔同笼问题的计算机搜索算法示意

思维训练：计算机解决问题和人类解决问题的过程一样吗？计算机在解决问题时可以完全不依赖人类吗？

5.2 用计算机求解问题的方法

在信息化社会中，计算机成为人类解决问题的有力工具。随着计算机的计算能力越来越强，人们依靠计算机解决了很多问题，完成了学习、工作和生活中遇到的很多任务。基于计算机求解问题的方法大致可以分为以下 3 类。

5.2.1 使用计算机软件进行问题求解

使用计算机软件解决问题是计算机求解问题方法中最直接的一种，也是计算机应用的典型方式。此时，用户只需要关心要解决的问题是什么、使用什么样的软件可以解决问题、软件的功能是否满足要求等，而不需要关心软件是如何工作的。诸如论文排版、演示报告制作、照片美化、数据统计等许多日常生活和工作中的常见问题，软件公司已经精心设计了大量通用软件来帮用户解决这些问题。表 5-1 列出了一些解决不同类型问题的软件，以供读者参考。

表 5-1   常见问题及可用软件

问题描述	可用软件
文档编辑、数据表制作、演示文稿制作	Microsoft Office、WPS Office
图形图像处理	Illustrator、Photoshop
动画设计制作	Flash、3ds MAX、Maya
机械制图	AutoCAD、Solid Edge
数据库管理和应用	Access、MySQL、SQL Server
音频处理	GoldWave、Audition
网页与网站设计制作	Dreamweaver
视频制作	Premiere
数学建模	Mathematica
电路设计	Protel

5.2.2 编写计算机程序进行问题求解

编写计算机程序进行问题求解是用计算机求解问题的主要方式。计算机软件层出不穷、功能强大，但并不是所有的问题都可以通过计算机软件来解决。当面临的问题无法找到相应的软件产品时，便需要根据具体的问题来编写计算机程序加以解决。实际上，科学研究和工程创新研究中的许多问题由于具有一定的特殊性，一般没有可以直接使用的软件产品，都需要人们编写程序对问题进行求解。

编写计算机程序求解问题需要遵循如前所述的用计算机求解问题的一般过程，即问题描述→问题抽象与建模→设计和实现→调试与测试。在此过程中，问题抽象与建模、设计与实现是解决问题的关键。

在问题抽象和建模时，要尽量抓住问题的本质特征，简化问题，通过假设变量和参数，用字母、数字及其他数学符号，建立准确描述事物特征、内在联系等的数学模型，以便编程解决问题。

在设计与实现时，重点考虑数据结构和算法两方面内容。简单地说，数据结构的设计就是选择数据的存储方式，即数据类型。不同的数据结构设计可能导致算法有很大差异，也会影响问题求解的效率。算法就是指完成问题求解需要进行什么操作、操作的先后顺序是什么、条件是什么，其描述了解决问题的策略和机制，是用计算机求解问题的操作步骤的集合，也是计算机程序设计的关键。数据结构和算法设计好后，便可挑选合适的编程语言，编写计算机程序实现问题求解。目前，程序设计语言种类很多，如 C、C++、Java、PHP、Python 等都是较为流行的程序设计语言。

5.2.3　构建系统进行问题求解

将多平台、多软件、多资源整合成一个系统来解决问题是当代用计算机求解问题的重要方法。对于一些复杂、大规模的问题，尤其是各学科专业领域的一些问题，既没有现成的计算机软件可使用，也无法通过编写单一的计算机程序来解决，就必须采用此种方法来解决问题。例如，远程监控、大数据、天气预报等相关问题，涉及较多的系统工程和超强的计算能力，都需要构建一定规模的系统才能解决。

对于这类系统性问题的求解，需要多种平台支持，属于系统工程的范畴。系统工程问题涉及因素较多，求解过程中要注意问题的整体性，即组成系统的各部分之间的相互约束、依赖和控制关系。

随着计算机技术的不断发展，人类在问题求解时越来越多地依赖于计算机，各类计算机软件层出不穷，各学科越来越多地呈现出与"计算"相关的特征和趋势，这就要求进行问题求解的人具有更高的计算机应用能力和计算思维能力。特别是身处信息社会的当代大学生，更应与时俱进，掌握包含理论方法、实验方式以及计算方法在内的各种科学思维方法，具有一定的编程能力，这样才能更加自如地解决学习和生活中遇到的各种问题。

> 🕹思维训练：计算机帮助人们解决了很多学习和生活中遇到的各种问题，但它不可能解决所有的问题，那么，计算机主要适用于解决哪些问题，而又不能解决哪些问题呢？

5.3　算法与程序结构

算法设计是问题求解的关键步骤，算法选择的正确与否直接影响问题求解的结果。算法设计是一种创造性的思维活动，学习算法设计有助于问题求解能力及计算思维能力的提高。

5.3.1　算法的概念

算法并不是一个陌生的概念，日常生活中也随处可见算法的影子。例如，超市收银员为了防止小额钞票被用光，总是尽量用最少张数的钞票完成找零，这就是贪心算法在生活中的应用。人们在出行前选择车次、航班时，总是在省钱和省时间之间权衡，这是典型的动态规划算法的应用。

所谓算法，就是完成某一特定任务所需要的具体方法和步骤的有序集合。它应具备以下 5 个重要特征。

（1）输入。一个算法要有 0 个或多个输入，用以表征算法的初始状况，0 个输入表示算法本身已经给出了初始条件。例如，求解 1～100 的累加和无需输入，而求解 $n!$ 则需要输入 n 的值。

（2）输出。一个算法必须有 1 个或多个输出，输出是算法计算的结果，没有任何输出的程序是没有意义的。

（3）确定性。算法对每一步骤的描述必须是确切无歧义的，这样才能确保算法的实际执行结果精确地符合要求或期望。

（4）有穷性。算法必须在有限的时间内完成，即算法的执行步骤是有限的，而且每一步的执行时间是可容忍的。

（5）可行性。算法的每一步操作应该都可以通过已经实现的基本运算执行有限次计算来实现。

例如，一个除法运算中，除数为 0，这是一种无法执行的操作。

计算机科学家尼古拉斯·沃斯（Niklaus Wirth）曾提出一个公式：程序=算法+数据结构。他认为算法是程序设计的灵魂，程序设计的关键在于算法。一个好的算法可以高效、正确地解决问题；有的算法虽然同样可以正确解决问题，但要耗费更多的成本；若算法设计有误，则不能顺利解决问题。

> 📝思维训练：为什么说算法是程序设计的灵魂？如何理解算法的有序性和确定性？

5.3.2　算法的表示

算法是对求解过程的描述，需要被清晰地记录和表示出来，这不仅有利于编程人员之间相互交流算法设计思路，而且有利于算法后期的改进和优化。常见的算法表示方法有自然语言表示法、伪代码表示法、流程图表示法等，下面进行简要介绍。

1. 自然语言表示法

自然语言是人们日常使用的语言，如汉语、英语、法语等，使用这些语言不用专门训练，所描述的算法通俗易懂。例如，要判断一个年份是否为闰年，算法可描述如下。

第一步，用该年份的数值除以 4，若能整除则继续第二步，否则输出该年份不是闰年，算法结束。

第二步，用该年份的数值除以 100，若能整除则继续第三步，否则输出该年份是闰年，算法结束。

第三步，用该年份的数值除以 400，若能整除则输出该年份是闰年，算法结束；否则输出该年份不是闰年，算法结束。

可以看出，用自然语言描述算法虽然通俗易懂，但是容易有歧义，可能导致算法描述存在不确定性；自然语言较为烦琐，导致算法描述太长；对于具有较多循环和分支结构的算法，用自然语言很难描述；另外，在用计算机求解问题时，用自然语言描述的算法不便于翻译成计算机程序。

2. 伪代码表示法

伪代码也叫虚拟代码，是算法的另一种表示方法。伪代码通常混合使用自然语言、数学公式和符号来描述算法的步骤，同时采用计算机高级语言的控制结构来描述算法的执行顺序。可见，伪代码介于自然语言和计算机语言之间，它兼有自然语言通俗易懂的优点，同时又因为部分使用计算机高级语言而避免了歧义，易于翻译成计算机程序，是非正式场合广泛使用的算法描述方法。

如上例，要设计判断一个年份是否为闰年的算法，用伪代码可表示如下。

```
BEGIN（算法开始）
  输入年份 y
  IF  y 能被 4 整除  THEN
    IF  y 不能被 100 整除  THEN
        输出 "y 是闰年"
    ELSE
        IF  y 能被 400 整除  THEN
            输出 "y 是闰年"
        ELSE
            输出 "y 不是闰年"
        END  IF
    END  IF
  ELSE
    输出 "y 不是闰年"
  END  IF
END（算法结束）
```

上述伪代码表示的闰年判断方法是：如果年份 y 能被 4 整除但不能被 100 整除，或者能被 400

整除，则 y 为闰年，否则 y 不是闰年。可见，伪代码不拘泥于算法实现的计算机编程环境，而是追求更加清晰的算法表达，但其应用要求用户具备一定的高级语言编程基础。

3. 流程图表示法

流程图是一种采用几何图形框、流程线及简要文字说明来表示算法的有效方法。其中，几何图形框代表各种不同性质的操作，流程线表示算法的执行顺序。流程图中常用的符号如表 5-2 所示。

表 5-2　　　　　　　　　　　　　　　　流程图常用符号

符号	名称	功能
⬭	起止框	表示算法的起始和结束。有时为了简化流程图，可将其省略
▱	输入/输出框	表示算法的输入和输出信息
◇	判断框	判断条件是否成立，成立时在出口处标明"是"或"Y"，不成立时标明"否"或"N"
▭	处理框	赋值、计算。算法中处理数据需要的算式、公式等分别写在不同的用以处理数据的处理框内
⟶ ⌐	流程线	连接程序框，带有控制方向
○	连接点	连接程序框的两部分

如上例，判断闰年的算法流程图如图 5-3 所示。

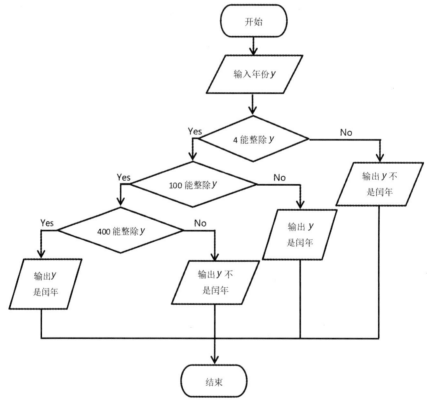

图 5-3　判断闰年的算法流程图

从图 5-3 中不难发现，流程图作为一种直观的图形化方式，能够准确、形象地表示算法的逻辑关系和执行流程，虽然它也存在随意性强、结构化不明显、画图费时等缺点，但仍不失为一种不错的算法描述方法，所以程序设计者应该掌握这种方法。

5.3.3　典型算法思维及策略

1. 枚举法

枚举法也称穷举法，就是按照问题的特性，一一列举出问题所有可能的解，并一个不漏地进行检验，从中找出符合要求的答案。枚举法是基于计算机运算速度快、精确度高的特点来施行的。枚举法求解的过程是列出所有可能的答案，根据条件判断这些可能的答案是否合适，合适的就保留，不合适的就丢弃，所以它具有实现简单、得到的结果肯定正确的特点，但该方法效率一般较低，且数据量不宜过大，以避免耗时过长。例如，前文提到的"鸡兔同笼"问题的计算机求解方法采用的就是枚举法，把鸡可能的数目一一列出，并测试其可能性，最终得到正确结果。

2. 递归

递归是计算机科学中的一种重要思维方式，递归算法是程序设计中的一种重要算法，它描述的程序简洁、清晰，易于阅读，但理解递归的过程并不简单，要想在解决实际问题的过程中合理地运用递归算法，则需要不断地训练。递归算法解决问题的思路就是把原问题转换为规模缩小了的同类问题的子问题，且在问题求解的过程中不断缩小子问题的规模，直到子问题得以解决，再按先前分解问题的反序逐层求解上一层同类问题，最终解决原问题。如果用函数来描述，递归算法就是函数直接或间接地调用自己，调用中函数的求解规模不断缩小，直到问题可以直接解决。在使用递归算法时，必须有一个明确的递归结束条件，称为递归出口。可以使用递归算法来解决的问题，通常需要具备两个条件：第一，原问题的求解可以转换为规模更小的同类型子问题的求解；第二，当问题的规模极小时可以直接给出答案而无须再进行递归调用。例如，$n!$ 可以通过 $n(n-1)!$ 来得到，求 $n!$ 的核心问题就转换为求 $(n-1)!$ 的问题，两个问题类型相同，但求 $(n-1)!$ 的问题规模要小于求 $n!$；另外，当 n 为 0 或 1 时可直接得到此时 $n!$ 的值为 1，这就是递归算法的终止条件，所以求 $n!$ 可以通过递归算法来解决。除此之外，递归算法还可用于斐波那契数列的求取、汉诺塔问题的解决，以及具有某些规律的图形的绘制，如科赫曲线、鹦鹉螺旋等。

3. 分治法

分治法是计算机科学中一种很重要的算法，它是很多高效算法的基础。从字面上看，"分治"即"分而治之"，就是把一个复杂的问题分成两个或更多的子问题，如果子问题的规模不够"小"，则把子问题分成更小的子问题……直到最后子问题可以简单地直接求解，原问题的解即子问题的解的合并。

分治法的一般步骤为分解、解决、合并。分解即将原问题分解为若干个与原问题形式相同的子问题；解决就是如果这些子问题可以直接解决，则解决并返回解，否则继续分解；合并就是将各个子问题的解合并为原问题的解。

分治法所能解决的问题一般具有以下几个特征。

（1）该问题的规模缩小到一定程度就可以较容易地解决。

（2）该问题可以分解为若干个规模较小的相同或相似问题。

（3）利用该问题分解出的子问题的解可以合并为该问题的解。

（4）该问题所分解出的各个子问题是相互独立的。

分治法可用于归并排序、快速排序、二分查找等。例如，使用天平快速地从 100 个硬币中找出掺入金币中的一个铜币，就适宜使用分治法。首先，将硬币等分成两份分别放在天平的两边，铜币将在轻的一边，这样问题就转换为从 50 个硬币中找出掺入金币中的一个铜币。再次重复上述操作，查找的范围将缩小为 25 个硬币。再将 24 个硬币均分放在天平两边，要是等重，则剩下的那个硬币就是铜币；否则铜币在较轻的 12 个硬币中。继续上述方法，直至找到铜币，问题得以解决。

4. 动态规划法

动态规划法与分治法类似，其基本思想也是将待求解问题分解成若干个子问题。不同的是，分治法分解出的子问题是相互独立的，而动态规划法分解得到的子问题往往不相互独立。动态规划的求解过程是一个多阶段决策过程，每步求解的问题是后面阶段求解问题的子问题，每步决策将依赖于前阶段决策的结果，每一步所选决策的不同会引起状态的转移，最后在变化的状态中获取到一个决策序列。动态规划法是一种把多阶段决策过程转换为一系列单阶段决策问题，并逐个求解的方法。

适合采用动态规划法解决的问题通常具有以下两个特点。

（1）具有最优子结构性质，即一个最优决策序列的任何子序列本身一定是相对于子序列的初始和结束状态的最优决策序列。

（2）该问题经分解得到的子问题往往不是相互独立的，而是彼此有重叠的。

动态规划法可用于解决矩阵连乘、流水作业调度及图像压缩等问题。

5. 贪心法

贪心法又称贪婪法，指在对问题求解时，总是做出在当前看来是最好的选择。即不从整体最优上加以考虑，而仅选择某种意义上的局部最优解。贪心法不是对所有问题都能得出整体最优解，对许多问题，它能产生整体最优解或整体最优解的近似解。

贪心法是一个分阶段决策过程，它将原问题求解过程划分为连续的若干个局部决策阶段，在每个阶段，都以当前情况为基础，根据某个优化测度做最优选择，得到局部最优解，并将所求问题简化为一个规模更小的子问题，最终将各个阶段的局部解合并为原问题的一个全局最优解。

对于一个给定的问题，往往有好几种量度标准。初看起来，这些量度标准似乎都是可取的，但实际上，用其中的大多数量度标准做贪婪处理所得到该量度意义下的最优解并不是问题的最优解，而是次优解。因此，选择能产生问题最优解的最优量度标准是使用贪心法的核心。一般情况下，要选出最优量度标准并不是一件容易的事，但对某问题在选择出最优量度标准后，用贪心法求解特别有效。

在现实生活中，贪心法也有广泛的应用。例如，在智能导航系统中，采用不同的贪心策略，可为用户提供最短路径、最快到达时间、避免拥堵等不同的行车方案。

5.3.4　程序的基本结构

计算机科学家科拉多·博姆（Corrado Bohm）和朱塞佩·雅科皮尼（Guiseppe Jacopini）证明了任何简单或复杂的算法都可以由 3 种基本结构组合而成，即顺序结构、选择结构和循环结构。

1. 顺序结构

顺序结构是程序最简单的一种基本结构。它表示程序中的各操作是按照它们出现的先后顺序执行的，其流程如图 5-4 所示。在此程序结构中，先执行处理框 A，再执行处理框 B。

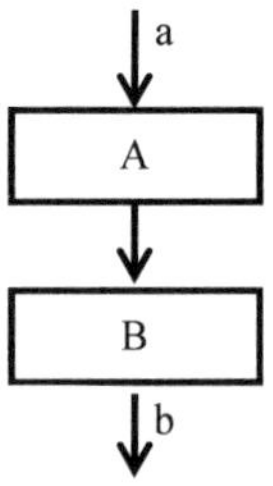

2. 选择结构

图 5-4　顺序结构

选择结构也称分支结构，它是根据所列条件的正确与否来决定执行路径的，其流程如图 5-5 所示。在此程序结构中，有一个判断框 P 代表条件。若为双分支结构，P 条件成立则执行处理框 A，否则执行处理框 B，如图 5-5（a）所示。若为单分支结构，则只有 P 条件成立时，才执行处理框 A；否则将不做任何处理，如图 5-5（b）所示。

3. 循环结构

循环结构是一种反复执行一个或多个操作直到满足退出条件才终止重复的程序结构。循环结构主要有以下两种。

（1）当型（while 型）循环结构，如图 5-6（a）所示。当条件 P 满足时，反复执行处理框 A。一旦条件 P 不满足就不再执行处理框 A，而执行它下面的操作。如果在开始时条件 P 就不满足，那么处理框 A 一次也不执行。

（2）直到型（until 型）循环结构，如图 5-6（b）所示。先执行处理框 A，然后判断条件 P 是否满足，如果条件 P 不满足，则反复执行处理框 A，直到某一时刻条件 P 满足则停止循环，执行下面的操作。可以看出，不论条件 P 是否满足，至少执行处理框 A 一次。

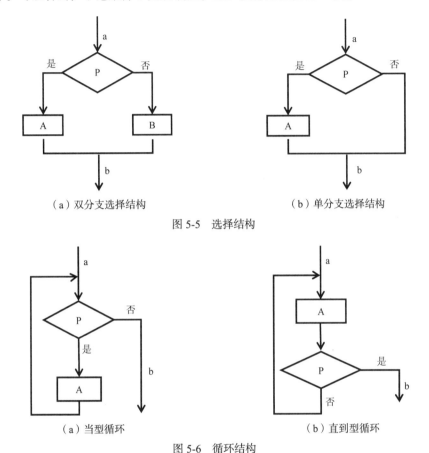

（a）双分支选择结构　　　　　　　　　　（b）单分支选择结构

图 5-5　选择结构

（a）当型循环　　　　　　　　　　（b）直到型循环

图 5-6　循环结构

以上 3 种基本结构都只有一个入口和一个出口，没有永远都执行不到的部分，也没有死循环（无限循环）。这些都是结构化程序需要满足的条件。

5.4　Raptor 可视化算法流程图设计

用计算机求解问题的主要途径是编写计算机程序。若不会编程语言，是否还可以通过此种途径进行问题求解呢？算法是程序设计的灵魂。只要能设计出算法，仍然可以使用算法流程设计工具来解决此类问题。

Raptor 是一款业界流行的可视化算法流程设计软件。使用 Raptor 软件，用户可以集中精力设计和分析算法，而不必纠缠于具体语言烦琐的语法规则中，而且 Raptor 软件可以动态执行算法，这有利于用户观察算法的执行过程，厘清算法的设计思路。

5.4.1 Raptor 软件环境简介

Raptor 软件包含两个窗口，一个主窗口和一个主控台窗口，分别如图 5-7 和图 5-8 所示。

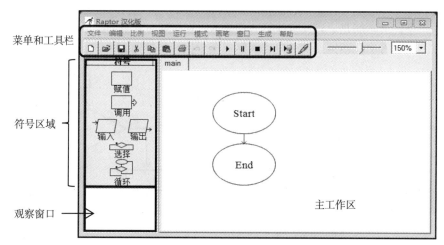

图 5-7　Raptor 软件的主窗口

Raptor 软件的主窗口用于完成算法的设计和运行，其包括 4 个主要区域。

（1）菜单和工具栏：允许用户改变设置和控制视图，并且控制流程图执行的开始、暂停和停止等。

（2）符号区域：包含 6 种流程符号，分别为赋值、调用、输入、输出、选择和循环。Raptor 软件正是使用这些符号来构建流程图的。

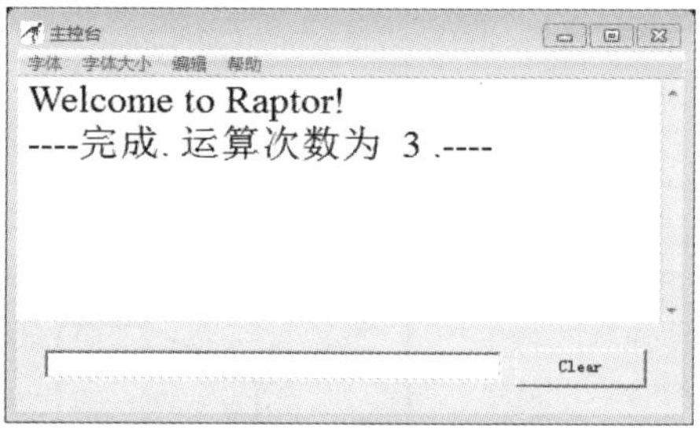

（3）主工作区：用户创建流程图的区域，初始时只有一个标签 main，相当于主程序，窗口中有一个基本的流程图框架，初始时只有 Star（开始）和 End（结束）两个符号，可以向其中添加其他流程图符号以构建问题求解的程序。选中符号区域中所需的流程图符号，单击主工作区中需要插入此符号处的流程线即可插入所选的流程图符号，双击该符号即可对其进行编辑，通过流程图符号的右键快捷菜单还可以为其加入注释，增强算法的可读性。Raptor 程序文件的扩展名为 ".rap"。此外，还可以创建子图或过程，以便相互调用，这会增加相应的标签。程序执行时，在主工作区中可以看到流程图执行时的变化情况。

图 5-8　Raptor 软件的主控台窗口

（4）观察窗口：当流程图运行时，该窗口可用于查看程序执行过程中变量值的变化过程，帮助用户观察和分析算法。

主控台窗口主要用于显示用户所有的输入和输出，底部的文本框允许直接输入命令。此外，"Clear" 按钮可用来清除主控台窗口中的内容。

5.4.2 Raptor 软件应用实例

使用 Raptor 软件，用户只需要画出算法流程图，系统就能够按照流程图描述的命令来实现其功能，而不需要用户编写程序。下面以求 $n!$（n 为正整数）为例，介绍如何使用 Raptor 软件创建流程图程序来求解问题。

1. 问题描述

求 $n!$ 就是求 $1×2×3×\cdots×n$ 的值，当 $n=0$ 或 1 时，$n!=1$。

2. 问题分析

$n!$既可以表示为$1×2×3×\cdots×n$，又可以表示为$n(n-1)!$。前者（下文称其为算法①）为利用计算机求解连乘问题，一般可先设乘积结果为 1，然后逐项相乘。若用 f 表示 $n!$，开始时可令 $f=1$，然后依次乘 $1,2,3,\cdots,n$，便可计算得到 $n!$。后者（下文称其为算法②）是一个典型的递归算法的表示，其递归公式和边界条件为

$$n! = \begin{cases} 1, & n = 0 \\ n(n-1)!, & n > 0 \end{cases}$$

3. 算法设计及实现

算法①可用循环结构来实现，流程图如图 5-9 所示。

下面用 Raptor 软件实现图 5-9 所示算法。

（1）启动 Raptor 软件，保存当前文件为 jc1.rap。

（2）输入 n。在符号窗口选择"输入"符号，在主工作区流程图的 Start 和 End 符号间箭头的末尾处单击，添加一个"输入"符号。双击该符号，在弹出的对话框中的"输入提示"文本框中输入提示信息"please input n:"，在"输入变量"文本框中输入变量符号"n"，单击"完成"按钮，如图 5-10 所示。

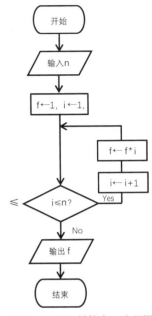

图 5-9　用循环结构求 $n!$ 流程图

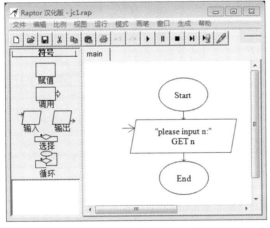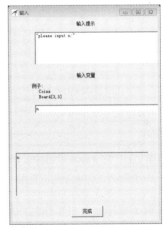

图 5-10　在流程图中加入变量符号

（3）在输入 n 的"输入"符号下面添加两个"赋值"符号。双击一个"赋值"符号进行设置，在"set"处输入"f"，在"to"处输入"1"。设置完毕后，该"赋值"符号将显示"f←1"。同理，将另一个"赋值"符号设置为"i←1"。

（4）在"赋值"符号下面添加一个"循环"符号。双击表示循环控制条件的菱形框，设置循环直至"i>n"；在"循环"符号的 No 分支下方添加两个"赋值"符号，一个设置为"f←f*i"，另一个设置为"i←i+1"；在"循环"符号的 Yes 分支末端添加一个"输出"符号，设置输出项为"n+"!="+f"。至此，流程图设置完毕，如图 5-11 所示。

（5）单击工具栏上的"执行"按钮，程序开始执行。变为绿色的符号表示当前正在执行的地方，执行到输入符号时，将弹出对话框，为 n 输入 5，程序继续执行。在观察窗口中可以看到 f 和 i 变量的值随程序执行的变化情况。程序执行完毕后，主控台窗口显示输出结果，如图 5-12 所示。

算法②以递归方式实现，对于递归问题的求解，需要建立函数并使函数调用自己来实现。在 Raptor 软件中可通过建立子程序来实现。

（1）建立子程序。先在菜单栏"模式"菜单下选择"中级"，然后右击"main"，在弹出的快捷菜单中选择"增加一个子程序"。在弹出的"创建子程序"对话框中，输入子程序名"f"；参数 1 选择"输入"，名字为"n"；参数 2 选择"输出"，名字为"t"，如图 5-13 所示。

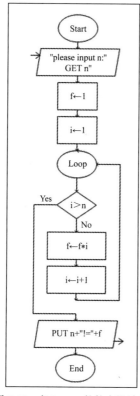

图 5-11　在 Raptor 软件中设计的用循环结构求 *n*! 的流程图

图 5-12　用循环结构求 n! 运行结果

图 5-13　"创建子程序"对话框

（2）编辑子程序。在主工作区流程图的 Start 和 End 符号间添加一个"选择"符号。双击菱形框，输入选择条件"n=0"。在"选择"符号的 Yes 分支下方添加一个"赋值"符号，设置为"t←1"。在 No 分支下方添加一个"调用"符号，双击该符号，在调用对话框中输入"f(n-1,temp)"；接着在"调用"符号下方添加一个"赋值"符号，设置为"t←n*temp"。子程序编辑完毕，流程图如图 5-14 所示。

（3）编辑主程序。选中"main"，在 Start 和 End 符号间添加一个"输入"符号，实现要求阶乘的整数 *n* 的输入；接着在"输入"符号下方添加一个"调用"符号，为其输入"f(n,t)"，最后在"调用"符号下方再添加一个"输出"符号，输出 *n*! 的值 *t*。主程序流程图如图 5-15 所示。算法设计完成后运行验证，输入 *n* 值为 5，运行结果为 *n*!=120，如图 5-16 所示。

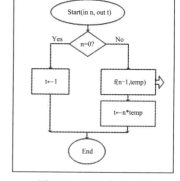

图 5-14　子程序流程图

4. 算法评价

从算法的运行结果可以看出，两种算法都能正确地求解 *n*!，递归算法描述简洁，易于阅读和理解，但循环结构的执行效率更高。

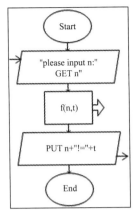

图 5-15　主程序流程图

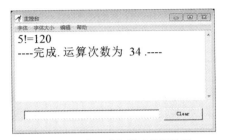

图 5-16　求 *n*!递归算法运行结果

从本例可以看出，Raptor 是一个简单的问题求解软件，可用可视化的方式创建并执行流程图，从而求解问题。它为初学者学习算法设计以求解问题提供了一个高效的工具。

思维训练：若在上述算法运行过程中输入的 *n* 值为−5，程序将得到什么样的结果？应如何更改算法才能合理地解决该问题？

实验 6　Raptor 算法设计

一、实验目的

（1）熟悉 Raptor 软件环境，掌握 Raptor 算法流程图建立、编辑、运行的全过程。

（2）学会使用流程图描述和分析算法，能合理使用 Raptor 软件中的流程图符号设计算法。

（3）认识算法在程序设计中的核心作用，掌握常见问题的算法。

（4）熟悉程序的 3 种基本结构，能够合理运用 3 种基本结构设计算法，解决实际问题。

二、实验内容与要求

（1）下载并安装 Raptor 软件，熟悉 Raptor 软件的窗口，设计与执行交换两个数的算法。

① 启动 Raptor 软件，观察 Raptor 软件的主窗口和主控台窗口。

Raptor 软件的主窗口由菜单和工具栏、_____、_____和_____4 个部分组成。有 6 种可用于流程图设计的符号，分别是_____、_____、_____、_____、_____和_____。

② 交换两个变量的值。

借助中间变量 *t*，完成变量 *x* 和 *y* 交换的操作为：*t*←*x*、_____和_____。

若 *x* 和 *y* 的值通过赋值获得,那么整个算法流程图共需要_____个"赋值"符号和_____个"输出"符号。

若 *x* 和 *y* 的值在运行时从键盘输入，那么构建的算法流程图共包括_____个"输入"符号、_____个"赋值"符号和_____个"输出"符号。

③ 绘制出该算法的流程图，运行并查看结果。该算法属于_____结构。

（2）设计一个算法，求 *s*=1+3+5+7+…+97+99 的计算结果。

① 用于存放结果的变量 *s* 在程序执行之初需要赋初值为_____。

② 若设循环控制变量为 i，则 i 在程序执行之初需要赋初值为_____，并设置其以步长为_____的方式递增。循环结构主要包括两个赋值符号，即_____和_____。循环结束的条件可设置为_____。

③ 设计并绘制出该算法的流程图。

（3）用辗转相除法，求任意两个正整数 m、n 的最大公约数。

① 设计并绘制出该算法的流程图。

② 执行该算法，若输入 m 和 n 的值分别为 36 与 52，则程序输出为_____，完成运算的次数为_____；若输入 m 和 n 的值分别为 37 与 18，则程序输出为_____，完成运算的次数为_____。

（4）从键盘输入一个正整数 x，判断其是否为素数。

① 在正式判断 x 是否为素数之前，需要先输入 x 的值，并设置测试变量 i 的初始值为_____。设置标志变量 "flag"，控制程序遇到整除情况时终止循环，其初值应设为_____。

② 判断 x 是否为素数时，反复用测试变量 i 除 x，每测试一次，i 的值就变为_____，该循环的终止条件为_____或 x 能被 i 整除。

③ 循环结束时，"flag" 变量的值为_____。此时有两种情况：一是完成了所有变量的测试，说明 x_____（填"是"或"不是"）素数；二是循环过程中遇到整除情况，说明 x_____（填"是"或"不是"）素数。为了区分这两种情况，需要使用一个选择结构判断最后的输出情况，判断条件可以设置为_____。

④ 执行该算法，若输入 x 的值为 36，则程序输出为_____，完成运算的次数为_____；若输入 x 的值为 37，则程序输出为_____，完成运算的次数为_____。

三、实验操作引导

（1）Raptor 软件的安装非常简单，直接运行 Setup-Raptor.exe 程序，在提示引导下便可以顺利安装好该软件。启动 Raptor 软件便可方便地设计出两数交换的算法流程图。

① 启动 Raptor 软件，将打开其主窗口和控制台窗口。Raptor 软件的主窗口由 4 个部分组成，主窗口的左侧符号区域给出了 6 种流程图设计符号。Raptor 软件的优势在于可以用可视化的方式设计和分析算法的流程图，在程序运行过程中可以观察到算法的整个过程及各变量值的变化情况。

② 两数交换最常用的方法是借助一个中间变量来完成。要交换 x 和 y 的值，先将 x 的值赋给中间变量 t，再将 y 的值赋给 x，最后将 t 的值赋给 y，就完成了 x 和 y 的交换。

（2）观察要计算的表达式 $s = 1+3+5+7+\cdots+97+99$ 可以发现，程序要完成的是 100 以内的奇数和求解，可使用循环结构来求解该问题。

① 对于多个数的累加，通常将用来存放累加和的变量初始值设置为 0；若为累乘，则将存放累乘积的变量初始值设置为 1。

② 设置循环控制变量 i 来控制循环的次数，i 的初始值赋为 1，由于求奇数和，前后两项的差为 2，所以 i 的步长值为 2，循环到 i 为 99 终止。

（3）欧几里得算法（也称辗转相除法）是求解最大公约数的传统方法，其核心思想基于这样的原理：对于给定的两个正整数 m 和 n（$m \geqslant n$），r 为 m 除以 n 的余数，则 m 和 n 的公约数与 n 和 r 的最大公约数一致。基于这样的原理，经过反复迭代执行，直到余数 r 为 0 时结束迭代，此时的除数便是 m 和 n 的最大公约数。用自然语言可以将该算法描述如下。

第一步：输入两个正整数 m 和 n。

第二步：计算 m 除以 n，所得余数为 r。

第三步：若 r 等于 0，则 n 为最大公约数，算法结束；若 r 不等于 0，则 $m \leftarrow n$，$n \leftarrow r$，返回

执行第二步。（算法设计可参看 MOOC 视频。）

（4）要判断 x 是否为素数，需用 x 依次除以 2,3,4,…,$x-1$。如果 x 能被某个数整除，则说明 x 不是素数；否则 x 为素数。当 x 能被其中的某个数整除时，已表明 x 不是素数，程序不必继续执行，可设计一个标志变量"flag"控制程序的运行。用 Raptor 软件绘制的算法流程图如图 5-17 所示。

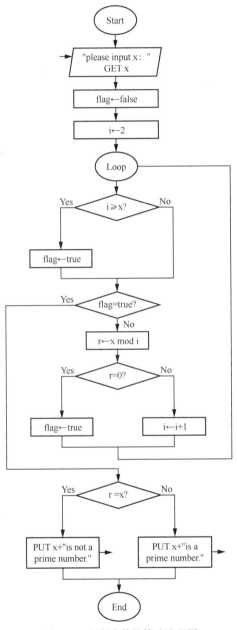

图 5-17　判断素数的算法流程图

四、实验拓展与思考

（1）在求 $s=1+3+5+7+…+97+99$ 算法的基础上，如何修改可计算出 $s=1-2+3-4+…+99-100$ 的结果？

（2）在判断 x 是否为素数算法的基础上，如何修改流程图，可输出 100 以内的所有素数？

（3）在求 $n!$ 算法的基础上，如何设计出计算 $s = \dfrac{1}{1!} + \dfrac{1}{2!} + \cdots + \dfrac{1}{10!}$ 的算法？

（4）你能用递归算法解决下面这个有趣的数学问题吗？

有一对兔子，从出生后第 3 个月起每个月都生一对小兔子。每对小兔子长到第 3 个月后每个月又生一对小兔子。假设所有兔子都不死，问：每个月的兔子总数为多少？

快速检测

1. 判断题

（1）对于某一特定的问题，其算法是唯一的。　　　　　　　　　　　　　（　　）

（2）任何算法的描述都可以分解为 3 种基本结构和它们的组合，即顺序结构、选择结构和循环结构。　　　　　　　　　　　　　　　　　　　　　　　　　　（　　）

（3）程序流程图和伪代码可以等效用于表示同一算法。　　　　　　　　　（　　）

（4）算法最终必须由计算机程序实现。　　　　　　　　　　　　　　　　（　　）

（5）面向对象和面向过程的程序设计方法之间没有任何联系。　　　　　　（　　）

（6）一个算法至少有一个输入。　　　　　　　　　　　　　　　　　　　（　　）

（7）算法的时间复杂度取决于问题的规模和待处理数据的初始状态。　　　（　　）

（8）算法的空间复杂度是指该算法程序中的指令条数。　　　　　　　　　（　　）

（9）计算机求解问题的过程和问题求解的一般过程类似，是通过人类思维获得求解问题的方法，并通过计算机加以计算的过程。　　　　　　　　　　　　　　　　　（　　）

（10）Raptor 是一种基于流程图的可视化编程开发环境，用户只需要画出算法的流程图，系统就能够按照流程图描述的命令实现其功能。　　　　　　　　　　　　　　　（　　）

2. 选择题

（1）算法的有穷性是指（　　　　）。

  A. 算法必须包含输出　　　　　　　　B. 算法中每个步骤都是可执行的

  C. 算法的步骤必须有限　　　　　　　D. 以上说法均不对

（2）下面不是高级语言的是（　　　　）。

  A. 汇编语言　　　　B. Visual Basic　　　C. C　　　　　　　D. Java

（3）下列叙述中不正确的是（　　　　）。

  A. 算法可以理解为由基本运算及规定的运算顺序构成的完整的解题步骤

  B. 算法可以看成按要求设计好的有限的、确切的运算序列，并且这样的步骤或序列可以解决一类问题

  C. 算法是指完成某一特定任务所需的具体方法和步骤，是有穷规则的集合

  D. 描述算法有不同的方式，可以用日常语言和数学语言

（4）程序的流程图便于表现程序的流程，关于流程图的规则，下列说法中不正确的是（　　　　）。

  A. 使用标准流程图便于大家能够各自画出流程图

  B. 除判断框外，大多数流程图符号只有一个进入点和一个退出点，判断框是具有超过一个退出点的唯一符号

  C. 在图形符号内描述的语句要非常简练清楚

  D. 流程图无法表示出需要循环的结构

（5）下列关于条件结构的说法，正确的是（　　　）。

  A．条件结构的程序框图有一个入口和两个出口

  B．无论条件结构中的条件是否满足，都只能执行两条路径之一

  C．条件结构中的两条路径可以同时执行

  D．对一个算法来说，判断框中的条件是唯一的

（6）下面对算法的描述正确的是（　　　）。

  A．算法只能用自然语言来描述   B．算法只能用图形方式来表示

  C．同一问题可以有不同的算法   D．同一问题的算法不同，结果必然不同

（7）任何一个算法都必须有的基本结构是（　　　）。

  A．顺序结构   B．条件结构   C．循环结构   D．3 个都是

（8）流程图中表示判断框的是（　　　）。

  A．矩形框   B．菱形框   C．圆形框   D．椭圆形框

（9）下面的概念中，不属于面向对象的程序设计方法的是（　　　）。

  A．对象   B．继承   C．类   D．过程调用

（10）算法的时间复杂度是指（　　　）。

  A．执行算法程序所需要的时间

  B．算法程序的长度

  C．算法执行过程中所需要的基本运算次数

  D．算法程序中的指令条数

（11）面向对象的程序设计方法与传统的面向过程的程序设计方法有本质的不同，面向对象的程序设计方法的基本原理是（　　　）。

  A．模拟现实世界中不同事物之间的联系

  B．强调模拟现实世界中的算法而不强调概念

  C．使用现实世界的概念抽象地思考问题，从而自然地解决问题

  D．鼓励开发者在软件开发的绝大部分过程中都用实际领域的概念去思考

（12）下列关于算法的特征描述，不正确的是（　　　）。

  A．有穷性：算法必须在有限步之内结束

  B．确定性：算法的每一步必须有确切的定义

  C．输入：算法必须至少有一个输入

  D．输出：算法必须至少有一个输出

（13）如果网络正常就把作业提交到 FTP 空间，否则用 U 盘存储作业。用流程图来描述这一问题时，判断"网络是否正常"的流程图符号是（　　　）。

  A．矩形   B．菱形   C．平行四边形   D．圆圈

（14）下列说法中错误的是（　　　）。

  A．程序设计就是寻求解决问题的方法，并将其实现步骤编写成计算机可以执行的程序的过程

  B．程序设计语言的发展经历了机器语言→汇编语言→高级语言的过程

  C．计算机程序就是指计算机如何去解决问题或完成一组可执行指令的过程

  D．程序设计语言和计算机语言是同一概念的两个方面

（15）下面不属于算法描述方式的是（　　　）。

  A．自然语言   B．伪代码   C．流程图   D．机器语言

（16）高级语言的控制结构主要包括（　　　）。

① 顺序结构 ② 自顶向下结构 ③ 条件选择结构 ④ 重复结构

    A. ①②③   B. ①③④   C. ①②④   D. ②③④

（17）（   ）语言内置面向对象的机制，支持数据抽象，已成为当前面向对象程序设计的主流语言之一。

    A. FORTRAN   B. ALGOL   C. C   D. C++

（18）计算机科学家尼古拉斯·沃斯提出了（   ）。

    A. 数据结构+算法=程序   B. 存储控制结构

    C. 信息熵   D. 控制论

（19）（   ）是一种介于自然语言和计算机语言之间的虚拟代码，在非正式场合的算法描述中被广泛使用。

    A. 伪代码   B. 流程图   C. N-S 图   D. PAD 图

（20）Raptor 软件的主窗口包括（   ）个主要的区域。

    A. 3   B. 4   C. 5   D. 6

下篇
人工智能方法与应用

第6章
人工智能概述

人工智能（Artificial Intelligence，AI）通常是指由人创造出来的机器所表现出来的智能。在信息技术特别是物联网、大数据、云计算等新一代信息技术的支撑和相互促进下，人工智能成为当代经济与社会发展新的增长引擎。本章在介绍人工智能的基本概念、发展历程和主要研究方法的基础上，进一步介绍人工智能的典型应用领域，力图为读者展现人工智能发展、研究与应用的全貌；最后对人工智能发展所面临的挑战和伦理等问题进行研讨。

本章学习目标

- 理解智能与人类智能的基本内涵，深刻理解人工智能的基本概念和原理。
- 掌握人工智能的基本分类及特点。
- 了解人工智能发展历史上的 3 个阶段，清晰认识各阶段的重要人物和事件对推动人工智能发展的重要性。
- 掌握人工智能研究的 3 类典型方法的理论基础和基本思想。
- 了解人工智能在各行业中的可能应用场景。
- 清晰认识人工智能发展所面临的主要挑战和伦理问题。

6.1 什么是人工智能

6.1.1 智能与人类智能

在浩瀚的宇宙中，地球犹如一粒微小的尘埃漂浮其中。正是这颗蔚蓝色的星球，孕育出了各种生命形态。在这当中，人类以其特有的"智慧"或"智能"，维护着这个各种生命相依共存的家园。

何为智能？这是迄今为止仍然没有明确答案的问题。"智能是指个体或系统通过感知、记忆、思维、学习等多个认知过程，获得和运用知识解决实际问题的能力。这种能力不仅体现在对既有知识的运用上，还包括在新情境下迅速适应、创新解决问题上。"这是百度的文心一言大模型给出的基本解释。姑且不去深究如此解释的正确性，但可以肯定的是，智能是一个复杂而多维的概念，其基本组成要素包括：知识经验、认知能力、问题解决能力和适应能力等。

人类的大脑如何实现智能？这是另一个至今不能被准确解答的问题。现有的认知科学和神经科学研究表明，人类大脑的不同区域和神经网络通过复杂的交互作用，共同实现各种认知功能和智能行为。如果把人类智能分为低、中、高 3 个层次，则不同层次的智能活动由不同的神经系统负责完成。低层智能主要由小脑和脊髓负责，主要完成动作反应活动；中层智能主要指各种感知活动，由丘脑和中脑构成的感觉中枢系统完成；高层智能以大脑和大脑皮层为主，主要完成记忆、思维和学习等活动。图 6-1 所示为人类大脑的结构。

可见，人类智能与大脑的对应关系是一个高度复杂且动态变化的系统。只有随着神经科学和认知科学的不断发展，我们才能更加深入地了解人类智能与大脑之间的对应关系。但一个不争的事实是，智能是区别低级生命体和高级生命体的显著特征，人类正是因为拥有相对其他生物而言更高的智能，才能在这颗蓝色的星球上不断繁衍生息。

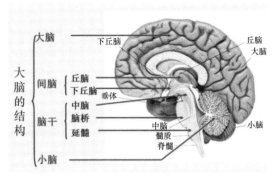

图 6-1　人类大脑的结构

> **思维训练**：你对智能和人类智能是如何理解的？对于人类智能的研究，普遍的观点是和大脑的结构有关，对此你有什么看法？在浩瀚的宇宙中，你认为还存在类似人类文明的智慧吗？

6.1.2　人工智能的定义

对智能的粗浅理解是，智能是根据已有知识经验进行学习和求解问题的能力。人类经过几百万年的不断进化，经历多个阶段，现已在文化、社会和科技等方面发展出了高度复杂的文明与科技，成为地球上最具影响力的物种。

人类凭借自身的智能，在不断加深对所处世界乃至外太空的认知和改造的同时，也在积极探索人脑的奥秘、其他生命体的智能以及制造"类人类智能"设备的可能性，这催生了人工智能学科领域的研究与发展。

1. 图灵机与图灵测试

1937 年，25 岁的艾伦·图灵（见图 6-2）在研究方程是否有解的机械化运算过程中，把人类大脑的计算过程进行抽象化和模型化，设计了图灵机（Turing Machine）。图灵机用形象的方式描述了使用机械运算实现自动计算的全过程，它是现代计算机的原型，为电子计算机的发明奠定了坚实的理论基础。1946 年，世界上第一台通用电子数字积分计算机——ENIAC 诞生，进一步奠定了通用高效计算以及人工智能的硬件基础。

1950 年，图灵发表论文《计算机器与智能》，在文中首次提出图灵测试（Turing Test），用于验证机器是否具有智能。图灵测试设计了一个对话场景，测试员坐在一个封闭的房间内，通过文字与另外一个封闭房间内的人或机器进行交流，测试员事先并不知道屋子里和她对话的是人还是机器，如果测试员在 5min 内无法区分和她对话的是人还是机器，则认为机器通过测试，具备一定的人类智能。可见，图灵测试认为，从

图 6-2　艾伦·图灵

行为上来讲，如果机器执行了需要人类智能才能完成的行为，则该机器就是智能的。图灵测试一直以来被当作测试机器是否具有智能的重要标准。

之后，图灵再一次发表划时代的论文《机器能够思考吗》，进一步为机器智能的研究奠定了理论基础。图灵因图灵机和图灵测试两大贡献，被称为"计算机之父"和"人工智能之父"。1966 年，为纪念图灵的伟大贡献，美国计算机协会（Association for Computing Machinery，ACM）设立图灵奖，以表彰在计算机领域做出突出贡献的科学家。时至今日，图灵奖已发展成为计算机科学领域的"诺贝尔奖"。

2. 人工智能概念的提出

人工智能概念的正式提出，要追溯到 1956 年 8 月召开的 AI 领域的里程碑式会议——达特茅斯会议。当时，约翰·麦卡锡（John McCarthy）、马文·明斯基（Marvin Minsky）、纳撒尼尔·罗切斯特（Nathaniel Rochester）、克劳德·香农、艾伦·纽厄尔（Allen Newell）及赫伯特·西蒙（Herbert Simon）等一群具有远见卓识的青年科学家相聚一起（见图6-3），共同探讨如何用机器来模拟和实现人类智能的一系列相关问题，并首次提出"人工智能"这一术语，这标志着人工智能这一新学科正式诞生。值得一提的是，图灵因为提出让机器具有"思维"的人工智能新理论而被后人称为"人工智能之父"；约翰·麦卡锡因首次提出"人工智能"这个概念，一同被称为"人工智能之父"。

图 6-3　1956 年达特茅斯会议主要参与者

约翰·麦卡锡认为，人工智能就是要让机器的行为看起来就像人表现出的智能行为一样。也就是说，人工智能的核心目标是开发出行为像人一样的智能机器。

在百度百科中，人工智能被认为是新一轮科技革命和产业变革的重要驱动力量，它企图了解智能的实质，并生产出一种新的能以与人类智能相似的方式做出反应的智能机器。人工智能是十分广泛的科学，包括机器人、语言识别、图像识别、自然语言处理、专家系统、机器学习、计算机视觉等。可见，人工智能是相对于人类所具备的自然智能，通过使用人工设计的软硬件，使用计算机来实现模仿、延伸和扩展人的自然智能。

3. 希尔勒的中文房间

1980 年，美国哲学家约翰·希尔勒（John Searle）认为约翰·麦卡锡的观点和图灵测试都过分强调行为表现，而忽略了思维过程。因此，约翰·希尔勒设计了一个称为中文房间（Chinese Room）的实验，以对图灵测试的缺陷进行说明。图 6-4 是约翰·希尔勒的中文房间实验场景：一个只会讲英语的人身处封闭的房间内，房间内有一本中英文对照手册和足量的稿纸，当房间外的人以中文纸条提交问题时，房间内这个不懂中文的人可以借助手中的对照手册进行翻译、校验并形成最终的中文应答。此时，外面的人观察到的是一个系统能读取中文问题并以中文生成流畅和智能的回答。因此，外面的人甚至会认为房间里是一个精通中文的人。

约翰·希尔勒在这个实验中想要说明的是，即便计算机（或在上述场景中房间内的人）能够成功地执行复杂的任务，如翻译中文，并给出合理的回答，也不意味着其真正理解了所处理的信息。计算机（或房间内的人）只是按照预设的程序或规则进行操作，而没有真正地理解和产生意识。因此，约翰·希尔勒认为，仅仅通过图灵测试（即如果机器的行为方式和人没有差别，就认为它拥有了智能）来定义智能是远远不够的，这种从外表表现出来的智能并不能保证机器（或程序）拥有了真正的理解和思维能力。

约翰·希尔勒的中文房间实验在哲学和人工智能领域引起了广泛的讨论及争议。在约翰·希尔勒看来，机器只能在功能上模仿人类，而无法真正拥有智能。其实，这回归到了如何定义和理解智能这一核心问题。这个实验不仅促进了哲学和人工智能领域的深入讨论，也为人们思考人工智能的未来发展方向提供了有益的启示。

在此实验基础上，约翰·希尔勒进一步提出了弱人工智能（Weak AI）和强人工智能（Strong AI）的观点，他认为弱人工智能的机器可以表现得有智能，而强人工智能的机器是真正地、有意识地在思考。

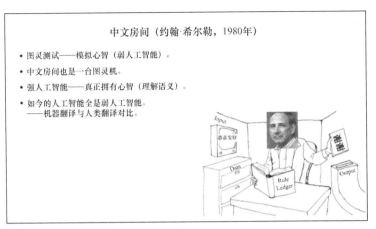

中文房间（约翰·希尔勒，1980年）

- 图灵测试——模拟心智（弱人工智能）。
- 中文房间也是一台图灵机。
- 强人工智能——真正拥有心智（理解语义）。
- 如今的人工智能全是弱人工智能。
  ——机器翻译与人类翻译对比。

图 6-4　约翰·希尔勒的中文房间实验

思维训练： 约翰·希尔勒的中文房间实验和图灵测试显著的区别在哪里？为什么说约翰·希尔勒的中文房间实验是图灵测试的延续？其实际意义表现在哪些方面？

6.1.3　人工智能的分类

当今，按照机器是否具有主动学习与思考的能力以及智能化水平的高低，人们通常把人工智能分为 3 类：弱人工智能、强人工智能和超人工智能。正如图 6-4 所示，约翰·希尔勒的中文房间仍然是一个图灵机，图灵测试试图模仿人类大脑的行为，但回避了思维的过程，本质上属于弱人工智能。强人工智能强调语义的理解，也就是问题解决过程中的思维过程。

1. 弱人工智能

弱人工智能主要是指仅擅长某个应用领域的人工智能，而不具备特定领域外的问题解决能力。这类人工智能只关注特定领域、解决特定的问题，如我们经常接触到的图像和人脸识别、语音处理与机器翻译、专家系统、机器视觉、智能工厂里的机器人等。可以说，当前的人工智能应用都属于弱人工智能阶段，包括在人工智能历史上具有里程碑意义的深蓝（Deep Blue）计算机和阿尔法狗（AlphaGo）计算机，因为它们只擅长棋类博弈，即只能处理单一的任务，并没有真正实现人脑的思维。可以预见的是，在大数据和超级算力的支持下，这类人工智能将可以充分利用机器学习和大数据分析的前沿技术，在各种行业的人工智能应用中进一步取得阶段性突破。

2. 强人工智能

强人工智能是指达到人类水平的人工智能，在各方面可与人类相提并论，在通用领域可胜任人类的所有工作，因此其又被称为通用人工智能或完全人工智能。此种情况下，机器将具有"思维"，它能通过观察、分析、归纳和总结，做到像人脑一样进行思考、推理、判断和决策。当然，这种"思维"的具体实现方式有可能和人类是一致的，也有可能是与人类完全不同的，但无论何种方式，此时已无法简单地对人类和机器进行区分。AI 机器人以及类人类机器人便属于该范畴。可以想象，随着人脑奥秘的逐渐揭示，以及与信息科学的不断融合，类脑计算问题将越来越清晰，这也是人工智能的重点研究方向。

3. 超人工智能

目前，对超人工智能（Super AI）的定义比较模糊，通常是指它可以比世界上最聪明的人还要聪明，其智慧程度远超人类智慧，就像科幻片中的智能机器人一样，此类机器具备较强的学习和主动思考能力，并能不断进化，甚至最终人类将无法理解机器的思维内容和思维方式。

综上，目前我们所提及的人工智能主要是指弱人工智能，各种人工智能应用可以辅助人们更好地学习、工作和生活，它们在更大程度上被视为对人类社会不构成威胁的辅助工具；而强人工智能是真正能够推理和解决问题的智能机器，它可以在几乎所有问题上胜任人类的工作，能够全面辅助甚至完全替代人类；至于超人工智能，其在科学创新、创意发明、社交技能等各方面均远超人类，且人们无法准确预测其智慧水平可达到的程度。

6.2 人工智能的发展历程

人工智能作为当前计算机科学最前沿与最引人关注的研究领域，已在经济社会发展和人们的日常生活中扮演越来越重要的角色。人工智能的发展历程，就是人类围绕"研究和制造出像人一样具有智能的智能机器"这一核心目标而不断探索、实现科学梦想的过程。可将人工智能的发展历程粗略地划分为 3 个阶段，如图 6-5 所示。

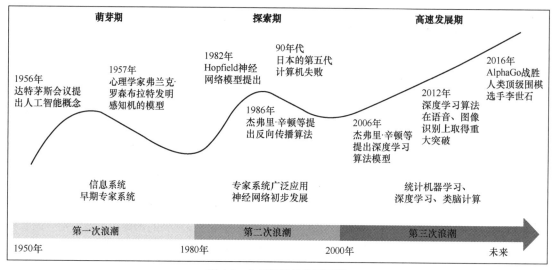

图 6-5　人工智能的发展历程

1. 萌芽期——人工智能诞生和初步发展（20 世纪 50—80 年代）

在图灵提出图灵机和图灵测试期间，1943 年，美国心理学家麦卡沃伦·洛克（Warren McCulloch）和数学家沃尔特·皮茨（Walter Puts）等提出利用"神经元"网络进行信息处理的数学模型，简称 MP 模型，这是最早通过"神经元"网络模拟人类大脑结构的基本模型，开创了人工神经网络研究的时代。之后，在 1956 年的达特茅斯会议上，约翰·麦卡锡正式提出"人工智能"这一术语，"人工智能"这一新学科正式诞生。因此，1956 年也被认为是人工智能元年。

在达特茅斯会议后，人工智能迎来第一个繁荣期。1957 年，弗兰克·罗森布拉特（Frank Rosenblatt）基于 MP 模型，设计出了第一个计算机神经网络——感知机（Perceptron），对人脑的工作方式进行模拟，并证明了《数学原理》中的 220 个命题，从而点燃了人们利用结构模拟的方法来探索人工智能的热情。1958 年，约翰·麦卡锡创造了人工智能的编程语言 LISP（List Processing）。1960 年，美籍华裔数学家王浩（Wang Hao）提出利用命题逻辑的机器进行定理证明的新算法，并证明了集合论中的 300 多条定理。1964 年，约瑟夫·维岑鲍姆（Joseph Weizenbaum）建立了世界上首个自然语言对话程序，可实现人与程序简单对话聊天。1965 年，约翰·罗宾逊（John Robinson）提出基于谓词逻辑的机器证明新方法，简化了定理证明的判定步骤。1970 年初，日本早稻田大学发明了世界上第一个人形机器人，可实现简单的行走和物体抓取。

可见，这一阶段的人工智能尽管成果颇多，但主要围绕机器自动定理证明、代数问题求解及英语学习和使用等方面，模型泛化能力不足，加之当时的计算能力无法支持很多复杂的计算任务，导致计算复杂度较高，智能推理的实现难度较大，很多项目根本无法投入实际应用。此后，各国纷纷削减对人工智能项目的投资与支持，人工智能的研究也因此进入第一个"寒冬"，直到 1980 年后才再次复苏。

2. 探索期——人工智能的应用发展和产业化（20 世纪 80 年代至 21 世纪初）

进入 20 世纪 80 年代后，具备一定逻辑规则推演和在特定领域能够回答甚至解决问题的专家系统开始盛行，知识处理成为当时人工智能研究的焦点。所谓专家系统，主要是模拟人类专家的知识和经验来解决医疗、气象、地质等特定领域的问题。例如，卡内基梅隆大学联合 DEC 公司设计的 XCON 专家系统，每年能够为公司节省几千万美元的开支；斯坦福大学开发的医疗专家系统 MYCIN 具有类似于内科医生的知识和经验；日本政府更是雄心勃勃地斥巨资试图打造能与人对话、翻译语言、解释图像且与人一样进行推理的第五代计算机，但最终因为项目难度太大而不得不终止。可见，特定领域的专家系统的高效决策能力为各行业带来了显著的经济效益，使人工智能真正进入实际应用和产业化。但随着人工智能应用范围的不断扩大，专家系统应用领域狭窄、推理方法单一、知识获取困难、知识表示不完整、缺乏分布式功能等缺点，导致抽象推理和符号理论被广泛质疑，人工智能陷入技术有待突破的瓶颈。

值得一提的是，在此期间，物理学家约翰·霍普菲尔德（John Hopfield）于 1982 年提出一种新型的神经网络模型——Hopfield 网络，它可以一种全新的方式进行学习和处理信息。1986 年，大卫·鲁梅哈特（David Rumelhart）、杰弗里·辛顿（Geoffrey Hinton）等科学家提出了基于误差反向传播训练算法的反向传播（Back Propagation，BP）神经网络，解决了多层神经网络隐藏层连接权的学习问题，并在数学上给出了完整的推导过程，它重新点燃了人们研究人工神经网络的热情。

遗憾的是，由于当时计算机的性能仍然有限，很多项目由于需要大量资金支持而无法较好地落地，这导致人工智能的发展又一次陷入低谷。可喜的是，严冬之季蕴含春，作为人工智能重要分支的机器学习在此期间得到了迅速发展。1995 年，弗拉基米尔·瓦普尼克（Vladimir Vapnik）等人正式提出统计学习理论，他们发明了高效解决模式识别问题的支持向量机（Support Vector Machine，SVM）方法。1997 年，IBM 公司的超级计算机深蓝（Deep Blue）以 3.5:2.5 的成绩战胜国际象棋世界冠军加里·卡斯帕罗夫（Garry Kasparov），这堪称机器学习的典范和人工智能发展史上的里程碑事件。

3. 高速发展期——人工智能蓬勃发展（2006 年至今）

自深蓝计算机获得胜利之后，人们的目光又被人工智能吸引，并且随着互联网、大数据、云计算、人工智能芯片等技术的迅速发展，人工智能开始进入新的蓬勃发展时期。2006 年，杰弗里·辛顿和他的学生在《科学》杂志上发表文章，对多层神经网络模型的梯度消失问题给出解决方案，并正式提出深度学习（Deep Learning）技术，由此开启了以深度学习为主流的人工智能研究新时代。深度神经网络的深层结构能够自动提取并表征复杂数据特征的优势，这使其在各个行业大放异彩，引起了学术界和工业界的巨大轰动。2012 年，基于深度学习的 AlexNet 模型在 ImageNet 大规模视觉识别挑战赛中获得冠军；2015 年，ResNet 网络的错误识别率第一次超越了人类，实现了人工智能飞跃性的发展。在语音识别领域，2017 年，微软公司基于深度神经网络在 Swithboard 数据集上取得词错误率 5.1% 的成绩，使语音识别的准确率首次超越了人类；2018 年，百度公司进一步使语音识别的准确率接近 98%。

2016 年，谷歌公司的 AlphaGo 战胜人类围棋手李世石，之后的改进升级版 AlphaGo Master 和 AlphaGo Zero 更是拥有强大的自我学习和自我训练能力，先后战胜多位世界顶级棋手，正式宣告人工智能第三次浪潮的来临。

2024 年，诺贝尔物理学奖被颁发给约翰·霍普菲尔德和杰弗里·辛顿，以表彰他们通过人工神经网络实现机器学习的基础性发现和发明，这也是对物理学与计算机科学跨学科研究的肯定。

可见，近年来，以深度学习为代表的人工智能算法在多个领域取得了巨大的成功。这一方面归功于计算机性能特别是人工智能芯片、云计算技术等，为大规模神经网络计算提供了算力支持；另一方面归功于物联网、大数据的发展，积累了大量的数据资源。正是算法、算力和数据三者的结合，直接促成了人工智能的这一波浪潮，将人工智能再次推向繁荣期。如今，人工智能时代已来，作为新时代的技术核心，人工智能已成为各行业必备的基本工具，必将以"AI+传统行业"的方式对各行各业产生深远的影响。

> **思维训练**：算法、算力和数据三者的结合，促成了人工智能技术的空前发展，你认为在这 3 个方面可以采取哪些措施，以促进其进一步发展？

6.3 人工智能的研究方法

人工智能属于社会科学和自然科学的交叉研究领域，涉及数学、计算机科学、心理学、神经生理学、脑和认知科学、工程学、信息与控制论等多个学科，不同的研究者从自己的专业背景和理解出发，对人工智能展开研究，逐步形成符号主义（Symbolicism）、连接主义（Connectionism）和行为主义（Actionism）3 类典型的研究方法，也形成当今人工智能的三大典型流派，如图 6-6 所示。这些研究方法各有其理论基础和实践方法。

1. 符号主义

符号主义又称为逻辑主义（Logicism）、心理学派（Psychologism）、计算机学派（Computerism），其基本思想是人类的认知过程就是各种知识符号的运算过程，知识可用符号表示，符号可通过推理进行运算，人类的认知过程就是通过符号逻辑推理进行问题求解的过程。可见，符号主义认为智能是一种基于符号的逻辑和计算过程，通过知识和规则进行决策，即用逻辑表示知识和求解问题。

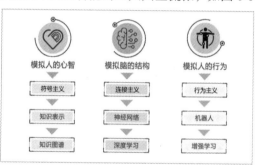

图 6-6　人工智能研究的 3 类方法

从人工智能诞生开始，符号主义学派在 20 世纪 90 年代前一直处于主流地位，其代表人物包括人工智能创始人和开拓者约翰·麦卡锡、艾伦·纽厄尔、赫伯特·西蒙、尼尔斯·尼尔森（Nils Nilsson）和我国数学家吴文俊等。符号主义的主要代表性成果是机器定理证明、专家系统和知识工程。研究者通过不断完备知识和规则表达、改进关联和搜索算法（启发式搜索），用机器证明了许多数学上难以证明的定理，并开发出在某些方面能够超越人类智慧的系统，如"沃森""深思""深蓝"等。遗憾的是，机器无法自行根据已有知识发现深刻的数学定理，专家系统和知识工程等也因为知识采集与表示的困难和推理方法的限制等问题而陷入困境。

可见，符号主义认为智能就是一种特殊的软件，通过软件方式来模拟人类认知系统所具备的功能，通过数理逻辑推理方法来实现人工智能，其核心思想是知识表示、知识推理和知识运用。当前，引起人们广泛关注的知识图谱也是符号主义学派的成果之一。

2. 连接主义

连接主义又称为仿生学派（Bionicsism）、生理学派（Physiologism），其主要思想是通过模拟人脑结构和功能来实现人工智能。这一学派认为思维的基元是神经元，神经元连接组成的神经网络实现各种智能和功能，不同结构的网络将表现出不同的功能和行为。因此，连接主义通过模拟人类大脑的神经网络结构，构建基于神经元连接的人工神经网络（Artificial Neural Network，ANN）计算模型来研究智能问题，如图 6-7 所示。

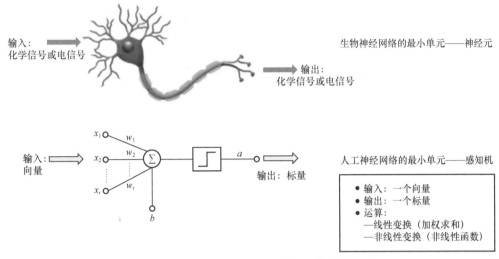

图 6-7　基于神经元连接的人工神经网络计算模型

自 1943 年麦卡洛克和皮茨提出 MP 模型之后，1957 年弗兰克·罗森布拉特在 MP 模型上加入学习算法，扩充后的模型被称为感知器，它可以通过调整模型实际输出与期望输出之间的误差，进一步调整连接权重 w_i 的大小来完成学习，以实现一些简单的分类任务。之后，1982 年约翰·霍普菲尔德提出的 Hopfield 网络和 1986 年鲁梅哈特等科学家提出的多层反向传播算法进一步奠定了人工神经网络在人工智能研究与应用中的地位。值得一提的是，被称为连接主义学派救世主的杰弗里·辛顿于 2006 年突破性地提出深度学习的概念，极大地推进了人工神经网络从浅层网络到深层网络的研究与应用，并在许多领域取得了突破性进展。直到今天，深度神经网络和基于此发展起来的大模型技术，仍然是人工智能最为火热的研究焦点。

可见，连接主义通过类似于人脑神经元结构的人工神经网络来模拟智能行为，认为人工智能的实现就是一种复杂的网络连接，通过样本学习和网络训练，可以快速得到训练模型的解。但是，由于神经网络得到的模型对人类来说是一个"黑匣子"，也许它可以得到一个很好的结果，但其认知模型和工作原理对人类来说是未知的。就这一问题，不同的科学家具有不同的看法和观点。或许，随着神经网络的进一步发展以及人脑奥秘的进一步揭示，这些不同的观点将会随时间的推移不断得到统一。

3. 行为主义

行为主义又称为进化主义（Evolutionism）、控制论学派，其理论基础源于控制论。该学派认为，智能是不同的行为模块与环境进行交互并产生不同的行为。因此，行为主义学派致力于构建感知-动作型控制系统，并认为人工智能和人类智能一样是可以逐步进化的。

行为主义学派的奠基人是控制论的创始人诺伯特·维纳（Norbert Wiener），其经典著作《控制论》于 1948 年问世。该理论的感知-行为反应机制激发研究者通过研究低等生物的智能行为来理解人类高层次的智能行为，其典型代表应用是机器昆虫和机器人控制系统等。例如，罗德尼·布鲁克斯（Rodeney Brooks）研究的机器昆虫就是一个模拟昆虫行为的控制系统，它没有运用大脑的复杂推理，仅凭四肢和关节的感知-动作模式就能适应环境。

可见，行为主义采用的是一种模仿生物行为的方法，其核心思想是，智能基于感知-动作模式，而且可以像人类智能一样逐步进化，智能行为是通过与周围环境的交互表现出来的。遗憾的是，由于对感知-动作控制系统的复杂性认识不足以及对于系统如何进化缺乏相应的理论支撑，导致行为主义一直停滞不前。或许，当前的无人驾驶、车联网、仿生机器人等应用的迫切需求将会带动行为主义的进一步发展。

> **思维训练：** 在过去的几十年，符号主义、连接主义和行为主义此消彼长，你认为在未来的人工智能发展过程中，哪一个学派将会得到快速发展？随着人工智能发展的深入，有可能产生新的研究范式吗？

6.4 人工智能典型应用

作为一门新兴交叉学科，人工智能涉及多个学科，并已在教育、农业、医疗、交通、商业、军事等多个领域得到成功运用。当前，随着深度学习和大模型技术取得突破性进展，且由于数据和算力的支撑性作用越来越强，人工智能迎来了新的发展浪潮。可以预见，在未来的几年，人工智能技术及其应用将会在更多的领域得到拓展，甚至影响各行各业的发展和人类的生活、工作与思维方式。下面简要介绍一些人工智能典型应用场景，以帮助读者进一步加深对人工智能技术及其应用的认识。

1. 智能推荐

大家是否有这样的切身感受，无论是网上购物，还是阅读新闻或观看影视作品，几乎所有的日常应用都会出现智能推荐的身影？其实，这是大数据分析以及人工智能技术发展的结果。可以说，在几乎所有涉及需要解决信息过载和个性化问题的应用中，智能推荐都存在。智能推荐作为一种为用户进行信息过滤和辅助决策的人工智能工具，如选择购买的商品、阅读什么样的新闻、看什么影视作品等，它通过用户特性收集与分析、备选项目内容分析、多用户协同过滤分析等方法，对待选项目进行评估和推荐，以提升用户体验。如今，智能推荐已广泛应用于娱乐、新闻、电子商务、社交、咨询等各种应用中，并成为影响每个人日常生活的重要因素。

2. 图像处理

图像处理是计算机科学中的一个典型领域，通常研究诸如图像分类、人脸识别、目标检测、目标跟踪等问题。

图像分类就是根据已有分类信息对输入图像进行分类。在传统的人工智能图像分类研究中，一般需要先经过图像预处理、图像增强、特征提取等过程，然后采用机器学习分类模型进行分类。由于特征提取的人为因素较多，导致分类效果一直欠佳。凭借通过学习自动提取图像内在特征的优势，深度学习神经网络为图像分类问题提供了新的解决方案。2012 年，杰弗里·辛顿的研究小组采用 AlexNet 网络在 ImageNet 数据集（拥有超过 1400 万张高清分辨率图像）上使错误率从26.172%大幅下降到 15.315%，2014 年发布的 GoogleNet 网络更是将错误率降到了 6.656%，从中可见深度学习算法的优异性能。

人脸识别技术同样和图像处理密不可分，其自动检测和识别数字图像中的人脸，该技术被广泛运用于身份验证、安全检测等领域。如今，深度学习网络、辅助人脸细节和 3D 属性、多模态协同识别等技术已成功运用于人脸识别应用中，大大提高了人脸识别的准确性。

目标检测的任务就是确定给定图像中是否存在特定目标或特定的类别，如果存在，就返回每个目标实例的空间位置和覆盖范围。不难想象，目标检测在军事、自动驾驶、安防监控等领域应用前景广阔。基于 CNN 和 GoogleNet 网络的实时目标检测算法 YOLO（You Only Look Once）是当前主流的目标检测算法，其被形象地称为"只需看一眼，就能识别每张图像中有哪些物体并定位它们"。YOLO 算法不断完善和发展，目前已经升级到 YOLOv10。

目标跟踪是图像处理和视频序列分析的重要内容之一，在军事侦察和无人驾驶领域尤为重要。目标跟踪是指在目标检测的基础上，进一步跟踪某一个或多个特定的感兴趣对象的过程。在检测到特定对象后，系统将会持续跟踪该对象的运动和轨迹。传统的多源数据融合滤波方法侧重于跟踪，尽管基于深度学习的目标跟踪框架还在不断发展中，但其基于深度网络在图像分类与目标检测方面表现优异，可以实现检测分类与跟踪相结合的综合运用，在实际应用中将具有广泛的前景。

3. 语音识别

自然语言处理（Natural Language Processing，NLP）是人工智能领域中的一个重要研究方向，它研究能实现人-机之间用自然语言进行交互的各种理论和方法，如机器翻译、语音识别、语义分析与理解等。目前，各种智能输入法所支持的语音输入便是语音识别的典型应用。

语音识别技术可以让计算机将人类语音中的词汇内容转换为计算机可读的输入数据，也就是将语音转换为便于计算机处理的字符序列或文本，以提高人-机交互的效率和用户体验。深度学习的发展和应用，促进了语言识别技术的飞速发展，很多产品已投入实际应用，如现在智能手机上广泛使用的语音助手和多种软件中使用的语音输入等。如今，微软、科大讯飞等企业的语音识别技术都已进入实际运用阶段，正确识别率均可达到 98% 以上，大大推动了人-机交互方式的发展。

4. 智能交通

衣食住行是人类最基本的需求，"行"便是交通。自从人类发明了汽车、火车、飞机等现代交通工具后，人类"行"的能力得到了极大拓展，这也激发了人们对进一步提升交通品质和安全的渴望。智能交通系统（Intelligent Traffic System，ITS）是当前的研究热点，它是现代信息技术与交通领域的融合，旨在通过人、车、路等的和谐与密切协作提高交通效率，缓解交通拥堵，减少安全事故，减轻环境污染。随着人工智能技术的发展，自动驾驶、自动导航、智能交通调度与管理、智慧路桥监测与养护等多个方面都得到了快速发展。

5. 智慧医疗

人工智能在医疗领域的应用已经非常广泛，早期的基于知识推理的专家系统很多就是应用于医疗领域的。近年来，随着新一代信息技术特别是人工智能技术的飞速发展，远程会诊、远程手术已不再是梦想，这可以让欠发达地区的民众共享发达地区的先进医疗资源。同时，电子病历和智能导诊技术可以帮助医生减轻工作负担，并为患者提高更方便快捷的服务。此外，智能医学影像识别与分析技术、智能辅助医疗决策系统、医疗大健康监测与预警平台等可提高诊疗的准确性和效率，并能预防疾病的发生，有力推动了养老和大健康产业的发展。

上述 5 个方面只是人工智能应用的冰山一角，人工智能的典型应用场景还包括智慧农业、人工智能辅助教育、智能制造、智能家居、智慧物流、智能安防等，几乎影响了人类工作、生活的方方面面。

> **思维训练**：人工智能的应用已经渗透各行各业，甚至是人类生活的方方面面。请列举几个本节未介绍的应用场景。

6.5　人工智能面临的挑战

人工智能的蓬勃发展，引起了各国的广泛关注。2017 年，我国《新一代人工智能发展规划》发布，这标志着我国人工智能的发展已上升到国家战略层面。2018 年 12 月，五道集团发布《AI 研究报告——人工智能领域的未来和挑战》，其中分析和预测了未来人工智能领域的行业生态及应用，并认为人工智能将成为未来 10 年的产业新风口，正如 200 年前电力彻底改变人类世界一样，人工智能必将掀起一场新的产业革命。作为当代经济和社会发展的新引擎，人工智能在快速发展并被广泛应用的同时，还有许多尚未解决的问题，下面简要介绍人工智能发展所面临的主要挑战。

1. 算力基建

算力是支撑人工智能落地应用的基础设施。特别是近年来的大模型应用，对算力的要求特别高。尽管随着超大规模集成电路的发展，特别是 GPU 技术的大规模推广，我国的算力得到了大大加强，但由于国际贸易壁垒和各种限制措施，导致这一"卡脖子"问题在一段时期内将长期存在。因此，只有培养高质量人才、强化科技创新、尽快实现技术突破，才能破解困局。此外，算力基础设施建设需要耗费较多的财力，只有具有强大的经济能力，才可建构性能超强的算力平台。许多欠发达地区、中小企业、教育机构等，都可能因为资金短缺而对人工智能技术"爱而不能"。因此，如何降低计算机硬件以及 AI 系统的投入成本，是制约人工智能技术进一步推广和应用的重要问题。

2. 数据饥荒

正如前述，人工智能的发展离不开算力、算法和数据三者的结合。特别是数据资源，完整丰富的数据才能提高算法和模型的效果。尽管在当今的大数据时代，各个领域能够采集到的数据已经不同于往日，但随着深度学习网络层数的增加，模型参数规模也呈指数级增长。图 6-8 给出了一些当前主流的大模型的参数规模情况。可见，这些大模型的参数规模已达到十亿、千亿甚至百万亿级别。美国加州理工学院的亚瑟·阿布-穆斯塔法（Yaser Abu-Mostafa）教授的研究表明，训练样本至少需要达到模型参数的 10 倍，模型才会起效。因此，在"数据是资源"的今天，数据仍然是匮乏的资源。此外，由于数据结构不兼容、格式不统一等问题，不是所有的数据都能够使用。而数据隐私保护和数据泄露等问题，则进一步加剧了数据饥荒问题。

公司	大模型	参数规模
OpenAI	GPT-4	百万亿
	GPT-3	千亿
	GPT-2	百亿
阿里巴巴	M6	十万亿
百度	文心大模型	千亿
腾讯	混元大模型	千亿
华为	盘古大模型	千亿

图 6-8　主流大模型参数规模情况

3. 数据偏见性

人工智能系统的性能依赖于训练样本的质量，优质的训练样本有助于学习到正确的模型参数，从而提升系统的服务质量。然而，在数据采集过程中，可能因为采集内容不充分，导致数据对事物的描述不完整；也可能因为数据采集过程中对数据进行前置性选择、假设，导致数据中存在过多的人为因素。再者，人们总是习惯于在采集数据过程中根据已有经验进行过度概括，以及倾向于已有的信念或经验，这些行为都会导致数据偏见性问题，进而影响模型的训练效果。目前解决这一问题的方法主要有两种：一是通过多种方式收集更多无偏见、高质量的样本；二是提高模型辨别偏见性样本的能力，提高模型的可靠性。但是，数据的偏见性问题本质上与数据采集过程有关，只有拓展数据获取方式并在数据采集过程中尽量减少人为因素，才能获得更多的高质量样本。

4. 数据安全性

随着数据采集量的增加，数据安全问题愈发突出。数据无意泄露或有意泄露导致的信息安全问题已经成为威胁个人隐私和商业发展不可忽视的重要问题。如何有效保护和存储敏感信息，这是大数据分析与人工智能技术向前发展不可回避的问题。当前，各种骚扰信息或电话，层出不穷的电信与网络诈骗，绝大多数都与数据泄露有关。因此，加强数据收集、传输、存储过程中的安全性管理，已经成为人工智能技术革命中需要考虑的重要因素。

5. 模型可计算性

近年来，尽管可利用的计算资源随着计算机技术的进步得到了快速增长，但以深度学习为主流的人工智能模型对计算资源和资金的需求就像难以填补的"黑洞"。一些高校和科研机构的研究结果表明，模型与算法的改进，需要系统在计算能力上进行互补性的提高。从 2018 年的 GPT 到

2024 年的 GPT-4o，大模型对计算能力的需求提升了近千倍。从经费开支来看，Google 花费了几千美元来训练其 BERT 模型，OpenAI 则花费了 1000 多万美元来训练 GPT-3。可见，随着模型复杂度的不断提高，人工智能对计算能力和经费的需求呈爆炸式增长。此外，如今的芯片集成度已经达到 5nm 以下，几乎接近摩尔定律极限，计算能力的提升开始呈放缓趋势，这也成为限制人工智能技术进一步深入发展和应用的"瓶颈"。

6. 模型可解释性

长期以来，我们希望人工智能系统能够表现出"像人类一样思考和决策"的智能行为，并能够清晰地知道其是如何实现智能思维的。但是，深度学习使这一希望彻底落空。以深度神经网络为主流的深度学习系统在各种应用中表现出了极佳的性能，但其如"黑盒子"一般，人们无法洞察其是如何做出决策的。这是当前深度神经网络模型备受质疑的一个方面，也是人们通常所说的模型可解释性问题。通俗来讲，模型可解释性是指能够以一种可被人类理解的语言来描述模型的工作原理。人们通常的思维习惯是，如果模型的解释符合我们的认知和思维方式，能够清晰地表达模型从输入到输出的全过程，就认为该模型的可解释性是好的。但是，这样的前提假设真的是正确的吗？是否有可能是我们内心"因果关系"的执念导致我们做出这样的假设？模型可解释性问题已成为当前学术界和工业界争论的热点话题。

6.6　人工智能伦理问题

任何技术的进步都有积极和消极的双重作用，正如汽车的发明使人类的出行变得越来越便利，但也带来更多的交通事故和全球变暖的威胁，人工智能也是如此。人工智能技术在不断发展进步的同时，也带来了一系列伦理问题，下面简要介绍其中的几个方面。

1. 信息气泡

随着智能推荐和大数据分析技术的不断发展，我们所接触到的信息和社交群体逐渐趋于以兴趣点为核心的信息气泡中，用户接触最多的是算法推荐过来的信息，容易受困于狭窄的信息空间和气泡中，而且会越来越集中。这容易促使人们一叶障目地看待周围的世界，失去对真实世界判断的客观性和全面性。

2. 数据隐私

和前述的"数据安全性"类似，当今无处不在的摄像头和监控设备对人们的隐私造成了严重的威胁，人工智能自动识别技术进一步加重了这种威胁。按理来讲，数据采集者在道德和法律上都有责任妥善保管他们所持有的数据，很多国家也针对数据隐私问题出台了相关法律和法案，并要求相关企业在设计系统时充分考虑数据保护。但随着人工智能技术的进步，网络攻击者和别有用心之人也可以利用这些先进技术对数据进行窃取、重新标注和识别。数据隐私所带来的人工智能伦理问题已成为人们不得不重视的问题。

3. 公平与偏见

利用人工智能技术进行决策和分析预测的系统往往很难做到事实上的公平。例如，种族、性别、群体等偏见不同程度地出现在信贷审批、教育、求职等系统的决策过程中。一个辅助招聘系统，对于软件开发职位，在同等条件下可能更倾向于推荐男性求职者。导致出现公平与偏见问题的原因可能有很多，如软件工程师的认知、样本量差异等。幸运的是，人们已逐渐认识到人工智能技术所带来的公平与偏见问题，并正在为建立公平的系统而努力。

4. 信任与透明度

设计一个公平、可靠、安全的人工智能系统是富有挑战性的，而让所有人相信你做到了这一点也是一个挑战。例如，如何让用户相信人工智能推荐系统的结果？这一方面或许需要通过验证与确认的方法对系统进行测试，甚至进行行业公认的认证（Certification）测试；另一方面，获取信任的方式之一是增加系统的透明度，如增加人工智能系统的可解释性和决策说明等。

5. 深度伪造

当前，电信诈骗中出现了一种新手段：通过换脸和语音合成，实现视频图像的人脸替换和声音同步，甚至能够通过算法来控制人脸面部表情。这样的深度伪造（Deepfake）技术，屡屡使人上当受骗，引发了越来越多的社会问题。随着大模型从"文生文"到"文生图"再到"文生视频"的技术升级，类似的深度伪造技术也会随人工智能技术的发展而推陈出新。

人工智能技术所带来的伦理问题还包括自主式攻击武器、就业环境、系统安全性、机器人权利等方面的问题。总之，我们在享受人工智能时代所带来的各种便利的同时，也不得不面对和思考人工智能所带来的伦理问题。

> 🧠 **思维训练**：人工智能所带来的伦理问题绝不仅限于这些。例如，人工智能的应用必定导致行业发生新变化，甚至是失业浪潮，请谈谈你对这个问题的看法和见解。

快速检测

1. 判断题

（1）智能是指个体或系统通过感知、记忆、思维、学习等多个认知过程，获得和运用知识解决实际问题的能力。 （　　）

（2）图灵测试认为，从行为上来讲，如果机器执行了需要人类智能才能完成的行为，则该机器就是智能的。 （　　）

（3）图灵在《机器能够思考吗》一文中正式提出了人工智能的概念。 （　　）

（4）人工智能就是要让机器的行为看起来就像人表现出的智能行为一样。 （　　）

（5）约翰·希尔勒的中文房间实验旨在说明人工智能研究中理解和思维能力的重要性。 （　　）

（6）深蓝计算机属于弱人工智能，而阿尔法狗计算机属于强人工智能。 （　　）

（7）MP 模型是最早通过"神经元"网络模拟人类大脑结构的基本模型。 （　　）

（8）算法、算力和数据三者的结合，使人工智能进入了新的蓬勃发展期。 （　　）

（9）控制学派通过构建基于神经元连接的 ANN 计算模型来研究智能问题。 （　　）

（10）随着模型参数数量的指数级增长，所需要的训练数据可以相应减少。 （　　）

2. 选择题

（1）智能是一个复杂而多维的概念，其基本组成要素不包括（　　）。

　　A. 知识经验　　　　B. 认知能力　　　　C. 适应能力　　　　D. 自我进化能力

（2）下面有关图灵测试的说法中，不正确的是（　　）。

　　A. 图灵测试试图验证机器是否具有智能

　　B. 图灵测试试图验证人类的反应速度

　　C. 图灵测试一直是验证机器是否具有智能的重要标准

　　D. 图灵测试是一种对话场景测试

（3）下面有关人工智能的叙述中，错误的是（　　）。

　　A. 人工智能的核心目标是开发出行为像人一样的智能机器

　　B. 人工智能使用计算机实现模仿、延伸和扩展人的自然智能

C.　人工智能目前已达到强人工智能阶段

D.　机器人、语言识别、图像识别、自然语言处理都属于人工智能的范畴

（4）通用人工智能一般是指（　　　）。

A.　弱人工智能　　B.　强人工智能　　C.　超人工智能　　D.　泛人工智能

（5）以下不属于专家系统特点的是（　　　）。

A.　知识表示困难且不完整　　　　　B.　需要领域专家才能使用

C.　推理方法单一　　　　　　　　　D.　一般应用于专门领域

（6）（　　　）解决了多层神经网络隐藏层连接权的学习和训练问题。

A.　MP 模型　　　　　　　　　　　B.　Hopfield 网络

C.　BP 网络　　　　　　　　　　　D.　CNN 网络

（7）瓦普尼克等人提出统计学习理论，最有代表性的成果是发明了（　　　）。

A.　卷积神经网络　　B.　多层感知机　　C.　支持向量机　　D.　深度学习

（8）正式提出深度学习技术的学者是（　　　）。

A.　杰弗里·辛顿　　　　　　　　　B.　约翰·麦卡锡

C.　约翰·霍普菲尔德　　　　　　　D.　马文·明斯基

（9）以下不属于人工智能典型研究范式的是（　　　）。

A.　符号主义　　　B.　仿生学派　　　C.　行为主义　　　D.　结构学派

（10）（　　　）认为，智能是一种基于符号的逻辑和计算过程。

A.　计算机学派　　B.　仿生学派　　　C.　控制学派　　　D.　结构学派

（11）（　　　）的主要思想是通过模拟人脑结构和功能来实现人工智能。

A.　符号主义　　　B.　连接主义　　　C.　行为主义　　　D.　进化主义

（12）进化主义的核心思想基础是（　　　）。

A.　知识表示与推理模型　　　　　　B.　基于神经元连接的网络模型

C.　达尔文自然进化理论　　　　　　D.　感知-动作控制模型

（13）在几乎所有涉及需要解决信息过载和个性化问题的应用中，（　　　）都存在。

A.　智能推荐　　　B.　人脸识别　　　C.　智能交通　　　D.　智慧医疗

（14）YOLO 是一种高效的（　　　）算法。

A.　图像分类　　　B.　人脸识别　　　C.　语音识别　　　D.　目标检测

（15）人工智能的发展面临一系列的挑战，但不包括（　　　）。

A.　算力基建　　　B.　数据饥荒　　　C.　数据偏见　　　D.　贸易壁垒

（16）数据就是资源，这说明人工智能面临的挑战之一是（　　　）问题。

A.　数据饥荒　　　B.　数据伪造　　　C.　数据偏见　　　D.　数据安全

（17）人们总是习惯于在采集数据过程中根据已有经验进行过度概括，以及倾向于已有的信念或经验，这些行为会导致（　　　）问题。

A.　数据饥荒　　　B.　数据伪造　　　C.　数据偏见　　　D.　数据安全

（18）人工智能所带来的信息气泡问题是指（　　　）。

A.　信息过度集中　　　　　　　　　B.　信息过度分散

C.　虚假信息过多　　　　　　　　　D.　信息稍纵即逝

（19）利用人工智能技术进行换脸和语音合成，已经成为新的诈骗手段，这通常被称为（　　　）。

A.　深度伪造　　　B.　信息气泡　　　C.　信息茧房　　　D.　AI 幻像

（20）深度学习技术属于（　　　）的延续和发展。

A.　知识推理　　　B.　行为控制　　　C.　神经网络　　　D.　统计学习理论

第7章
进化计算与群智能技术

在人工智能的广阔领域中，进化计算与群智能技术犹如自然界智慧在现代技术中的生动映射，它们模仿生物进化与群体行为机制，为解决复杂计算问题开辟了新途径。本章将引领读者深入这一充满生命力的分支，理解遗传算法、进化策略及粒子群等优化方法如何模拟自然选择与群体协作，高效求解传统方法难以攻克的难题。通过揭示这些技术背后的原理，介绍相关模型及应用实例，使读者不仅能够洞察自然界的奥秘，更能激发创新思维，掌握设计智能系统的新颖工具。

本章学习目标

- 掌握遗传算法、进化策略等的核心思想，理解遗传算法通过模拟生物进化过程来求解优化问题的基本原理。
- 理解粒子群等群智能技术的基本原理，掌握利用群体行为和自组织特性来寻找问题最优解的一般方法。
- 了解进化计算与群智能技术在不同领域的应用实例，理解它们在解决实际问题时的优势和局限性。
- 掌握参数调优和算法性能评估的基本方法，以提高算法的实际应用效果。
- 通过学习进化计算与群智能技术，培养跨学科整合能力和创新思维，学会从自然界中汲取灵感，运用智能算法解决复杂问题。

7.1 遗传算法简介

7.1.1 遗传算法的基本概念及发展历程

1. 遗传算法的基本概念

遗传算法（Genetic Algorithm，GA）是一种模拟生物进化论和遗传学机理的随机搜索技术，它依据"适者生存、优胜劣汰"的自然进化法则，致力于探寻全局最优解。其核心机制在于模仿自然选择和生物繁殖过程，借助编码、交叉、变异、选择以及适应度评估等手段，为各类搜索、优化和学习问题提供高质量的解决方案。相较于传统的搜索和优化算法，遗传算法在处理包含大量参数和复杂数学模型的问题时表现出显著优势，在优化领域和机器学习分类系统中应用广泛。

2. 遗传算法的发展历程

遗传算法的提出可以追溯到 20 世纪 60 年代末至 70 年代初，其核心概念由美国密歇根大学的约翰·霍兰德（John Holland）教授（见图 7-1）及其团队首次提出。约翰·霍兰德教授深受生物进化论和遗传学机理的启发，开创

图 7-1　约翰·霍兰德

性地将这些自然科学的原理应用于计算机科学与优化问题的求解中，从而奠定了遗传算法的基础。

在遗传算法的发展历程中，约翰·霍兰德教授及其团队进行了大量的理论研究和实验验证，不断完善和丰富遗传算法的框架及细节。他们提出了编码、交叉运算、变异运算、选择运算以及适应度评价等核心机制，这些机制共同构成了遗传算法的基本流程，使其能够有效地搜索全局最优解。

随着时间的推移，20 世纪 80 年代，遗传算法逐渐引起了学术界的广泛关注和深入研究。越来越多的学者和研究者加入遗传算法的研究中，不断探索其潜在的应用价值。如今，遗传算法已经成为一种广泛应用于优化、机器学习、数据挖掘等领域的有力工具。

7.1.2　遗传算法的生物学背景

遗传算法的设计灵感来源于达尔文的进化论和孟德尔的遗传学说。达尔文进化论的主要观点包括：物种的可变性、自然选择以及生物的共同祖先。

（1）物种的可变性。物种并不是一成不变的，而是会随着时间的推移发生演化。人类的进化过程如图 7-2 所示。

（2）自然选择。生物在生存竞争中，适应环境的个体更有可能生存下来并繁衍后代，从而将其有利的遗传特征传递给下一代，这种机制导致了物种的适应性和演化。

（3）生物的共同祖先。所有的生物都有一个或多个共同的祖先，并通过长时间的演化形成了如今多种多样的生物种类。

图 7-2　人类的进化过程

孟德尔遗传学说是在微观层面对达尔文进化论的进一步阐释和补充，其核心观点为：遗传信息以密码的形式存在于细胞中，并且以基因的形式包含在染色体内，如图 7-3 所示。每个基因都占据一个特定的位置，并控制某种特定的性状，这使个体能够适应特定的环境。基因突变和杂交可以产生更加适应环境的后代，经过自然选择的过程，那些适应性强的基因结构会被保留下来。孟德尔还总结出了以下两个基本的遗传定律。

（1）分离定律。基因作为独立的单位会代代相传，细胞中的成对遗传单位分别来自雌雄亲本。

（2）独立分配定律。染色体上的等位基因能够独立地进行遗传，如图 7-4 所示。

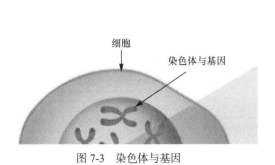

图 7-3　染色体与基因

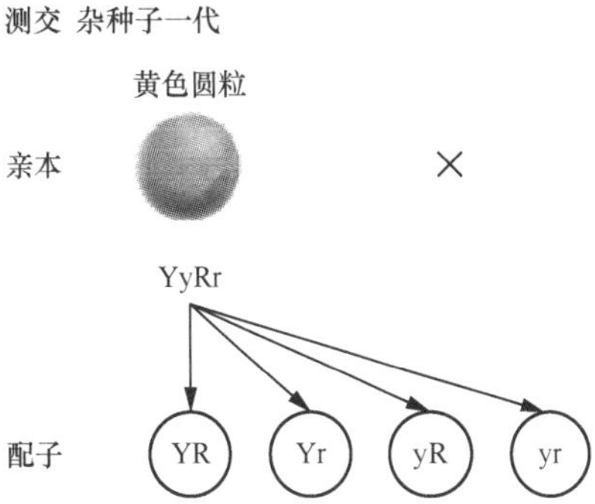

测交 杂种子一代

黄色圆粒

亲本　　　　　　　　　×

YyRr

配子　　　YR　Yr　yR　yr

图 7-4　基因遗传

一言以蔽之，达尔文进化论表达了"物竞天择，适者生存"的基本思想，孟德尔则进一步指出，物种的进化是由于基因的遗传和变异。遗传算法正是借鉴了这些思想，在其基础上进行了一定程度的抽象和简化。

7.1.3 遗传算法的适用场景

遗传算法具有较好的全局寻优能力，能够处理数学描述复杂或缺少数学模型的问题，同时抗噪声性能好，并支持并行和分布式处理，在实际问题求解中得到了广泛应用。当然，遗传算法也有其局限性，如需要设置的参数较多、有过早收敛风险等。通常，遗传算法主要适用于以下场景。

（1）问题具有复杂的数学表述。遗传算法的优势在于，它仅需依赖适应度函数的结果。因此，它适用于那些目标函数难以明确区分或根本无法区分的问题，以及参数众多或参数类型混合的问题。

（2）无须用数学表述的问题。遗传算法并不要求问题必须有明确的数学描述，只要能够获得一个评分值，或者有方法比较两个解的优劣，遗传算法就能发挥作用。

（3）包含噪声环境的问题。遗传算法对于数据可能不一致的问题表现出很强的适应性，这类问题可能源于传感器输出的数据波动或人工评分的主观性。

（4）涉及环境变化的问题。遗传算法能够通过持续生成适应新环境的新一代种群，来有效应对环境的缓慢变化。

> **思维训练：** 当面对复杂系统的优化需求（如物流路径规划、金融投资组合设计）时，如何判断遗传算法相较于传统数学规划方法的优势与局限性？

7.2 遗传算法的基本思想和组成要素

7.2.1 遗传算法的基本思想

遗传算法本质上是一种并行、高效的全局搜索方法，它能在搜索过程中自动获取和积累有关搜索空间的知识，并自适应地控制搜索过程以求得最优解。遗传算法操作使用"适者生存"的原则，在潜在的解决方案种群中逐次产生一个近似最优的方案。遗传算法的每一代模拟自然选择过程（适应度较高的个体具有更高的概率产生下一代），根据个体在问题域中的适应度值和从自然遗传学中借鉴来的再造方法（交叉和变异）进行个体选择，产生一个新的近似解。这个过程导致种群中个体的进化，得到的新个体比原个体更能适应环境，就像自然界中的改造一样。如此迭代，直至产生一个适应度最高的个体（最优解）。

7.2.2 遗传算法的组成要素

1. 染色体和基因

一个染色体代表了问题的一个候选解。借鉴生物学中的概念，一个染色体由多个基因构成。例如，使用一个二进制字符串表示问题的一个候选解（染色体），那么该二进制字符串中的每一位被称为一个基因，即一个解码单元，如图 7-5 所示。将问题的候选解表示为染色体的过程称为编码。

2. 种群

种群是指待解决问题候选解的集合。因为种群中的每个个体由染色体表示，所以种群也可视为染色体的集合。

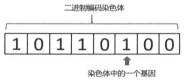

图 7-5 染色体与基因

3. 适应度函数和适应度值

适应度函数用于计算种群中每个个体（染色体）的适应度值，可根据问题复杂程度进行构造。计算得到的适应度值越大，说明该染色体的质量越高（是一个更好的解），也就更有可能被用于繁殖后代。

4. 选择

选择是指在种群中挑选用于繁殖下一代的所有染色体的过程。染色体的适应度值越高，被选中的概率越大。适应度值较低的染色体依然可被选择，但概率较低。

5. 交叉

交叉是指为了创造一对新个体，作为双亲的两个亲本个体交换某些基因形成子代个体的过程，亦称为重组，如图 7-6 所示。交叉操作依概率进行，即种群中的个体是否进行交叉操作由预先定义的交叉概率决定。通常，对于每对染色体，先产生一个(0,1)区间的随机数，若该随机数小于交叉概率，则进行交叉操作，否则保持不变。

6. 变异

变异是指一个或多个染色体基因被随机更改，依概率进行，但变异的概率一般较小。变异旨在周期性地随机更新种群，丰富染色体的多样性，使算法在解空间的未知区域进行搜索，避免陷入局部解。例如，染色体的第 6 个基因发生变异，如图 7-7 所示。

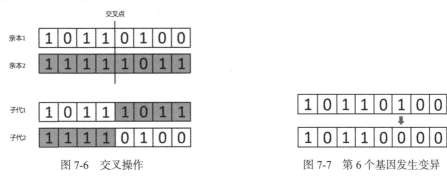

图 7-6　交叉操作　　　　　　　图 7-7　第 6 个基因发生变异

7.3　遗传算法的实现过程

7.3.1　遗传算法的基本流程

遗传算法的基本流程如图 7-8 所示，基本步骤如下。

（1）创建初始种群：随机生成一组初始解，这些解作为个体，共同构成初始种群。

（2）计算适应度：评估每个个体的适应度值，该值反映了个体解的优劣程度。

（3）选择：根据适应度值，选择适应度高的个体进行下一步操作，模拟自然选择过程。

（4）交叉：对选中的个体进行交叉操作，通过交换部分基因生成新的个体，模拟生物学中的杂交。

（5）变异：对新个体进行变异操作，随机改变部分基因，增加种群多样性，模拟基因突变。

（6）重新计算适应度：重复计算新种群中每个个体的适应度值。

（7）判断终止条件：检查是否满足终止条件，如达到最大迭代次数或适应度值达标。

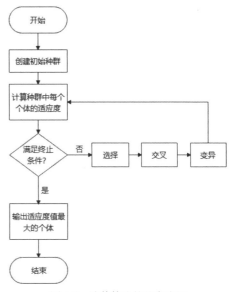

图 7-8　遗传算法的基本流程

（8）输出最优解：若满足终止条件，则结束算法，输出适应度值最大的个体作为最优解；否则，返回选择步骤继续迭代。

通过上述这些步骤，遗传算法能在复杂的解空间中逐步逼近最优解。

7.3.2 遗传算法关键步骤解析

1. 编码

遗传算法通过编码将问题的解空间映射到遗传算法的搜索空间，所以遗传算法中编码方式的选择对算法的性能和效率有重要影响。下面对常用的编码方法进行介绍。

（1）二进制编码。二进制编码是遗传算法中最基本也是最常用的编码方式。它将问题的解空间映射到一个由 0 和 1 组成的二进制串上，每个二进制位代表解的一个特征或决策变量的一部分。二进制编码具有编码和解码简单、交叉和变异操作易于实现的优点，但在表示高精度连续变量时可能存在精度损失问题。

① 二进制编码原理。要想实现每个数值都能分配一个独一无二的二进制串，那么二进制串所能表示的数值个数要大于等于数值解的个数。由于一个长度为 n 的二进制串能表示 2^n 个数，假设某一参数的区间范围是$[a,b]$，则在精度为 E 的条件下，它们需要满足以下关系

$$\frac{b-a}{2^n-1} \leqslant E \tag{7-1}$$

其中，$\frac{b-a}{2^n-1}$ 被称为编码精度，下面使用 δ 进行表示。例如，要想达到 10^{-5} 的精度，对于区间为 $[0,10]$ 的情况，二进制串的长度 n 应该满足 $\frac{10}{2^n-1} \leqslant 0.00001$，计算得到 $n \geqslant 20$。$n=20$ 时，二进制串提供的编码精度 $\delta = \frac{10}{1048575} \approx 0.00000954$。

在此基础上，变量 x 的某值 x_i 的二进制编码 y_i 的计算公式为

$$y_i = \left((x_i-a)/\delta\right)_2 \tag{7-2}$$

注意：二进制编码使用二进制串表示一个数，这是一种映射关系，而并非计算该十进制数对应的二进制值。

② 二进制解码原理。将二进制串转换为原参数数值的过程称为解码。一般地，区间范围为 $[a,b]$，二进制串长度为 n，当前二进制串对应的十进制值为 T（如二进制串 1011 对应的十进制值为 11），则该二进制串对应的实值 x 为

$$x = a + T * \frac{b-a}{2^n-1} \tag{7-3}$$

例如，假设有一个拥有两个决策变量的优化问题，每个变量的取值范围都是$[0,1]$区间，精度为 10^{-1}。根据精度计算可得，二进制串长度至少为 4。因此，两个变量的取值可以分别编码为两个长度为 4 的二进制串，构成一个总长度为 8 的染色体。假设 $x_1=0.2$、$x_2=0.8$，根据编码公式可以近似编码为 00111100（注意：在实际计算中这里可能产生精度损失），二进制编码示例如图 7-9 所示。

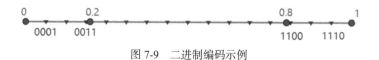

图 7-9 二进制编码示例

解码时，如果染色体编码为 00111100，依据解码公式计算可得

$$x_1=0+3*1/2^4-1=3/15=0.2$$
$$x_2=0+12*1/2^4-1=12/15=0.8$$

（2）实数编码。实数编码是指个体的每个基因值用某一范围内的一个实数来表示，编码长度等于决策变量的个数。这种编码方式直接反映了问题的解空间，避免了二进制编码中的精度损失问题，特别适用于连续变量的优化问题。

例如，对于一个两变量的优化问题，其中每个变量的取值范围为[0,10]，此时可以直接使用实数来表示每个变量的值。若 $x_1=3.4$，$x_2=8.7$，这个候选解可以表示为一个长度为 2 的实数向量[3.4,8.7]。在实数编码下，交叉和变异操作需要采用特定的方法来实现，如算术交叉和多项式变异等。

（3）排列编码。排列编码是将有限集合内的元素进行排列来表示问题候选解的编码方式。这种方式使问题表示简洁且易于理解，特别适用于需要排序或排列的问题。

例如，在旅行商问题（Traveling Salesman Problem，TSP）中，假设有 n 个城市需要访问，则一个可能的解可以表示为一个长度为 n 的整数向量，其中每个整数代表一个城市的编号，且每个编号只出现一次。例如，[4,2,3,1,5]表示先访问城市 4，然后访问城市 2、3、1、5，最后回到起点城市 4。

遗传算法中的编码方式多种多样，选择合适的编码方式对于提高算法的性能和效率至关重要。二进制编码简单直观但可能存在精度损失问题，实数编码适用于连续变量问题且精度较高，排列编码则特别适用于需要排序或排列的问题。在实际应用中，需要根据具体问题的特点和需求选择合适的编码方式。

> 🧠 **思维训练**：针对无人机路径规划问题，说明为何排列编码比二进制编码更合适，并结合约束条件分析其避免重复访问的机制。

2. 种群初始化

种群初始化指的是在选定编码方案后通过某种方式产生 N 个染色体，其中 N 称为种群规模。种群初始化方法的选择取决于具体问题的特点和需求。常用的种群初始化方法有随机初始化法、均匀分布初始化法、聚类初始化法、问题特定初始化法、进化初始化法等。在实际应用中，通常会结合多种初始化方法来平衡种群的多样性和收敛速度。这些初始化方法一般较容易理解，具体应用时可查询相关资料进行选择。

3. 选择

（1）轮盘选择。轮盘选择是一种较为常用的方法，其基本思想是各个个体被选中的概率与其适应度大小成正比。首先，计算每个个体的适应度值，并将其与种群中所有个体适应度值之和的比作为该个体被选中的概率。然后，通过旋转一个模拟的轮盘（实际上是通过随机数生成器）来随机选择个体。适应度值越大的个体被选中的概率越大。这种方法简单直观，但存在选择误差，即适应度相近的个体可能因随机性而有不同的选中概率。

设种群大小为 N，第 i 个个体的适应度值为 $f(x_i)$，则第 i 个个体被选中的概率为

$$P(x_i) = \frac{f(x_i)}{\sum_{j=1}^{N} f(x_j)} \tag{7-4}$$

为了方便实现轮盘选择，通常需要计算每个个体的累积概率。累积概率表示从第一个个体到当前个体为止，所有个体被选中的概率之和。累积概率 $q(x_i)$ 的计算公式为

$$q(x_i) = \sum_{j=1}^{i} P(x_j) \tag{7-5}$$

特别地，$q(x_1) = P(x_1)$。累积概率将用于后续的随机数匹配过程。

轮盘选择的过程如下。

① 生成随机数：在区间[0,1]内生成一个均匀分布的随机数 r。

② 匹配随机数：将生成的随机数 r 与每个个体的累积概率进行比较，找到满足条件 $q(x_{k-1}) < r \leq q(x_k)$ 的个体 x_k，其中 k 为选中的个体索引。注意，这里 $q(x_0)$ 被定义为 0，以便比较第一个个体。

③ 选择个体：根据上一步的结果，选择个体 x_k 进入下一代种群。

④ 重复过程：如果需要选择多个个体，则重复步骤①至③，直到达到所需的个体数量。

例如，假设有一个包含 4 个个体的种群，每个个体的适应度值如表 7-1 所示，种群中每个个体被选中的概率如图 7-10 所示。

表 7-1　　　　　　　　　　　　个体的适应度值及被选中的概率

个体	适应度值	被选中的概率
x_1	10	0.1
x_2	20	0.2
x_3	30	0.3
x_4	40	0.4

计算累积概率：$q(x_1) = 0.1$，$q(x_2) = 0.1 + 0.2 = 0.3$，$q(x_3) = 0.1 + 0.2 + 0.3 = 0.6$，$q(x_4) = 0.1 + 0.2 + 0.3 + 0.4 = 1.0$。假设生成的随机数为 0.25，由于 0.1<0.25≤0.3，所以选择个体 x_2。如果再次生成的随机数为 0.85，由于 0.6<0.85≤1.0，所以选择个体 x_4。

（2）基于排序的选择。基于排序的选择是在轮盘选择法的基础上改进而来的。该方法的核心思想是将种群中的个体按照适应度进行排序，根据排序结果为每个个体赋予一个排名值，根据排名值计算轮盘选择的概率。

假设有一个包含 4 个个体的种群，每个个体的适应度值分别为 10、13、12、65。由于种群规

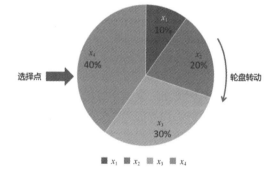

图 7-10　轮盘选择法示例

模为 4，则适应度值最大的个体获得排名值 4，适应度值第二大的个体获得排名值 3，以此类推。然后采用轮盘选择类似的公式，根据排名值计算每个个体的选中概率，具体如表 7-2 所示。

表 7-2　　　　　　　　　　个体的适应度值、排名值、被选中概率

个体	适应度值	排名值	被选中概率（轮盘选择）	被选中概率（基于排序）
x_1	10	1	0.10	0.1
x_2	13	3	0.13	0.3
x_3	12	2	0.12	0.2
x_4	65	4	0.65	0.4

该方法适用于个体适应度值比其他所有个体大得多的情况（如表 7-2 中 x_4），这可以消除适

应度值带来的巨大差异，避免少数高适应度个体被过度重复选择，以致占据下一代的全部种群。如果种群中多个个体的适应度值很相似（如表 7-2 中 x_1、x_2、x_3），该方法可将它们进行有效区分，为选择优秀个体带来更多可能性。

（3）锦标赛选择。锦标赛选择是一种基于竞争的选择方法。在每次选择操作中，从种群中随机选择一定数量（如 2 个、3 个等，称为锦标赛规模）的个体进行锦标赛，即比较它们的适应度值，选择适应度值最大的个体进入下一代种群。该方法具有以下优点。

① 适应度函数尺度无关性：无论适应度函数的尺度如何变化（如适应度值可能从 0.001 到 1000 不等），锦标赛选择都能有效地选择出较优的个体。这是因为它只关注个体之间的适应度值相对大小，而不是绝对大小。

② 避免早熟收敛：通过随机选择和锦标赛竞争的方式，锦标赛选择有助于保持种群的多样性，避免算法过早地收敛到局部最优解。

例如，假设有一个包含 60 个个体的种群，每个个体都有一个适应度值。目标是选择出 30 个个体作为下一代种群。采用锦标赛选择法，可以按照以下步骤进行。

① 确定锦标赛规模：首先，需要确定每次锦标赛中参与竞争的个体数量。这里假设每次锦标赛选择 2 个个体进行竞争（即二元锦标赛）。

② 随机选择个体组成锦标赛组：从种群中随机选择 2 个个体组成一个锦标赛组。重复这个过程，直到有了足够的锦标赛组来进行选择。

③ 选择优胜者：在每个锦标赛组中，根据个体的适应度值选择适应度最好的个体作为优胜者。

④ 组成新一代种群：将所有锦标赛的优胜者组成新一代种群。

（4）精英保留选择。精英保留选择是一种保证最优个体不被破坏的选择方法。在每次选择操作之前，首先找出当前种群中适应度值最大的个体（或几个个体），然后将这些个体直接复制到下一代种群中。接下来，对剩余的个体执行其他选择操作（如轮盘选择、锦标赛选择等）。这种方法可以有效地保留种群中的优秀个体，防止算法在进化过程中丢失最优解。

> **思维训练**：在遗传算法中，轮盘选择和锦标赛选择是两种典型的选择策略。请结合遗传算法的核心目标（如全局搜索能力、收敛速度等），对比分析这两种策略的优缺点。

4. 交叉

（1）单点交叉。该方法是在个体的基因序列上随机选择一个交叉点，将两个个体的基因序列在这个交叉点处交换，生成两个新的子代个体。

例如，假设有两个亲本个体 A 和 B 的基因序列分别为 A:12345678 和 B:87654321。随机选择的交叉点为第 4 个基因位。交叉后生成的子代个体为 A′:12344321 和 B′:87655678（注意，这里为了简化说明，子代的末尾部分未做调整，实际中可能需要处理以保证基因序列的完整性或合法性），操作过程如图 7-11 所示。

（2）两点交叉和多点交叉。

两点交叉是在个体的基因序列上随机选择两个交叉点，将两个个体的基因序列在这两个交叉点之间的部分进行交换，生成两个新的子代个体。

例如，假设亲本个体 A 和 B 的基因序列分别为 A:12345678 和 B:87654321。随机选择的两个交叉点分别为第 2 个和第 6 个基因位。交叉后生成的子代个体为 A′:12654378 和 B′:87345621。操作过程如图 7-12 所示。

注意：两点交叉可以通过执行两次位置不同的单点交叉来实现，同理，多点交叉可以看作两点交叉的拓展。

（3）均匀交叉。对于每个基因位，该方法以一定的概率（如 0.5）选择从一个亲本个体继承该基因位的值，从另一个亲本个体继承基因位的值，生成两个新的子代个体。

例如，假设亲本个体 A 和 B 的基因序列分别为 A:12345678 和 B:87654321，交叉概率为 0.5，则生成的子代个体 A′和 B′的每个基因位有 50%的概率来自 A、50%的概率来自 B，A′可能为17355628，B′可能为 82644371（结果随机）。操作过程如图 7-13 所示。

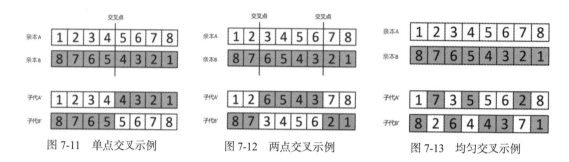

图 7-11 单点交叉示例　　　图 7-12 两点交叉示例　　　图 7-13 均匀交叉示例

（4）部分匹配交叉。这是一种用于解决特定类型问题（如 TSP）的交叉方法。它首先随机选择两个交叉点，然后建立一个映射关系来确保交叉后生成的子代个体中的基因不重复。

例如，在 TSP 问题中，亲本个体代表城市访问顺序。假设亲本个体 A 和 B 的城市顺序分别为 A:1-2-3-4-5-6-7-8 与 B:5-4-6-3-2-1-7-8。随机选择交叉点（如第 2 个和第 6 个位置）进行交叉操作，交叉后生成的子代个体为 A′:1-2-6-3-2-1-7-8 和 B′:5-4-3-4-5-6-7-8。因为子代中存在相同值，所以被视为无效解，此时就需要通过映射关系修复交叉后的子代个体，以确保每个城市只被访问一次。具体处理过程如下（见图 7-14）。

① 根据交换的两组基因建立映射关系，上例中建立的映射关系为 1↔6↔3↔4、2↔5。

② 由于中间个体 A′中存在重复基因 1，按照映射关系将其中一个转变为 4，重复该过程，直至不存在冲突位置。

遗传算法中的交叉方法多种多样，每种方法都有其适用的场景和优缺点。在实际应用中，应根据问题的具体需求和特点选择合适的交叉方法。

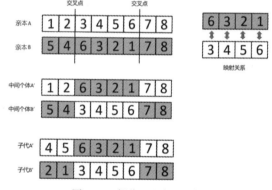

图 7-14 部分匹配交叉示例

5. 变异

根据编码方式的不同，变异的策略也有所不同，主要分为两大类：一是针对二进制编码和排列编码的变异策略；二是针对实数的变异策略。

（1）针对二进制编码和排列编码的变异策略。

① 反转变异。反转变异是指以某一较小的概率反转某些基因位的值，其适用于二进制编码染色体。对于二进制编码的个体，反转变异就是将某些基因位上的基因值取反，即 0 变 1，1 变 0。例如，假设有一个二进制编码的个体 10110011，若第 3 个基因位发生变异，则变异后的个体为10010011。操作过程如图 7-15 所示。

② 交换变异。其适用于二进制编码染色体或排列编码染色体。随机选择两个基因位进行互换，如图 7-16 所示。

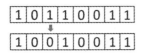

图 7-15　反转变异示例　　　　　　　　图 7-16　交换变异示例

③ 逆序变异。其适用于二进制编码染色体或排列编码染色体。在染色体中随机选择一个基因序列，将该基因序列逆置，如图 7-17 所示。

④ 插入变异。其适用于二进制编码染色体或排列编码染色体。随机选择染色体（个体编码）上的一个基因（或基因片段），将其插入染色体中的另一个随机位置，从而生成一个新的染色体（个体），如图 7-18 所示。

图 7-17　逆序变异示例　　　　　　　　图 7-18　插入变异示例

（2）针对实数的变异策略。

① 均匀变异。均匀变异指以某一较小的概率，随机改变个体编码串中各个基因位上的基因值。与反转变异不同的是，均匀变异不是简单地取反，而是用一个范围内均匀分布的随机数来替换原有基因值。例如，对于实数编码的个体，假设某个基因位的原始值为 2.5，若该基因位发生均匀变异，则变异后的值可能是该基因取值范围内的一个随机数，如 3.2。

② 非均匀变异。这是均匀变异的一种改进，它使得算法初期能够产生较大的变异量，而在算法后期产生较小的变异量，这有助于在搜索初期进行全局搜索，而在搜索后期进行局部搜索。例如，非均匀变异的变异量大小与当前进化代数和基因原始值有关，随着进化代数的增加，变异量逐渐减小，具体公式可能因算法不同而异。

③ 边界变异。这是一种特殊的变异操作，它使变异后的基因值更趋向于取值范围的边界。这种变异方式有助于探索解空间的边界区域，有可能发现更优的解。例如，对于实数编码的个体，若某个基因位的原始值接近取值范围的下界，则边界变异可能将该基因值变异为更小的值（但仍在下界范围内），反之亦然。

④ 高斯变异。这是指以高斯分布（正态分布）产生的随机数来替换原有基因值的一种变异方式。这种变异方式有助于在解空间中进行更加细致的搜索。例如，对于实数编码的个体，若某个基因位发生高斯变异，则变异后的值可能是以该基因原始值为均值、以一定方差为标准差的高斯分布中的一个随机数。

6. 遗传算法的结束条件

遗传算法的结束条件（或停机条件、迭代停止条件）是算法设计中的重要部分，它决定了算法何时停止搜索并输出结果。常见的算法结束条件有达到预设的最大迭代次数、当前最优解的适应度值已经超过预设值或达到预期结果、前几代的最优解与当前的最优解之间的差别已经趋于稳定或缩小到一个较小的范围内等，用户可以根据具体问题的特点和需求来选择合适的结束条件，以确保算法的有效性和效率。

> 　**思维训练**：请结合自然界中的生物进化过程（如基因突变、自然选择），阐释遗传算法中的交叉与变异操作如何模拟生物遗传规律，并说明其在解决复杂优化问题（如物流路径规划或多目标资源分配）时的优势。

7.4 遗传算法的应用

7.4.1 scikit-opt 库介绍

scikit-opt（下文简称 sko）是一个封装了多种启发式算法的 Python 代码库，这些算法包括但不限于遗传算法、差分进化算法、粒子群算法、模拟退火算法、蚁群优化算法、鱼群算法和免疫优化算法等。

在遗传算法应用方面，sko 库提供了一个灵活的框架。用户可以根据具体问题的需求，自定义遗传算法的不同组成部分，如适应度函数、选择策略、交叉和变异操作等，以更精确地控制优化过程，提高求解质量和效率。sko 库中，GA 类和 GA_TSP 类是用于解决优化问题的两个关键类，它们分别针对一般优化问题和 TSP 问题进行了专门的优化处理。通过灵活地配置和自定义选项，用户可针对特定问题调整算法行为，以获得更好的优化结果。

7.4.2 使用 scikit-opt 库求解函数极值

Schaffer N.2 函数是一种多维优化测试函数。该函数表达式（见式 7-6）相对简单，但其优化过程极具挑战性，常用于检验算法的局部搜索和全局搜索能力。

$$f(x_1,x_2)=0.5+\frac{\sin^2\left(x_1^2-x_2^2\right)-0.5}{\left(1+0.001\times\left(x_1^2+x_2^2\right)\right)^2},-100\leqslant x_i\leqslant 100, i=1,2 \tag{7-6}$$

Schaffer N.2 函数的全局最小值出现在(0,0)处，函数值为 0，函数图像如图 7-19 所示。由于该函数具有大量的局部最小值点，函数形态复杂，在接近原点的区域，函数值变化剧烈，这使优化过程极易陷入局部最优解，从而要求优化算法既要有较好的全局搜索能力，又要有较强的局部搜索能力。

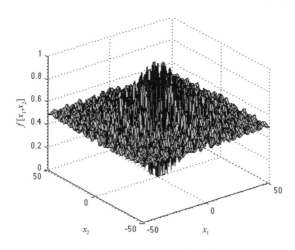

图 7-19　Schaffer N.2 函数图像

采用 sko 库中的 GA 类，选用默认的二进制编码和轮盘选择方法，可方便地求解 Schaffer N.2 函数在定义域[-1,-1]到[1,1]内的最小值。若设种群大小为 50，最大迭代次数为 100 次，变异概率为 0.001，则种群中函数值的变化分布及收敛情况如图 7-20 所示。

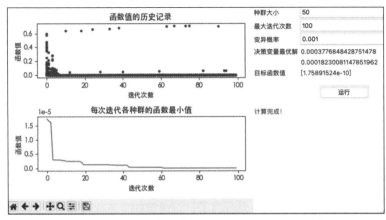

图 7-20 使用遗传算法求解 Schaffer N.2 函数的最小值

7.4.3 遗传算法常用参数的设置

在遗传算法中，需要设置的常用参数主要包括以下几个。

（1）种群大小。种群大小指的是每一代中个体的数量。它对算法的全局搜索能力和计算复杂度有明显影响。较大的种群大小可以增强算法的全局搜索能力，但同时也会增加计算量；较小的种群大小可能导致早熟收敛，无法找到全局最优解。

设置建议：种群大小的选择应根据问题的复杂度和计算资源进行权衡，一般取值为 20～100，也有文献建议取值为 30～160。

（2）交叉概率。交叉概率是指进行交叉操作（即基因重组）的概率。交叉操作是遗传算法中产生新个体的主要方式，适当的交叉概率可以增强种群的多样性，有助于全局搜索。但交叉概率过高可能导致收敛速度变慢，过低则可能导致搜索停滞。

设置建议：交叉概率的取值范围一般为 0.4～0.99。

（3）变异概率。变异概率是指进行变异操作（即基因突变）的概率。变异操作是遗传算法中引入新基因、增加种群多样性的另一种方式。适当的变异概率可以避免算法陷入局部最优解，但变异概率过高可能导致算法过于随机，无法稳定收敛。

设置建议：变异概率的取值一般为 0.0001～0.1。

（4）选择方法。选择方法是指如何从当前种群中选择个体进入下一代种群的过程，这直接影响种群的进化方向和速度。不同的选择方法适用于不同的优化问题，对其的选择取决于问题的特性和算法的要求。

常用方法：轮盘选择、竞争选择、排序选择等。

（5）停止准则。停止准则是确定算法何时终止的条件。常用的停止准则有达到最大迭代次数、求解误差小于某个阈值、种群适应度达到稳定状态等。合理的停止准则可以避免计算资源的浪费，并确保获得足够好的近似最优解。

（6）编码方式。编码方式是指将问题的解空间映射到遗传算法的搜索空间的方式。常用的编码方式有二进制编码、实数编码、排列编码等。合适的编码方式应能准确地表示问题的信息并与遗传操作相兼容。

除了上述常用参数，遗传算法还可能涉及其他设置，如交叉算子、变异算子的具体实现方式以及适应度函数的定义等。这些设置需要根据具体问题的特点进行实验和调优。

综上所述，遗传算法需要设置的常用参数包括种群大小、交叉概率、变异概率、选择方法、停止准则和编码方式等。这些参数的选择和调整对算法的性能和效果有重要影响，需要根据具体问题的特点和实验结果进行不断优化。

> **思维训练**：在遗传算法的实际应用中，有许多参数需要进行设置和调优，这也是一些人质疑类似方法的主要理由。你怎么看待这个问题？如何做好参数调优呢？

7.5 群智能算法

7.5.1 群智能算法的基本思想

群智能（Swarm Intelligence，SI）是分散的、自组织的自然或人工系统的集体行为。这个概念是 1989 年在细胞机器人系统的背景下引入的。群智能算法模拟自然界中的生物群体行为来解决复杂优化问题，自然界中的蚂蚁群落、鱼群、鸟群等群体由众多简单个体组成，群体中的个体通过与环境之间的相互作用和相互之间直接或间接的通信方式，来实现复杂的寻路、觅食等群体行为。

简单来说，群智能就是将集体对象（人、昆虫等）的知识结合在一起，进而为给定的问题找到群体最优解决方案。它的基本思想是把同一个问题交给一定数量的问题求解者，要求他们在设定的同一规则下为这个问题找到可能的解决方案，随后验证每个个体提出的解决方案的效果，找出当前群体里的最优解决方案，再把找到的最优解决方案相关信息反馈给每个个体，个体根据反馈信息，重新提交新的解决方案，如此反复，直到达到指定的迭代次数或其他收敛条件为止。

群智能算法的基本原则如下。

（1）邻近原则：群内的个体具有对简单的空间或时间进行计算和评估的能力。

（2）品质原则：群内的个体具有对环境及群内其他个体的品质进行响应的能力。

（3）多样性原则：群内的不同个体能够对环境中某些变化做出不同的多样反应。

（4）稳定性原则：群内个体的行为模式不会在每次环境发生变化时都发生改变。

（5）适应性原则：群内个体能够在所需代价不高的情况下，适当改变自身的行为模式。

群内相互合作的个体是分布式的，没有控制中心，群智能算法不会因为某一个或某几个个体的故障而影响整个问题的求解，其具有稳健性。群智能算法中随着个体增加而增加的计算量较小，每个个体的执行时间较短，在计算机上容易实现并行处理。群智能算法适用于多种问题的求解，能够处理非线性、非凸、高维等复杂问题。群智能算法具有较强的鲁棒性，即在面对复杂的搜索空间和噪声干扰时，仍能保持较好的搜索性能。

7.5.2 典型的群智能算法

1992 年，马可·多里戈（Marco Dorigo）受蚂蚁在寻找食物过程中发现路径的行为启发，在他的博士论文里提出了蚁群优化（Ant Colony Optimization，ACO）理论，之后群智能作为一个研究热点吸引了大量研究者。1995 年，詹姆斯·肯尼迪（James Kennedy）等学者受飞鸟集群活动的规律性启发提出粒子群优化（Particle Swarm Optimization，PSO）算法，此后研究者陆续提出了人工蜂群算法、布谷鸟搜索（Cuckoo Search，CS）算法、麻雀搜索算法（Sparrow Search Algorithm，SSA）、蝙蝠算法（Bat Algorithm，BA）、灰狼优化算法、萤火虫算法（Firefly Algorithm，FA）等几十种群智能算法，限于篇幅，下面仅对其中的蚁群优化算法、粒子群优化算法和萤火虫算法进行介绍。

1. 蚁群优化算法

单只蚂蚁的行为简单，蚁群整体却可以展现出较高的群智能。蚂蚁刚开始出巢觅食时，路径选择是随机的，每只蚂蚁在寻路觅食的过程中，会在沿途释放一种叫作信息素（Pheromone）的物质，经过该路径的其他蚂蚁能感知到信息素，路径上的信息素浓度会随着时间的流逝而降低。当蚂蚁找到食物源返回巢穴时，同样会在返程的路上留下信息素。从巢穴出发到达同一食物源的不同路径中，长度较短的路径上单位时间内往返的蚂蚁数目更多，释放的信息素浓度也更高。其他蚂蚁出巢时会倾向于选择信息素浓度更高的路径，经过一段时间后，长度较短的路径上蚂蚁越来越多，信息素越来越浓，形成正反馈机制。另外一条长度较长的路径上信息素越来越淡，蚂蚁越来越少。蚁群路径选择示意如图 7-21 所示。

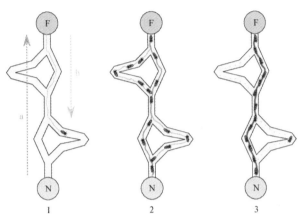

图 7-21　蚁群路径选择示意（F 表示食物源，N 表示巢穴）

蚁群优化算法可以有效地找到旅行商、图着色、网络路由、车辆路径等问题的全局寻优。这些问题在高维度空间求解时，使用遍历搜索方法需要耗费巨量的计算时间，传统的穷举算法难以甚至无法求解。如旅行商问题，我国有 34 个省级行政区，从其中任意一个省会城市或直辖市出发，途经其余 33 个不重复的城市并回到初始城市，共有 33!个方案，约为 $8.68×10^{36}$ 种路径，使用穷举法进行求解难以想象，但使用蚁群优化算法等群智能算法可以较快地找出一条较优甚至最优的旅行最短路径。

蚁群优化算法提出之后，不断有学者对其进行扩展和创新。例如，蚁群系统（Ant Colony System，ACS）在 3 个方面进行了改进：一是边缘选择倾向于选择具有大量信息素的最短边缘；二是在构建解决方案时，蚂蚁通过应用局部信息素更新规则来更改其选择的边缘的信息素级别；三是在每次迭代结束时，仅允许最佳蚂蚁通过应用修改后的全局信息素更新规则来更新路径。再如，最大最小蚂蚁系统（Max-Min Ant System，MMAS）在蚁群系统的基础上进行了如下改进：每条路径上可能的信息素数量的范围限制在一个区间内；信息素的初始值被设定为最大信息素量；只有最短路径上的信息素会增加，其他路径的信息素则会挥发。此外，还有精英蚂蚁系统、基于排序的蚁群系统、连续正交的蚂蚁系统、递归蚁群优化等算法。

2. 粒子群优化算法

粒子群优化算法主要模拟鸟群的觅食行为，如图 7-22 所示。在一个觅食的鸟群里，有群体领头鸟（A 鸟），也有个体领头鸟（B 鸟），群体里的其余鸟都具有 3 个参数：当前位置、当前速度、个体历史最优位置（B 鸟的位置）。

初始时，假设在搜索区域里只有一个食物源，鸟群的任务是通过相互通信和协作找到离这个食物源最近的位置。此时鸟群中的个体随

图 7-22　粒子群优化算法示意

机分布在搜索区域范围内，根据每一只鸟的当前位置可获取它与食物源的距离。通过相互传递信息，算法找出整个群体中离食物源最近的鸟所在的位置参数和距离值，作为当前群体最优解，并分享给每只鸟。除了记录当前群体最优位置，算法还要记录每只鸟的历史最优位置，初始时个体最优位置为各自的初始位置。

随着迭代的执行，算法根据每只鸟上一轮获取的数据——个体当前位置、个体历史最优位置、群体最优位置，再加上随机权重参数，生成每只鸟下一轮的位置数据，并且获取它与食物源的距离。比较每只鸟当前的距离值与自己的历史最优距离值，更新个体历史最优值和对应的位置参数，再更新整个群体的最优值和位置参数。重复上述步骤，直到求解结束。

在求解过程中，由于并不知道食物源的真实位置，只知道鸟群与食物源的距离值，这个距离值由不同问题的求解公式决定，算法每一轮执行中，用当前轮次的最优解与历史最优解做比较，获得的是相对最优解。粒子群算法结束的方式有两种：一是迭代次数达到指定的轮次；二是当前最优值与上一轮记录的最优值的差值小于设定的阈值。需要注意的是，这两种结束方式获得的最优解都不能保证是全局最优解，也有可能是局部最优解。

3. 萤火虫算法

在自然界中，萤火虫利用自身所发出的光亮作为一种信号去吸引其他个体，并且会飞向比自己更明亮的个体。英国学者杨新社（Xin-She Yang）于 2009 年模拟萤火虫的这种行为提出了萤火虫算法。萤火虫算法包含两个重要因素，一个是亮度，另一个是吸引力。亮度反映了萤火虫的位置，并决定了萤火虫移动的方向。吸引力决定了萤火虫移动的距离。通过不断更新亮度和吸引力可以实现目标优化。萤火虫的亮度对应优化函数的适应度值，亮度越高，适应度值越大。如果两个相邻的萤火虫有相同的亮度，萤火虫将随机移动。低亮度的萤火虫被吸引到更明亮的萤火虫处，然后它们向更明亮的萤火虫移动，以更新它们的位置。

萤火虫算法模拟了萤火虫的自然现象。真实的萤火虫自然地呈现出一种离散的闪烁模式，而萤火虫算法假设它们总是在发光。为了模拟萤火虫的这种闪烁行为，杨新社提出了 3 条规则：一是假设所有萤火虫都是雌雄同体的，一只萤火虫可能会被其他任何萤火虫吸引；二是萤火虫的亮度决定其吸引力的大小，较亮的萤火虫吸引较暗的萤火虫，如果没有萤火虫比被考虑的萤火虫更亮，它就会随机移动；三是函数的最优值与萤火虫的亮度成正比。

萤火虫算法的基本原理：用搜索空间中的点模拟自然界中的萤火虫个体；将搜索和优化过程模拟成萤火虫个体的吸引与移动过程；将求解问题的目标函数度量成萤火虫个体所处位置的优劣；将萤火虫个体的优胜劣汰过程类比为求解问题目标函数的搜索和优化过程中，用好的解取代较差的解的迭代过程。

萤火虫算法作为一种群智能算法，具有广泛的应用领域。在函数优化、机器学习、数据挖掘等领域，萤火虫算法都能够发挥出色的性能。在函数优化问题中，萤火虫算法可以高效地找到多峰函数的多个最优解；在机器学习领域，萤火虫算法可以用于优化神经网络的参数，提高模型的性能；在数据挖掘领域，萤火虫算法可以用于解决聚类分析、分类等问题。

> **思维训练**：群智能算法发展到现在有几百种相关算法，这些算法有哪些共同特征？如何理解群智能算法中的自组织性？在没有控制中心的情况下，如何实现群体一致行为？

7.5.3　群智能算法的应用领域

群智能算法在较多领域得到了成功应用，下面简要进行介绍。

（1）优化问题（Optimization Problems）。群智能算法被广泛用于解决工程、物流、金融和电信等不同领域的优化问题。这些算法可以有效地优化具有多个变量和约束条件的复杂目标函数，包括调度、路由、资源分配和参数调整。具体应用包括投资组合优化、车辆路由、作业调度和网络优化等。

（2）机器人与自动化（Robotics and Automation）。群智能技术越来越多地应用于机器人技术和自动化，协调自主代理和多机器人系统的行为。群智能机器人技术旨在通过简单机器人的合作和协作来完成复杂的任务，应用范围从基于群体的探索与映射到协作操作和监视任务。

（3）数据挖掘与机器学习（Data Mining and Machine Learning）。群智能算法可用于数据挖掘和机器学习，用于进行特征选择、聚类、分类和异常检测。群智能算法可以有效地处理大型数据集和高维空间，发现数据中有意义的模式和结构。具体应用包括基因表达分析、图像分割、欺诈检测和入侵检测等。

（4）电信与网络（Telecommunications and Networking）。群智能技术被用于电信和网络优化中的资源分配、路由和负载平衡任务。群智能算法可以优化网络性能、提高服务质量、提高无线通信系统的能源效率。具体应用包括动态频谱分配、网络路由、负载平衡和流量管理等。

（5）其他新兴应用（Other Emerging Applications）。群智能技术被越来越多地应用于农业科技、医疗保健、环境监测和智慧城市等新兴领域。使用了群智能技术的农业科技无人机可以优化农业运营、监测作物健康和提高产量。在医疗保健领域，群智能技术被用于疾病诊断、药物发现和患者监测任务。在环境监测领域，群智能技术被用于野生动物跟踪、污染检测和灾难响应任务。此外，群智能技术还被用于智慧城市系统，用于交通管理、废物管理和能源优化。

> **思维训练**：群智能算法被用于诸多领域，以解决各种优化求解问题。它与基于深度学习的人工智能算法的区别是什么？有哪些结合了二者的应用领域？

7.6　粒子群优化算法及应用

7.6.1　粒子群优化算法的基本原理

粒子群优化算法初始时在搜索空间中随机生成一群粒子的位置参数，每个粒子的位置对应一个由优化函数决定的当前个体函数值，在这些函数值里找出群体最优解。每个粒子还有一个初始时随机生成的速度值决定它们的方向和距离。每个粒子通过个体当前速度、粒子当前位置、粒子历史最优位置和群体最优位置等数据来更新个体位置，然后在新的位置中找出新的群体最优解。以下假设在 D 维搜索空间中有 m 个粒子，其中第 i 个粒子在 k 时刻的位置记为 $X_i^k = \left(x_{i1}^k, \cdots, x_{iD}^k\right)$，它对应的速度记为 $V_i^k = \left(v_{i1}^k, \cdots, v_{iD}^k\right)$，第 i 个粒子在 k 轮搜索后获取的个体历史最优位置记为 $P_i = \left(p_{i1}, \cdots, p_{iD}\right)$，在前 k 轮搜索后整个粒子群的最优位置记为 $P_{gbest} = \left(p_{gbest\_1}, \cdots, p_{gbest\_D}\right)$。需要优化求解的 D 维函数表示为 $f(x) = f\left(x_1, \cdots, x_D\right)$，第 i 个粒子在 k 时刻的函数值表示为 $f\left(X_i^k\right)$，它的个体历史最优函数值表示为 $f\left(P_i\right)$，从所有粒子的个体历史最优函数值里找出的最大或最小函数值，即群体最优函数值，表示为 $f\left(P_{gbest}\right)$。

1. 基本粒子群优化算法

詹姆斯·肯尼迪和罗素·埃伯哈特（Russell Eberhart）于 1995 年第一次提出的粒子群优化算法称为基本粒子群优化算法。粒子群中第 i 个粒子在 $k+1$ 时刻的速度 V_i^{k+1}，由它在 k 时刻的速度 V_i^k 和位置 X_i^k，以及第 i 个粒子的个体历史最优解的位置 P_i 和群体最优位置 P_{gbest} 等决定。因为每个粒子的位置是 D 维变量，所以粒子群算法在每一个维度上分别求解，在第 d 维度（ $d \in (1, \cdots, D)$ ）

上的速度 v_{id}^{k+1} 的求解方法如下:

$$v_{id}^{k+1} = v_{id}^k + c_1 * r_1 * \left(p_{id} - x_{id}^k \right) + c_2 * r_2 * \left(p_{\text{gbest\_}d} - x_{id}^k \right) \tag{7-7}$$

其中 c_1 和 c_2 是固定系数,表示在 k 时刻第 d 维度上粒子 i 的当前位置到个体历史最优位置的距离 $p_{id} - x_{id}^k$ 和到群体最优位置的距离 $p_{\text{gbest\_}d} - x_{id}^k$ 的权重比例。r_1 和 r_2 是每次迭代时生成的 0 到 1 之间的随机数,为权重比例附加随机性。

在速度 v_{id}^{k+1} 确定好后,对应时刻和维度的位置 x_{id}^{k+1} 根据 k 时刻的位置 x_{id}^k 和 $k+1$ 时刻的速度 v_{id}^{k+1} 求取,公式如下:

$$x_{id}^{k+1} = x_{id}^k + v_{id}^{k+1} \tag{7-8}$$

在粒子群优化算法的迭代过程中,每个粒子总是先更新自身的速度,然后进行位置更新。式(7-7)中速度的更新主要受 3 个因素影响:首先是"记忆项",记忆个体速度 v_{id}^k;其次是"自身认知部分" $c_1 * r_1 * \left(p_{id} - x_{id}^k \right)$,表示粒子速度更新方向倾向于个体历史最优位置;最后是"群体认知部分" $c_2 * r_2 * \left(p_{\text{gbest\_}d} - x_{id}^k \right)$,表示粒子速度更新方向倾向于群体最优解所在的位置。当"群体认知部分"权重偏大时,粒子群体可以更快收敛,但这也更容易形成局部最优解,因此需要加入"自身认知部分"来调节。

粒子位置更新过程如图 7-23 所示,图中演示的粒子位置和速度的维度为 2 维,图中 $k-1$ 时刻的两个粒子 i 和 j 的位置 X_i^{k-1}、X_j^{k-1},加上 k 时刻的速度 V_i^k 和 V_j^k 后,得到 k 时刻的位置 X_i^k 和 X_j^k,假定通过遍历所有粒子的个体历史最优函数值后,确定 X_j^k 位置的函数值是群体最优解,即 $P_{\text{gbest}} = X_j^k$。$k+1$ 时刻粒子 i 的速度 V_i^{k+1} 利用式(7-7)获得,位置 X_i^{k+1} 利用式(7-8)获得。粒子 j 的位置是群体最优位置,因此,在式(7-7)中"自身认知部分"和"群体认知部分"的值都为零,即 $V_j^{k+1} = V_j^k$,$X_j^{k+1} = X_j^{k+1} + V_j^k$。

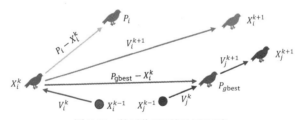

图 7-23 粒子位置更新过程示意

2. 标准粒子群优化算法

基本粒子群优化算法容易导致局部最优解,詹姆斯·肯尼迪和罗素·埃伯哈特于 1996 年对其进行了改进,在式(7-7)的第一部分个体速度 v_{id}^k 前乘以一个惯性权重 ω,通过调整惯性权重的大小来平衡算法全局搜索和局部搜索之间的矛盾,提高全局搜索能力。

改进后的粒子群算法称为标准粒子群算法,其速度更新公式如式(7-9)所示,位置更新公式与式(7-8)相同。

$$v_{id}^{k+1} = \omega * v_{id}^k + c_1 * r_1 * \left(p_{id} - x_{id}^k \right) + c_2 * r_2 * \left(p_{\text{gbest}} - x_{id}^k \right) \tag{7-9}$$

式(7-9)中的 ω 是静态固定的,动态 ω 能获得比固定值更好的寻优结果。史玉回和罗素·埃伯哈特于 1999 年提出一种线性递减权值的动态 ω 改进策略,如式(7-10)所示。

$$\omega = \omega_{\max} - \frac{\omega_{\max} - \omega_{\min}}{\text{iter}_{\max}} \times \text{iter} \tag{7-10}$$

其中,$\omega_{\max}$、$\omega_{\min}$ 分别是设定的 ω 的最大值和最小值,$\text{iter}_{\max}$ 是设定的最大迭代次数,iter 是

当前迭代次数。

以求解函数极值为例，标准粒子群优化算法的具体实施过程可用下面的伪代码进行描述。其中，求解函数最大值或最小值的伪代码语句只取其中之一，对应的最大值和最小值的伪代码编号相同，粒子速度更新采用式（7-9），位置更新采用式（7-8）。

标准粒子群优化算法求解函数极值的伪代码

输入

N——粒子群的粒子个数。

D——求解函数的维度。

$f(x) = f(x_1, x_2, \cdots, x_D)$——需要求极值的 D 维函数。

T——最大迭代次数。

L_B——设定的搜索空间下边界。

U_B——设定的搜索空间上边界。

ω——速度惯性权重。

c_1——自身认知权重。

c_2——群体认知权重。

输出

X_i^k——第 i 个粒子在 k 时刻的位置，$X_i^k = (x_{i1}^k, \cdots, x_{iD}^k)$。

V_i^k——第 i 个粒子在 k 时刻的速度，$V_i^k = (v_{i1}^k, \cdots, v_{iD}^k)$。

P_i——第 i 个粒子个体历史最优解的位置，$P_i = (p_{i1}, \cdots, p_{iD})$。

$f(P_i)$——第 i 个粒子个体历史最优解函数值。

P_{gbest}——群体最优解的位置，$P_{gbest} = (p_{gbest\_1}, \cdots, p_{gbest\_D})$。

$f(P_{gbest})$——群体最优解函数值。

执行过程

1:　开始

2:　for $i = 1$ to N do　　　　//对粒子群的每一个粒子 i 遍历执行，共执行 N 次

3:　　for $d = 1$ to D do　　　//对第 i 个粒子的每一个维度 d 遍历执行，共执行 D 次

4:　　　在 $[L_B:U_B]$ 区间内随机生成第 i 个粒子在第 d 维度上的初始位置 x_{id}^1。

5:　　　在 $[L_B:U_B]$ 区间内随机生成第 i 个粒子在第 d 维度上的初始速度 v_{id}^1。

6:　　end for d

7:　　第 i 个粒子的初始个体历史最优位置 $P_i = X_i^1$，$X_i^1 = (x_{i1}^1, \cdots, x_{iD}^1)$。

8:　　由求解函数 $f(x)$ 计算每个粒子的初始函数值 $f(X_i^1)$，并记录为每个粒子的初始个体

　　　历史最优解函数值：$f(P_i) = f(X_i^1)$。

9:　end for i

10:　找出粒子群里的最小函数值：$\min f(X_i^1)$，$i \in (1, \cdots, N)$。　　　　　//求最小值时

11:　找出粒子群里的最大函数值：$\max f(X_i^1)$，$i \in (1, \cdots, N)$。　　　　　//求最大值时

12:　$P_{gbest} = \arg\min f(X_i^1)$　　//记录群体最小函数值对应的位置为群体最优位置

13:　$P_{gbest} = \arg\max f(X_i^1)$　　//记录群体最大函数值对应的位置为群体最优位置

14:　$k = 1$　　　　　　　　　　　　　　//初始时，当前迭代次数 k 为 1

15:　while $k \leqslant T$ do　　　　　　　//循环迭代 T 次

16:　　for $i = 1$ to N do　　　　　　//每次迭代中对每一个粒子 i 遍历执行

17:　　　for $d = 1$ to D do　　　　　//对粒子 i 的每一个维度 d 遍历执行

18:　　　　生成随机数 $r_1, r_2 \in (0,1)$。

19:　　　　　使用式（7-9），计算第 k 次迭代中，第 i 个粒子在第 d 维度的速度 v_{id}^{k+1}。

20:　　　　　使用式（7-8），计算第 k 次迭代中，第 i 个粒子在第 d 维度的位置 x_{id}^{k+1}。

21:　　　　　检查 x_{id}^{k+1} 是否超出边界 $[L_B : U_B]$，如超出则设为边界值。

22:　　　end for d

23:　　　计算函数值 $f(X_i^{k+1})$，$X_i^{k+1} = (x_{i1}^{k+1}, \cdots, x_{iD}^{k+1})$。

24:　　　if $f(X_i^{k+1}) < f(P_i)$ then　　//求最小时，判断与历史最优解的大小关系

25:　　　if $f(X_i^{k+1}) > f(P_i)$ then　　//求最大值时，判断与历史最优解的大小关系

26:　　　　　$f(P_i) = f(X_i^{k+1})$，$P_i = X_i^{k+1}$　　//如果上式成立，更新个体最优解的位置

27:　　　end for i

28:　　找出粒子群里的最小函数值 $\min f(X_i^{k+1})$。　　//求最小值时

29:　　找出粒子群里的最大函数值 $\max f(X_i^{k+1})$。　　//求最大值时

30:　　$P_{gbest} = \arg\min f(X_i^{k+1})$　　//记录群体最小函数值对应的位置为群体最优位置

31:　　$P_{gbest} = \arg\max f(X_i^{k+1})$　　//记录群体最大函数值对应的位置为群体最优位置

32:　end while k　　//循环执行，直到 k 超过最大迭代次数 T 时为止

33: 结束

思维训练：粒子群优化算法中哪些参数是固定不变的？哪些是在迭代过程中不断变化的？求解精度是否与迭代次数成正比？如何理解粒子群优化算法的解可能是局部最优？

7.6.2　粒子群优化算法求解实例

1. 用粒子群优化算法求解函数 $f(x) = x_1^2 + x_2^2$ 的最小值

（1）求解过程实例解析。函数 $f(x) = x_1^2 + x_2^2$ 的三维图形是一个中间低、四周高，具有单一峰值的半球形状，它的轮廓图如图 7-24 中的三维图所示。为了简化计算、方便示例，在这个实例中，我们将粒子群优化算法中的 3 个固定参数设置为整数：$c_1 = 2$，$c_2 = 2$，$\omega = 1$。函数维度 $D=2$，粒子群的数目设为 3 个，搜索范围限制在 $[-5,5]$ 区间内。下面给出粒子群算法的初始化及一次更新迭代过程。

首先，初始时随机生成群体中各粒子的初始位置，如 $X_1^1 : (1,3)$、$X_2^1 : (-4,-1)$、$X_3^1 : (2,1)$，以及初始速度 $V_1^1 : (1,2)$、$V_2^1 : (-3,-1)$、$V_3^1 : (1,-2)$，如表 7-3 所示。

表 7-3　　　　　　　　　　随机初始化粒子群中各粒子的位置和速度

粒子编号	位置	速度	$f(x)$	个体最优函数值	个体最优位置	群体最优解
1	$X_1^1 : (1,3)$	$V_1^1 : (1,2)$	10	10	$P_1 : (1,3)$	$f(P_{gbest}) : 5$，$P_{gbest} : (2,1)$
2	$X_2^1 : (-4,-1)$	$V_2^1 : (-3,-1)$	17	17	$P_2 : (-4,-1)$	
3	$X_3^1 : (2,1)$	$V_3^1 : (1,-2)$	5	5	$P_3 : (2,1)$	

在初始过程中，各粒子位置对应的函数值 $f(X_1^1) = 1 \times 1 + 3 \times 3 = 10$，$f(X_2^1) = 17$，$f(X_3^1) = 5$。初始时粒子的个体最优函数值即为各自的初始函数值，3 个函数值中 $f(X_3^1)$ 的值最小，因此，群体最优函数值 $f(P_{gbest})$ 记录为 5，群体最优解的位置 P_{gbest} 记录为 X_3^1 的位置。

接下来，进行第一次迭代搜索。为了简化计算、方便示例，假设每次迭代中生成的随机数 r_1 和

r_2 均为 0.5，根据式（7-9）分别计算各粒子在各维度的速度值，以第一个粒子 X_1^1 为例计算时刻 2 的速度 V_1^2 和位置 X_1^2。

$$v_{11}^2 = \omega * v_{11}^1 + c_1 * r_1 * \left(p_{11} - x_{11}^1\right) + c_2 * r_2 * \left(p_{gbest\_1} - x_{11}^1\right)$$

$$v_{11}^2 = 1 \times 1 + 2 \times 0.5 \times (1-1) + 2 \times 0.5 \times (2-1) = 2$$

$$v_{12}^2 = \omega * v_{12}^1 + c_1 * r_1 * \left(p_{12} - x_{12}^1\right) + c_2 * r_2 * \left(p_{gbest\_2} - x_{12}^1\right)$$

$$v_{12}^2 = 1 \times 2 + 2 \times 0.5 \times (3-3) + 2 \times 0.5 \times (1-3) = 0$$

因此，获得第一个粒子在时刻 2 的速度 V_1^2 的值为(2,0)。根据式（7-8）获得新的位置 X_1^2 的值为(3,3)：

$$x_{11}^2 = x_{11}^1 + v_{11}^2 = 1 + 2 = 3$$

$$x_{12}^2 = x_{12}^1 + v_{12}^2 = 3 + 0 = 3$$

用同样的方式可以计算出 V_2^2 的值为(3,1)，V_3^2 的值为(1,-2)，接着计算出 X_2^2 的值为(-1,0)，X_3^2 的值为(3,-1)，如表 7-4 所示。

表 7-4　　　　　　　　　　第一次迭代后粒子群中各粒子的位置和速度

粒子编号	位置	速度	$f(x)$	个体最优函数值	个体最优位置	群体最优解
1	X_1^2:(3,3)	V_1^2:(2,0)	18	10	P_1:(1,3)	$f(P_{gbest})$:1，P_{gbest}:(-1,0)
2	X_2^2:(-1,0)	V_2^2:(3,1)	1	1	P_2:(-1,0)	
3	X_3^2:(3,-1)	V_3^2:(1,-2)	10	5	P_3:(2,1)	

接着用更新后的位置数据，计算出各粒子对应的函数值：$f\left(X_1^2\right) = 3 \times 3 + 3 \times 3 = 18$，$f\left(X_2^2\right) = 1$，$f\left(X_3^2\right) = 10$。粒子 1 和粒子 3 的当前函数值大于之前记录的个体最优函数值，因此，它们的个体最优函数值和对应的个体最优位置保持不变。粒子 2 的当前函数值小于之前记录的个体最优函数值，因此，个体最优位置 P_2 的值更新为 (-1,0)，个体最优函数值 $f(P_2)$ 更新为 1。再在所有个体最优函数值中找出最小值，即为新的群体最优函数值：$f(P_{gbest}) = 1$。新的群体最优位置 P_{gbest} 为 (-1,0)。在第一次迭代中，因为粒子初始个体最优位置为当前位置，所以在式（7-9）中"自身认知部分"为零，只有"群体认知部分"起作用。在后续的迭代中，当前位置与个体最优位置不同时，"自身认知部分"将对速度更新产生作用。按照上述更新速度和位置的过程，循环迭代直至达到设定的最大迭代次数，算法终止。

（2）用 Python 程序实现粒子群优化算法示例。使用 Python、Matplotlib 绘图库、NumPy 计算库和 Python 内置的 Tkinter 界面库编写的粒子群优化算法交互应用程序如图 7-24 所示。式（7-9）中的 3 个固定参数选取收敛较快的经验参数值：惯性权重 ω 取 0.729，认知权重 c_1 和 c_2

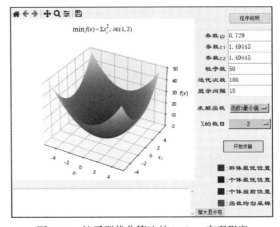

图 7-24　粒子群优化算法的 Python 实现程序

均取 1.49445。粒子总数取 50，最大迭代次数取 100，这两项取值越大求解越精确，但也更耗费内存和运算时间。这些参数值也可在程序界面中自行设置。

单击"开始求解"按钮后,程序根据设定的"显示间隔:10",每隔 10 次迭代显示一次中间求解过程的三维图形,在界面下方输出粒子群个体最优函数值、群体最优函数值及位置数据。如图 7-25 所示,左图是第 10 次迭代的中间过程展示,第 10 次迭代的群体最优解位于第 17 号粒子,最优函数值是 0.162615…;右图是迭代 100 次后的结果展示,这时群体最优位置发生了变化,位于第 12 号粒子,最优解函数值是 $6.562916\cdots\times10^{-12}$。最优解所在的位置为 $x_1:2.560026\cdots\times10^{-6}$,$x_2:9.581524\cdots\times10^{-8}$。因为粒子群优化算法随机生成初始数据,所以每次运行的结果会略有不同。

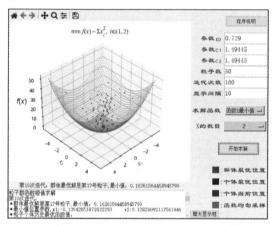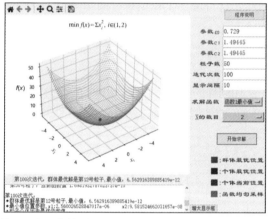

图 7-25　第 10 次和第 100 次迭代结果

2. 用粒子群优化算法求解函数 $f(x)=10\times2+\sum_{i=1}^{2}\left(x_i^2-10\times\cos\left(2\pi\times x_i\right)\right)$ 的最小值

与函数 $f(x)=x_1^2+x_2^2$ 的单一峰值不同,此函数具有位置相近的局部多峰值。用粒子群优化算法检测求解结果是否为局部最优,函数轮廓图如图 7-26 左图所示,右图是迭代 100 次的结果展示。本实例获得的群体最优解函数值是 6.898570×10^{-6},最优解所在的位置为 $x_1:1.602237\times10^{-6}$,$x_2:-9.539818\times10^{-7}$。实验表明求解结果良好,没有形成局部最优。当然,对于高维度、峰值间隔较大的求解函数,求解结果依然有局部最优的可能。

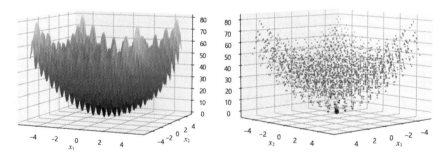

图 7-26　函数轮廓图和第 100 次迭代结果

3. 用粒子群优化算法求解函数 $f(x)=x_1\times\exp\left(\sum_{i=1}^{2}\left(-x_i^2\right)\right)$ 的最大值

前面两个实例求解的是函数最小值,此函数具有上下两个峰值,函数轮廓图如图 7-27 左图所示,右图是粒子群优化算法迭代 100 次后的结果展示。本实例获得的群体最优解函数值是 0.428882,

最优解所在的位置为 $x_1 : 0.707107$，$x_2 : 1.666197 \times 10^{-6}$。

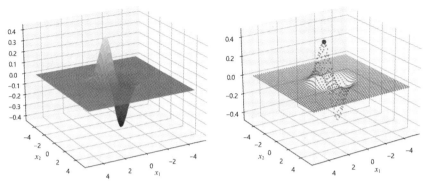

图 7-27　函数轮廓图以及第 100 次迭代结果

7.6.3　粒子群优化算法存在的问题和改进方向

1. 过早收敛问题

在应用标准粒子群优化算法时，如果搜索通过随机初始条件更接近局部最优解，则单个粒子的最优解和所有粒子的最优解都会收敛到局部最优解，因此无法保证找到全局最优解。停滞（过早收敛）问题一直是粒子群优化算法领域研究的主题，研究方向包括粒子稳定性分析、再分布机制和控制参数的随机采样等。另外，为了提高粒子群优化算法的收敛速度，研究者根据每个粒子的适应度，对速度更新公式的自我认知和社会认知组件进行修改，采用自适应控制收敛速度，以使粒子群优化算法能够解决大规模数值优化问题。

2. 高维度空间难题

粒子群优化算法可应用于高维数据分类。其特征选择的有效性已经得到了验证，然而，由于高维度搜索空间巨大，基于粒子群优化算法的特征选择存在容易形成局部最优和收敛缓慢的问题。一些改进方法是不使用所有特征，而是从广泛的特征中仅选择一小部分相关特征来实现类似甚至更好的分类精度。例如，结合蒙特卡罗等新方法，同时最小化所选特征的数量并最大限度地提高粒子群算法的分类精度。

3. 参数选择问题

在粒子群优化算法中，通过精心挑选控制参数可以获得最佳性能。然而，获取这些最优参数并不容易。为了解决参数选择的问题，研究者在资源有限的计算环境中进行模拟参数分析，以及研究基于启发式的超参数选择。

思维训练：请查阅粒子群优化算法最新的研究进展，了解粒子群优化算法在哪些方向上有创新和突破，以及解决了哪些应用问题。

实验 7　使用遗传算法求解旅行商问题

一、实验目的

（1）熟悉和掌握遗传算法的基本原理及其在实际场景中的应用。

（2）使用基于 scikit-opt 库实现的遗传算法程序求解旅行商问题。

（3）分析遗传算法参数（如种群大小、迭代次数、变异概率）对实验结果的影响，能够根据具体问题调整算法参数以获得更好的求解效果。

二、实验内容与要求

（1）使用遗传算法求解旅行商问题，算法输入为我国 34 个主要城市的经纬度坐标，算法输出为最优规划路线及最短路径。具体实验过程如下。

图 7-28　参数设置

① 设置遗传算法参数。运行"实验 7.exe"，设置种群大小为 50，最大迭代次数为 100，变异概率为 0.001，如图 7-28 所示。

② 运行程序并观察结果。加载数据文件 data.csv（我国 34 个主要城市的经纬度坐标，如果需要坐标所对应的城市名称，请查看文件"34 个城市名称及坐标.csv"），运行程序，待程序运行结束后观察输出结果，程序运行界面如图 7-29 所示。

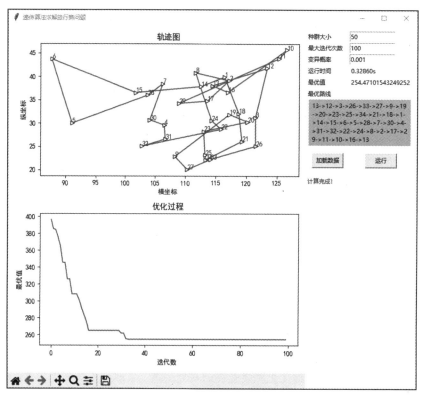

图 7-29　程序运行界面

程序运行结束后，观察实验结果，程序的运行时间为_____，最优值为_____，当前的最优路线起始点为_____，对应的城市名称为_____。

（2）调整算法参数，观察结果变化。调整遗传算法的参数，包括种群大小、变异概率、最大迭代次数等。记录求解过程和结果，分析不同参数设置对求解结果的影响，包括最优解的质量、收敛速度等。

① 调整种群大小为 100、最大迭代次数为 200、变异概率为 0.001。

程序的运行时间为_____，最优值为_____，当前的最优路线起始点为_____，对应的城市名称为＿＿＿＿＿＿＿。

② 调整种群大小为 100、最大迭代次数为 500、变异概率为 0.001。

程序的运行时间为＿＿＿＿＿＿＿，最优值为＿＿＿＿＿＿＿，当前的最优路线起始点为＿＿＿＿＿＿＿，对应的城市名称为＿＿＿＿＿＿＿。

③ 调整种群大小为 100、最大迭代次数为 1000、变异概率为 0.005。

程序的运行时间为＿＿＿＿＿＿＿，最优值为＿＿＿＿＿＿＿，当前的最优路线起始点为＿＿＿＿＿＿＿，对应的城市名称为＿＿＿＿＿＿＿。

④ 通过不断地实验和调整，找到适合该问题的最优参数组合和最优解。（在进行参数调整时，建议每次只改变一个参数，以便更准确地观察该参数对算法性能的影响。）

通过多次实验，取得的最优值为＿＿＿＿＿＿＿，运行时间为＿＿＿＿＿＿＿，路线起始点为＿＿＿＿＿＿＿，对应的城市名称为＿＿＿＿＿＿＿。当前的种群大小为＿＿＿＿＿＿＿，最大迭代次数为＿＿＿＿＿＿＿，变异概率为＿＿＿＿＿＿＿。

（3）自行组织数据完成算法测试。利用给定实验素材"中国城市经纬度表.txt"，从中选择感兴趣的城市（如出生地所在省份或地区的部分城市），按照输入数据的格式要求（使用 CSV 文件存储城市的经纬度数据，数据文件中不包含标题、表头和城市名称，经纬度值分别位于文件的第一、第二列），自行整理输入数据文件，运行程序，观察实验结果并进行参数调优。

① 请给出你选择的城市及其经纬度坐标数据截图。

② 观察实验结果，并完成以下内容的填写。

当前的种群大小为＿＿＿＿＿＿＿，最大迭代次数为＿＿＿＿＿＿＿，变异概率为＿＿＿＿＿＿＿。程序运行结束后，观察实验结果，程序的运行时间为＿＿＿＿＿＿＿，最优值为＿＿＿＿＿＿＿，当前的最优路线起始点为＿＿＿＿＿＿＿，对应的城市名称为＿＿＿＿＿＿＿。

三、实验操作引导

1. 实验程序的使用

双击"实验 7.exe"便可运行程序，在程序界面中可设置种群大小、最大迭代次数、变异概率3 个参数。单击"加载数据"按钮，可选择对应的 CSV 文件；单击"运行"按钮，界面提示"程序正在计算中，请稍候…"；算法运行结束后，界面提示"计算完成！"。

读取实验结果时，程序的运行时间、最优值、最优路线展示在界面右侧。其中，形如"1->2->3"的最优路线，表示从城市 1 出发，途经城市 2，最终到达城市 3。

2. 实验数据的自行组织和准备

打开实验素材"中国城市经纬度表.txt"，在其中挑选并记录城市名称及其经纬度。新建一个表格文件（".xlsx"文件），其内容包括城市名、经度、纬度 3 列数据；将文件另存为 CSV 格式文件，并删除标题行和城市名所在的列，最后得到的表格文件与 CSV 文件如图 7-30 所示。

城市名	经度	纬度
北京	116.46	39.92
天津	117.2	39.13
上海	121.48	31.22
重庆	106.54	29.59
拉萨	91.11	29.97
乌鲁木齐	87.68	43.77
银川	106.27	38.47
呼和浩特	111.65	40.82
南宁	108.33	22.84

A	B
116.46	39.92
117.2	39.13
121.48	31.22
106.54	29.59
91.11	29.97
87.68	43.77
106.27	38.47
111.65	40.82
108.33	22.84

图 7-30 表格文件与 CSV 文件

四、实验拓展与思考

（1）当使用相同的参数设置和数据进行重复实验时，得到的实验结果是否相同？为什么会出现这样的现象？

（2）在遗传算法中，种群大小、最大迭代次数、变异概率对实验结果有什么影响？这些参数是否越大越好？

实验 8　使用粒子群优化算法求解函数极值

一、实验目的

（1）掌握粒子群优化算法 Python 程序中各参数的意义及设定方法。

（2）掌握用粒子群优化算法 Python 程序求解函数极值的操作步骤。

（3）掌握自定义函数的设置和求解极值的方法。

二、实验内容与要求

1. 运行粒子群优化算法求解函数极值程序

使用 Python 的 IDLE 集成开发环境运行粒子群优化算法求解函数极值程序。单击"开始求解"按钮，查看运行结果，如图 7-31 所示。

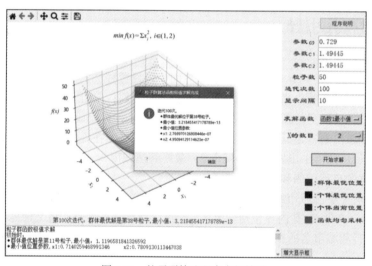

图 7-31　粒子群算法程序求解结果

2. 熟悉程序界面的各种参数修改和函数选择等操作

熟悉绘制图形不同视角的查看方式，熟悉粒子群优化算法的粒子数、迭代次数和显示间隔等参数的修改方式，熟悉不同函数选择方式。

3. 自定义求解极值函数，记录求解结果并填写实验报告

在求解函数中选择"自定义函数"，自主设定在区间范围内存在极值的函数，运行程序并记录运行结果，填写表 7-5。

表 7-5　　　　　　　　　　　　　粒子群优化算法求解函数极值实验报告

自定义函数			
求解函数极值类型		最大值（或最小值）	
函数图像			

第一组实验数据

惯性权重 ω		自身权重 c_1		群体权重 c_2	
粒子数		迭代次数			
初始最优函数值					
初始最优位置 x_1		初始最优位置 x_2			
最终最优函数值					
最终最优位置 x_1		最终最优位置 x_2			

第二组实验数据

惯性权重 ω		自身权重 c_1		群体权重 c_2	
粒子数		迭代次数			
初始最优函数值					
初始最优位置 x_1		初始最优位置 x_2			
最终最优函数值					
最终最优位置 x_1		最终最优位置 x_2			

比较不同参数下的求解结果，分析粒子群优化算法中各参数对求解速度和精度的影响，填写下面的空格。

粒子数目越多，初始最优函数值越_____（填"靠近"或"偏离"）真实最优值，收敛所需的迭代次数越_____（填"多"或"少"），每轮迭代的时间越_____（填"短"或"长"）。

惯性权重 ω 越大，收敛速度越_____（填"快"或"慢"），越_____（填"容易"或"不容易"）形成局部最优解。

自身权重 c_1 越大，收敛速度越_____（填"快"或"慢"），越_____（填"容易"或"不容易"）形成局部最优解。

群体权重 c_2 越大，收敛速度越_____（填"快"或"慢"），越_____（填"容易"或"不容易"）形成局部最优解。

迭代次数越多，求解的全局最优解越接近函数真实最优解。（　　　）（判断对错。）

三、实验操作引导

1. 运行粒子群优化算法求解函数极值程序

（1）在 Windows 搜索栏里输入"IDLE"，打开"IDLE（Python 3.8）"或其他更高版本的 IDLE。单击菜单栏的"File"→"Open"，在弹出的路径选择框里选择路径，再选择"粒子群算法求解函数极值.py"文件，单击"打开"按钮，导入 Python 源文件。单击菜单栏的"Run"→"Run Module"运行程序，或者按"F5"键运行。程序初始时显示的是函数 $f(x)=x_1^2+x_2^2$ 在区间[−5,5]内的三维表面图。

（2）单击界面右侧的"开始求解"按钮，程序按设定的默认值运行粒子群求解算法：参数惯性权重 ω=0.729，认知权重 c_1 和 c_2 均是 1.49445，粒子数为 50，迭代次数为 100，显示间隔为 10。程序将动态展示求解的中间过程，中间过程展示 100÷10=10 次。绘制的图形中，绿色点表示函数均匀采样，共有 50×50=2500 个点。红色点 1 个，表示群体最优位置。蓝色和紫色点各 50 个（数量可在界面中修改），分别表示个体最优位置和个体当前位置。每次展示过程中，图形横向旋转 5°。图形下方的标签中显示当前迭代的次数和群体最优解的值。

（3）数据保存。程序运行结束后，会弹出对话框，显示最终迭代求解后的群体最优函数值和位置信息。在界面下方的多行文本框里，显示多轮迭代的群体最优函数值、群体最优位置、粒子个体最优函数值、粒子个体当前函数值等数据。单击右下角的"增大显示框"按钮，绘制图形将缩小，下方的多行文本框将增大，以方便查看数据。选中需要的数据后，按"Ctrl+C"组合键复制信息，可以在 Word 实验报告中按"Ctrl+V"组合键粘贴。

（4）图形保存。在绘制区域的左上角的序列图标中，将鼠标指针放在最后一个图标上，会显示"Save the figure"，单击后将弹出路径选择框，可保存绘制图形到硬盘上。在 Word 实验报告中可将需要的绘制图形插入进去。

2. 熟悉程序界面的各种参数修改和函数选择等操作

（1）绘制图形的视角转变。在绘图区域中按住鼠标左键，拖曳查看不同视角的绘制图形。参数修改操作：在界面右侧的各输入框中，按"Backspace"键删除原数据，或者选中数据后直接输入数值。注意输入的参数中惯性权重 ω、认知权重 c_1 和 c_2 必须是数值，粒子数、迭代次数、显示间隔一定要输入整数。程序设定了数值检测和限定范围，输入不合适的内容后，单击"开始求解"按钮时，会弹出提示信息，要求重新输入数据，如图 7-32 所示。

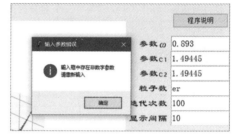

图 7-32　程序弹出提示信息

（2）选择不同的求解函数。单击界面右侧"求解函数"右边的下拉菜单，里面有 3 个设定好的函数。函数 1：求解 $f(x) = x_1^2 + x_2^2$ 的最小值。函数 2：求解 $f(x) = 10 \times 2 + \sum_{i=1}^{2}\left(x_i^2 - 10 \times \cos(2\pi \times x_i)\right)$ 的最小值。函数 3：求解 $f(x) = x_1 \times \exp\left(\sum_{i=1}^{2}\left(-x_i^2\right)\right)$ 的最大值。选择不同的函数，单击"开始求解"按钮，查看求解过程和结果。

3. 自定义求解极值函数，记录求解结果并填写实验报告

（1）在界面右侧"求解函数"下拉菜单中选择"自定义函数"，系统将弹出自定义函数设置界面，如图 7-33 所示。

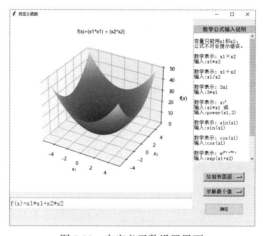

图 7-33　自定义函数设置界面

（2）输入公式说明：界面右侧列举了一些常用数学公式对应的程序输入方法，程序计算用的

是 NumPy 运算库,我们可以用这个库里的相关函数来计算数学里的一些常用运算,如 $\sin(x)$、$\cos(x)$ 分别用来计算 x 的正弦值和余弦值,$\exp(x)$ 用来计算 e^x,$\mathrm{sqrt}(x)$ 用来计算 $\sqrt[2]{x}$,$\mathrm{power}(x,3)$ 用来计算 x^3,计算 x^2 也可以不调用函数,直接用 "$x**2$" 表示。另外,数学里的乘号和除号要用 "$*$" 和 "$/$" 替代,如 "$x1×x2÷5$" 写成 "$x1*x2/5$",加号和减号与数学写法一致。

(3)函数变量表示方式:自定义函数设定的是二维函数的求解,只能用符号 "$x1$" 和 "$x2$" 表示两个变量,在程序设计中每个变量都有固定写法,不能随意替换成其他的符号。没有按规范书写公式时,单击 "确定" 按钮,公式下方会出现错误提示,如图 7-34 所示。

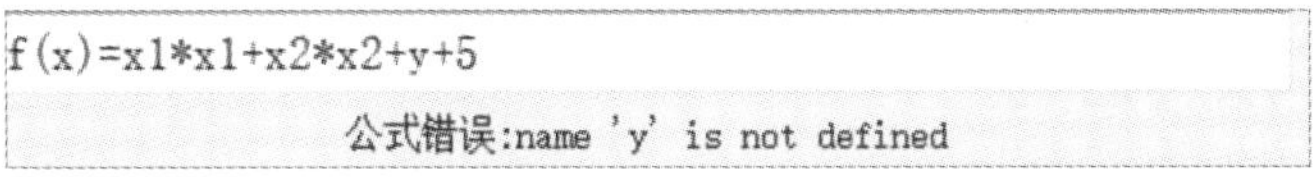

$$f(x)=x1*x1+x2*x2+y+5$$

公式错误:name 'y' is not defined

图 7-34　自定义函数出错示例

(4)自定义函数设置并求解:求解函数公式时,可以使用百度等搜索引擎检索 "三维函数" 等关键词,切换到图片搜索里,根据图形选择需要的公式,可对公式进行变形使用。在界面下方的文本框里按格式要求输入需要求解的函数公式。例如,在文本框中输入以下公式,单击 "确定" 按钮后,生成的图形如图 7-35 所示。

数学公式:$f(x)=\left(1-\dfrac{x_1}{2}+x_1^5+x_2^3\right)*e^{\left(-x_1^2-x_2^2\right)}$

输入:$f(x)=(1-x1/2+x1**5+x2**3)*\exp(-x1**2-x2**2)$

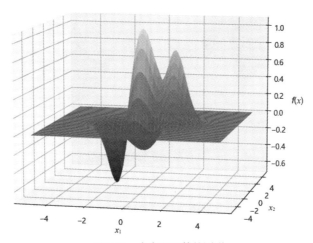

图 7-35　自定义函数的图形

(5)三维自定义函数设置:可以在百度或微软 Bing 搜索引擎里,切换到图片搜索,然后输入 "三维函数峰值",寻找自己感兴趣的三维函数公式及对应的峰值图。可以对现有公式加以变形,但要保证变形后的公式具有峰值。也可以参考以下函数。

$$f(x)=x_1^2*\cos x_1+x_2^2$$

$$f(x)=\frac{1}{2*\pi*4}*e^{\left(-\left(x_1^2+x_2^2\right)/8\right)}$$

$$f(x)=\frac{1}{2*\pi*4}*e^{\left(-\left(3x_1^2+x_2^2\right)/2\right)}$$

$$f(x)=-\sqrt{x_1^2+x_2^2+1}$$

$$f(x) = \frac{\sin\sqrt{x_1^2 + x_2^2}}{\sqrt{x_1^2 + x_2^2}}$$

$$f(x) = \sin\frac{x_1}{2.5} * \cos\frac{x_2}{2.5}$$

（6）填写报告：将自定义函数、函数图形、初始最优函数值和位置、最终最优函数值和位置，以及粒子群参数、粒子数、迭代次数等数据按报告格式填写。要求填写两组在同一自定义函数情况下不同粒子群参数的以上数据。

四、实验扩展与思考

（1）当求解函数具有多个相等的峰值时，如图 7-36 所示，函数 $f(x) = \sin(-x_1 + x_2) + \cos(-x_1 - x_2)$ 在区间[-5,5]内具有 5 个相等的峰值，函数 $f(x) = \sin\sqrt{x_1^2 + x_2^2}$ 的图形像一顶帽子，帽顶一圈都是最大值，用粒子群优化算法能否求解出极值？每次获得的极值是否在同一位置？

（2）当求解函数超过二维时，粒子群优化算法需要修改哪些参数？能否可视化函数图形？

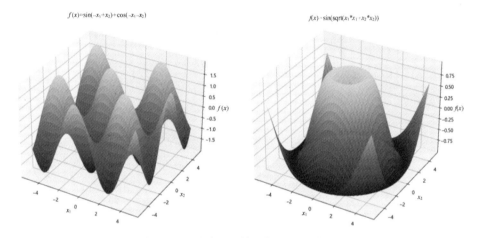

图 7-36　具有多个相等峰值的函数示例

快速检测

1. 判断题

（1）在遗传算法中，交叉操作一定会产生比亲本更优的子代。　　　　　　　　　　（　　）

（2）变异操作是遗传算法中保持种群多样性的重要手段之一。　　　　　　　　　　（　　）

（3）遗传算法中的选择操作是完全随机的，与个体的适应度无关。　　　　　　　　（　　）

（4）在遗传算法中，种群大小越大，算法收敛速度越快。　　　　　　　　　　　　（　　）

（5）遗传算法中的适应度函数是评价个体优劣的唯一标准。　　　　　　　　　　　（　　）

（6）群智能算法中的个体在搜索过程中不会与其他个体共享信息。　　　　　　　　（　　）

（7）群智能算法中的每个个体在搜索空间中单独搜寻最优解，并将其作为全局最优解。（　　）

（8）粒子群优化算法在每次迭代中都会更新所有粒子的位置和速度。　　　　　　　（　　）

（9）粒子群优化算法的性能完全取决于粒子数量和迭代次数。　　　　　　　　　　（　　）

（10）粒子群优化算法中的惯性权重 ω 越大，粒子的探索能力越强。（　　　）

2. 单选题

（1）遗传算法中的"遗传"一词主要指的是（　　　）。

    A. 个体之间的信息传递   B. 个体适应环境的能力

    C. 种群中基因的传承和变异   D. 种群数量的变化

（2）在遗传算法中，选择操作的主要目的是（　　　）。

    A. 增加种群的多样性

    B. 减小种群的规模

    C. 从当前种群中选择出较优的个体作为亲本

    D. 引入新的基因到种群中

（3）下列哪项不是遗传算法的基本操作？（　　　）

    A. 选择   B. 交叉   C. 变异   D. 初始化

（4）遗传算法中的适应度函数通常与什么直接相关？（　　　）

    A. 个体的基因型   B. 个体的表现型

    C. 种群的多样性   D. 问题的目标函数

（5）在遗传算法中，交叉操作通常发生在（　　　）。

    A. 选择之后，变异之前   B. 变异之后，选择之前

    C. 选择之前，初始化之后   D. 初始化之后，任何操作之前

（6）遗传算法中的变异操作是模拟自然界中的（　　　）。

    A. 基因重组   B. 自然选择   C. 基因突变   D. 遗传漂变

（7）下列关于遗传算法收敛性的说法中，正确的是（　　　）。

    A. 遗传算法总是能在有限时间内找到全局最优解

    B. 遗传算法可能收敛到局部最优解

    C. 遗传算法的收敛性与种群大小无关

    D. 遗传算法永远不会收敛

（8）在遗传算法中，种群大小的选择通常取决于（　　　）。

    A. 问题的复杂性   B. 计算资源的可用性

    C. 交叉概率和变异概率   D. A 项和 B 项

（9）遗传算法在解决优化问题时，其搜索过程是（　　　）。

    A. 完全随机的   B. 确定性的

    C. 启发式的，结合随机性和确定性   D. 仅基于经验的

（10）下列哪项不是遗传算法相较于其他优化算法的优势？（　　　）

    A. 能够处理复杂的非线性问题   B. 对问题的数学模型要求不高

    C. 总是能快速找到全局最优解   D. 具有较强的鲁棒性

（11）在群智能算法中，个体间的信息共享通常通过什么方式实现？（　　　）

    A. 直接传递数据   B. 通过环境媒介（如信息素）

    C. 无须信息共享   D. 通过中央控制器

（12）以下哪项不是群智能算法在优化领域的应用？（　　　）

    A. 函数优化   B. 组合优化   C. 图像处理   D. 生产调度

（13）群智能算法中的个体行为通常如何设计？（　　　）

    A. 复杂且具备高级智能   B. 简单且易于实现

    C. 无须设计，自然形成   D. 任意设计

（14）以下哪种算法不属于群智能算法？（　　　）

    A. 灰狼算法　　　　　　　　　　B. 蚁群优化算法

    C. 粒子群算法　　　　　　　　　　D. 神经网络算法

（15）下列哪个不是群智能算法的特点？（　　　）

    A. 分布式计算　　B. 自组织性　　C. 集中控制　　　D. 鲁棒性好

（16）在蚁群优化算法中，蚂蚁通过什么方式在解空间中搜索最优解？（　　　）

    A. 遗传变异　　B. 信息素更新　　C. 随机游走　　D. 自然选择

（17）粒子群优化算法是模拟哪种行为提出的？（　　　）

    A. 鸟群觅食　　B. 蚂蚁搬家　　C. 鱼群游动　　D. 狼群狩猎

（18）粒子群优化算法在寻找最优解时，通过迭代的方式不断逼近最优解，其收敛速度受哪些因素影响？（　　　）

    A. 群体规模　　　　　　　　　　B. 惯性权重和加速度因子

    C. 粒子的初始位置和速度　　　　D. 以上都是

（19）以下哪项不是粒子群优化算法的主要步骤？（　　　）

    A. 初始化粒子群的位置和速度

    B. 计算每个粒子的适应度值

    C. 通过遗传操作产生新一代粒子群

    D. 更新个体极值和全局极值

（20）粒子群优化算法中，粒子的位置代表什么？（　　　）

    A. 问题的解空间中的一个点　　　B. 粒子的速度

    C. 粒子的加速度　　　　　　　　D. 粒子的惯性权重

第8章
机器学习方法

机器学习是计算机科学中令人振奋的领域之一，在日常生活中发挥着越来越重要的作用。例如，方便的文本和语音识别软件、可靠的网络搜索引擎、具有挑战性的下棋程序、自动驾驶技术、辅助医疗应用等都和机器学习有关。本章介绍机器学习的主要概念及典型的机器学习方法，为利用机器学习技术解决实际问题奠定基础。

本章学习目标
- 了解机器学习的基本概念，掌握机器学习的一般开发流程。
- 掌握监督学习、无监督学习和强化学习的基本原理和特点。
- 熟悉机器学习的常见算法及应用，如 KNN、KMeans。
- 了解机器学习的主要应用场景。
- 了解 scikit-learn 库及其用法，以及它与其他库的依赖关系。

8.1 机器学习概述

通过前面的学习，我们了解到人工智能可以使计算机模拟人的某些思维过程和智能行为，包括推理、思考和规划等。但是，早期的人工智能方法缺少学习的能力。随着人工智能研究的不断发展，机器学习成为人工智能领域最为核心的研究内容和分支。

8.1.1 机器学习的定义

机器学习是什么？最简单、直观的解释就是"计算机模拟人的学习能力，从众多的实际事例中学习得到知识和经验"。如果用数据来表示实际事例，那么机器学习就是从数据中学习得到知识和规律，然后将其用于实际的推断和决策。

至今，尚未形成统一的机器学习概念，众多研究者从不同角度出发对其进行定义。1997年，卡内基梅隆大学的汤姆·米切尔（Tom Mitchell）教授在《机器学习》一书中提到，机器学习的思想在于计算机随着经验的积累，能够提高实现性能。同时，他也提出了相对形式化的描述：对于某一类任务 T 和机器性能度量 P，若一个计算机程序在 T 上以 P 衡量的性能随着经验 E 而自我完善，那么就称这个计算机程序可从经验 E 学习。华盛顿大学的佩德罗·多明戈斯（Pedro Domingos）教授更是将机器学习比喻成"终极算法"。

一般而言，机器学习的研究主要是从生理学、认知科学的角度出发，理解人类的学习过程，从而建立人类学习过程的计算模型或认知模型，并发展成各种学习理论和学习方法。在此基础上，研究通用的学习算法，建立面向任务的具有特定应用的学习系统。可见，机器学习是一门交叉学科，其主要的基础理论包括数理统计、数学分析、概率论、优化理论、数值逼近及计算复杂性等。

其核心元素是算法、数据及模型。

机器学习中的"机器"，指的就是计算机。机器学习中的"学习"，指的是从数据中学习得到模型的过程，这个过程通过执行某个学习算法来完成。机器学习的特点是让计算机利用庞大的数据量自己训练模型。对数据的依赖，是机器学习和其他普通程序的显著区别。因此，可以说机器学习是由数据驱动的，学习目标由机器学习任务决定，不同的机器学习任务有不同的学习目标。学习模型是从数据集中学习得到的结果，定义了学习任务如何进行。常见的学习模型有函数、神经网络、概率图、规则集、有限状态机等。定义了学习目标和学习模型，一个机器学习系统的主体就成形了。学习算法是学习过程的具体实现，根据学习算法执行与评价的反馈信息决定是否对学习模型进行再学习，以修改、完善学习结构。

> **思维训练**：机器学习与人类学习有何相似性和根本性差异？机器是否有可能实现"创造性学习"？

8.1.2 机器学习的分类

按照不同的角度和标准，机器学习有不同的分类方式。按学习方法可分为机械式学习、指导式学习、类比学习等。按推理方式可分为基于演绎的学习和基于归纳的学习等。通常来讲，机器学习可以根据是否需要标注数据（即目标变量）来进行划分，这也是主流的分类方式，此种情况下可将机器学习大致划分为三大类：监督学习（Supervised Learning）、无监督学习（Unsupervised Learning）和强化学习（Reinforcement Learning）。

监督学习将输入的样本数据映射到标注的标签，是最常见的机器学习类型。目前广受关注的深度学习几乎都属于监督学习，如文本识别、语音识别、图像分类、语言翻译等。

无监督学习是在没有标注数据的情况下，通过不断地自我学习和自我归纳来实现学习过程，其目标在于数据可视化、数据压缩或者更好地理解数据的内在规律。

强化学习通过智能体（Agent）与环境（Environment）的交互，学习最优的行为策略，以最大化累积奖励（Reward）。与监督学习和无监督学习不同，强化学习的核心在于环境交互、动态决策和试错学习。

8.1.3 机器学习的开发流程

从宏观上了解机器学习的开发流程，有利于对机器学习形成整体认识。机器学习的开发流程如图 8-1 所示，一般包括以下主要环节。

（1）预处理-整理数据。原始数据很少能以满足学习算法的最佳性能所需要的理想形式出现，因此，数据的预处理是所有机器学习应用中关键的步骤之一。以鸢尾花分类实验中用到的数据集为例，我们可以把原始数据视为欲从中提取有意义特征的一系列花朵的图像。有意义的特征可能是颜色、色调、高度、长度和宽度。为了获取模型的最佳性能，许多机器学习算法要求所选特征的测量结果单位相同，通常通过把特征数据变换到[0,1]的取值范围或均值为 0、方差为 1 的标准正态分布来实现。此外，某些选定的特征相互之间可能高度相关，因此在某种程度上存在冗余情况，在这种情况下，降维技术对于将特征压缩到低维空间非常有价值。降低特征空间维数的好处在于减少存储空间，提高算法的运行速度。

为了确定机器学习算法不仅在训练集上表现良好，而且对新数据有很好的适应性，我们可以将数据集随机分成单独的训练数据集和测试数据集。用训练数据集来训练和优化机器学习模型，把测试数据集保留到最后用来评估最终的模型。

（2）特征工程。本质上，特征工程也是数据处理的一种方式。特征工程包括从原始数据中进行特征挖掘、特征提取和特征选择。特征工程做得好，能发挥原始数据的最大效力，往往能够使算法的效果和性能得到显著提升，有时能使简单的模型也取得较好的效果。数据挖掘的大部分时间就花在特征工程上面，这是机器学习非常基础而又必备的步骤。

（3）机器学习算法训练。机器学习算法训练可分为 3 个步骤：模型选择、模型训练和模型调整。模型选择是根据实际要处理的问题来确定激活函数、损失函数、优化算法等。模型训练是通过调整网络的层数、参数及训练的轮次，反复检测训练损失和验证损失，寻找欠拟合和过拟合的折中点。模型调整是指通过不断调整模型及添加正则化项、随机丢弃神经元等方法进行训练，最终得到理想的可用于实际问题的模型。

（4）模型评估。使用测试数据集评估模型性能，选择合适的评估指标，如准确率、召回率、F1 分数、均方误差等，分析模型的优缺点。

（5）反馈与迭代。收集用户反馈和新数据，根据反馈调整模型或重新训练，持续优化模型性能。

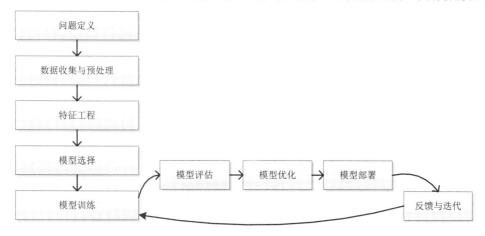

图 8-1　机器学习的开发流程

思维训练： 机器学习的逻辑背后是统计学思维，而数据是实现统计的基础，有数据才能统计规律和分析数据之间隐含的关系，数据质量决定了机器学习的效果。你认为机器学习的数据集是否越大越好？请分析原因。

8.2　回归

回归分析属于预测任务，其目标是研究自变量和因变量之间的关系。通常用直线或曲线来拟合数据点，研究如何使直线或曲线到数据点的距离差异最小。从本质上来说，回归分析是采用已知数据去预测新的数据的值，属于监督学习的范畴。

8.2.1　单变量线性回归

单变量线性回归是对单个特征和目标值之间的关系进行建模。拥有一个变量的线性回归模型的方程定义如下：

$$y = w_0 + w_1 x \qquad (8-1)$$

其中，w_0 代表 y 轴截距，w_1 为自变量的权重系数。机器学习的目标是先学习线性方程的权重，以描述自变量和因变量之间的关系，然后预测训练数据集里未见过的新响应变量。线性回归可以理解为通过采样点找到最佳拟合直线，如图 8-2 所示。图中的这条最佳拟合直线也称为回归线，从回归线到样本点的垂直线就是所谓的偏差或残差（Residual），也就是预测的误差。

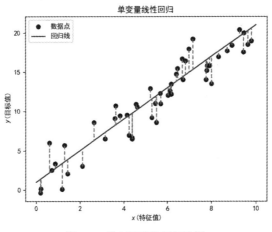

图 8-2　单变量线性回归示例

8.2.2　多元线性回归

在实际问题中，一个变量往往受到多个变量的影响。例如，家庭消费支出除了受家庭可支配收入的影响，还受诸如家庭所有的财富、物价水平、金融机构存款利息等多种因素的影响。

多元线性回归是单变量线性回归的扩展，用于预测多个自变量（特征）与一个因变量（目标）之间的线性关系。与单变量线性回归不同，多元线性回归可以处理更复杂的数据关系，适用于多个特征对目标变量的影响分析。多元线性回归模型可以表示为

$$y = w_0x_0 + w_1x_1 + \cdots + w_nx_n + b \tag{8-2}$$

这里，x_0 到 x_n 表示单个数据点的 $n+1$ 维度特征，本例中特征个数为 $n+1$，w 和 b 是学习模型的参数，y 是模型的预测结果。

8.2.3　逻辑回归

逻辑回归是一种简单而强大的分类算法，适用于二分类和多分类问题。它通过 Sigmoid() 函数将线性回归的输出转换为概率，并使用交叉熵损失函数进行优化。逻辑回归易于理解和实现，同时也可以通过正则化和特征工程进一步提升性能。它主要通过构建一个逻辑函数，也称为 Sigmoid() 函数，将线性回归的结果映射到一个 0～1 的概率值，从而实现对样本属于某个类别的预测。Sigmoid() 函数的形式为

$$g(y) = \frac{1}{1 + e^{-y}} \tag{8-3}$$

与线性回归类似，首先对输入特征进行线性回归，如式（8-2）所示；之后，将线性回归的结果输入 Sigmoid() 函数中，得到一个 0～1 的概率值，表示样本属于正类（通常将概率值大于 0.5 的类别定义为正类）的概率，即 $p = g(y)$。

逻辑回归广泛应用于医学诊断、金融风险评估、市场营销、自然语言处理、图像识别等领域。

8.2.4　拟合、过拟合、欠拟合和泛化

在机器学习中，拟合（Fitting）、过拟合（Overfitting）、欠拟合（Underfitting）和泛化

（Generalization）是几个非常重要的概念，它们描述了模型在训练数据和新数据上的表现，以及模型的复杂度与性能之间的关系。

（1）拟合。拟合是指构建一个模型来尝试匹配给定的数据集，使模型能够尽可能准确地描述数据集中的规律和关系。简单来说，就是让模型的预测结果与实际数据尽可能接近。在线性回归问题中，可寻找一条直线（或一个超平面）来尽可能多地穿过数据点，这条直线就是对数据的一种拟合。

（2）过拟合。过拟合是指模型在训练数据集上表现得非常好，能够几乎完美地拟合训练数据集中的所有细节和噪声，但在新的、未见过的数据集（测试数据集）上表现很差的现象。这是因为模型过度学习了训练数据集中的特定模式，而这些模式可能并不具有一般性，导致模型失去了对新数据的泛化能力。过拟合的产生可能是模型复杂度太高或训练数据不足导致的。

（3）欠拟合。欠拟合是指模型在训练数据集和测试数据集上的表现都较差，通常是因为模型过于简单，无法捕捉到数据中的关键特征和模式。欠拟合的模型通常参数数量不足，结构过于简单，导致无法充分学习数据中的复杂关系。

（4）泛化。泛化是指模型对未知数据的适应和预测能力，即模型在训练数据集之外的新数据上的表现能力。一个具有良好泛化能力的模型能够准确地预测或解释未曾见过的数据，这是机器学习模型的一个重要目标。泛化的评估指标通常有准确率和均方误差等。例如，在分类问题中，准确率指模型正确预测的样本数占总样本数的比例；在回归问题中，均方误差是衡量模型预测值与真实值之间差异的常用指标，它计算的是预测值与真实值之差的平方的平均值。

拟合是构建模型的基础操作，而过拟合是在拟合过程中需要避免的问题，泛化则是评估模型是否有效的关键指标，三者相互关联，共同影响机器学习模型的性能和应用效果。理解这些概念对于构建有效的机器学习模型至关重要。

> **思维训练：** 如果一个模型在训练数据集上准确率为 100%，但在测试数据集上准确率仅为 50%，这意味着什么？可能的原因是什么？

8.3　监督学习

监督学习的训练数据集包括标签数据，也称为有监督数据。图 8-3 所示的鸢尾花数据集，其中的每一行都与一个目标或标签相关联。列是不同的特征，行代表不同的数据点，通常称为样本。该数据集是机器学习领域的典型范例。数据集中包含山鸢花、变色鸢花和弗吉尼亚鸢尾 3 种不同鸢尾属的 150 朵鸢尾花的测量结果。数据集每行存储一朵花的样本数据，每列存储每种花的度量数据（以 cm 为单位），也称为数据集的特征。带有标签的数据告诉了机器学习算法输入数据与输出结果之间的对应关系。监督学习可以用于分类和回归问题，其中分类问题是对输入数据进行分类，回归问题是对输入数据进行连续值的预测。

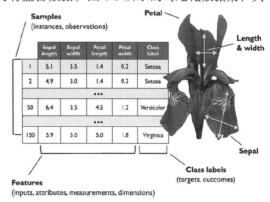

图 8-3　鸢尾花数据集

监督学习在日常生活中随处可见，图像和语音识别、垃圾邮件检测、推荐系统等，都是监督学习的典型应用。

8.3.1　监督学习的运行模式

监督学习的运行假设是，数据中隐藏一种关系或模式，模型可以学习这些关系或模式，然后将其应用于新的数据。在这种情况下，"监督"是指为算法提供指导或监督。我们可以把它想象成老师指导学生阅读教科书，老师知道正确答案，学生通过将他们的答案与老师的答案进行比较来学习。在进行数据挖掘时，监督学习可以分为两类：分类和回归。

图 8-4 给出了典型的监督学习流程，即先为机器学习算法提供打过标签的训练数据来拟合预测模型，然后用训练后的模型对未打过标签的新数据进行预测。

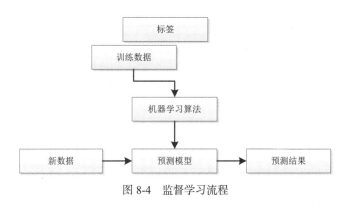

图 8-4　监督学习流程

以垃圾邮件过滤为例，可以采用监督机器学习算法在打过标签的（正确标识垃圾与非垃圾）电子邮件的语料库上训练模型，然后用该模型来预测新邮件是否属于垃圾邮件。带有离散分类标签的监督学习任务也被称为分类任务。

8.3.2　典型的监督学习算法

监督学习是从带有标签的训练数据中学习并建立模型，然后基于该模型去推断未知样本的算法。其中，模型的输入是某个样本数据的特征，而模型的输出是与该样本对应的标签。典型的监督学习算法介绍如下。

1. 朴素贝叶斯

朴素贝叶斯（Naive Bayes）中的"朴素"，表示所有特征变量间相互独立，不会影响彼此。其主要思想是，对于一个需要分类的数据，它的特征最多地出现在哪个类别中，就把它放到那个类别里。该技术主要用于文本分类、垃圾邮件识别和推荐系统等。

2. 线性回归

线性回归是一种数据分析技术，它使用相关的已知数据值来预测未知数据的值。它以数学方式将未知变量或因变量以及已知变量或自变量建模为线性方程。例如，假设你有去年的支出和收入数据，线性回归技术可分析这些数据，并确定你的支出占收入的比例。然后，通过将未来已知收入乘以相应比例来计算未知的未来支出。

3. 决策树

顾名思义，决策树是用于决策的树，目标类别作为叶子节点，特征属性的验证被视为非叶子节点，每个分支都是特征属性的输出结果。决策树擅长评估人物、位置、事务的不同特征、品质和特性，并且可以应用于规则的信用评估和比赛结果的预测等。决策树的决策过程是从根节点开始测试不同的特征属性，根据不同的结果选择分支，最后落入某个叶子节点获得分类结果，主要的决策树算法有 ID3、C4.5、C5.0、CART 等。

4. 支持向量机

支持向量机（SVM）是由弗拉基米尔·瓦普尼克等人设计的分类器，其主要思想是将低维特征空间中的线性不可分问题映射到高维空间，使问题变得线性可分。此外，应用结构风险最小理论在特征空间优化分割超平面，找到的分类边界应尽可能宽。所以该算法比较适用于二分类问题。与其他分类算法相比，支持向量机在小样本数据集中有很好的分类效果。

5. K 近邻

K 近邻算法又称 KNN 算法，是一种非参数算法，它根据数据点之间的接近程度和关联性对数据点进行分类。其基本思路是：如果一个样本在特征空间中的 K 个最相似（即特征空间中最邻近）的样本大多数属于某一个类别，则该样本就被判断为这个类别。K 通常是不大于 20 的整数。在 K 近邻算法中，所选择的邻居都是已经正确分类的对象。该算法在定类决策上只依据最邻近的一个或几个样本的类别来决定待分类样本的所属类别，其在推荐引擎和图像识别中得到了广泛应用。

6. 随机森林

随机森林本质上是许多决策树的集合，其中每棵树都和其他树略有不同。随机森林的基本思想是，每棵树的预测可能都相对较好，但可能对部分数据过拟合。如果构造很多树，并且每棵树的预测都很好，但都以不同的方式过拟合，那么可以对这些树的结果取平均值来降低过拟合，以保持树的预测能力。随机森林可以用于文本分类、情感分析、关键词提取等方面。例如，社交媒体平台可以利用随机森林来分析用户的情感倾向，识别恶意评论等。

7. 神经网络

神经网络包括输入层、隐藏层和输出层，其通过节点来模仿人脑的互连性，每个节点由输入、权重、偏差（或阈值）和输出组成。如果该输出值超过给定阈值，将触发或激活节点，并且数据将被传递到网络中的下一层。神经网络的训练过程主要采用前向传播和反向传播等方法。目前，神经网络已被广泛应用于各种行业和领域，相关内容的介绍详见第 9 章。

8.3.3　使用 scikit-learn 实现 KNN 算法

Python 是机器学习的常用工具，有许多 Python 库已经封装好了机器学习常用的各种算法。这些库经过很多优化，其运行效率较高。其中，scikit-learn（下文简称 sklearn）是一个常用的机器学习算法库，包含数据处理工具和许多典型的机器学习算法。本节以 sklearn 库为例，讲解如何使用封装好的 K 近邻（KNN）算法进行分类。首先，可使用 sklearn 中的 make_blobs()函数准备一些数据，该函数通常用于生成多个高斯分布的簇状数据，以便进行分类或聚类算法的测试与验证。生成的数据集包含一些平面上的点，它们由两个独立的二维高斯分布随机生成，每行包含 3 个数，依次是点的 x 坐标、y 坐标和类别。采用以下代码可生成数据集并进行可视化，如图 8-5 所示。

```
#调用make_blobs()函数生成150个样本的数据集
from sklearn.datasets import make_blobs
from sklearn.neighbors import KNeighborsClassifier    #sklearn中的分类器
import matplotlib.pyplot as plt
from matplotlib.font_manager import FontProperties
#生成150个特征数为2、2个类别的样本点
x,y = make_blobs(n_features=2,n_samples=150,centers=2,random_state=30)
#数据可视化
plt.scatter(x[y==0,0],x[y==0,1],c='red',marker='x')
plt.scatter(x[y==1,0],x[y==1,1],c='blue',marker='o')
plt.xlabel('x')
plt.ylabel('y')
plt.show()
```

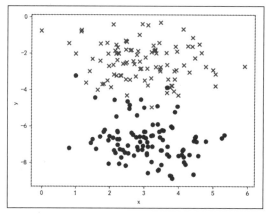

图 8-5 数据可视化

将整个数据集作为训练集，在平面上以 0.05 的步长为间距，采用 meshgrid()函数构造均匀网格，进而将得到的数据点作为测试集。采用网格间距 0.05 是为了平衡测试数据点的个数和代表性，也可以调整该数值，观察结果的变化。具体代表如下。

```
#设置步长
step = 0.05
#设置网格边界
x_min, x_max = np.min(x[:, 0]) - 1, np.max(x[:, 0]) + 1
y_min, y_max = np.min(x[:, 1]) - 1, np.max(x[:, 1]) + 1
#构造网格
xx, yy = np.meshgrid(np.arange(x_min, x_max, step), np.arange(y_min, y_max, step))
grid_data = np.concatenate([xx.reshape(-1, 1), yy.reshape(-1, 1)], axis=1)
fig = plt.figure(figsize=(16,4.5))
```

在 sklearn 中，KNN 分类器由 KNeighborsClassifier 定义，通过参数 n_neighbors 指定 K 的大小，本例分别设置 K=1、3、10，以比较不同 K 值下的分类效果。如图 8-6 所示，网格平面上的测试数据点的分类边界随 K 值的增大变得更平滑，但错分的概率也在变大。

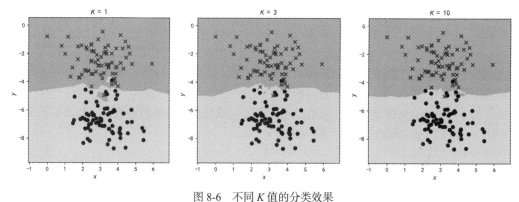

图 8-6 不同 K 值的分类效果

🧠思维训练：数学中学习过哪些求点间距的方法？它们是否可用于 K 近邻算法？

8.4 无监督学习

无监督学习使用机器学习算法来分析未标记的数据集并进行聚类。这些算法无须人工干预，即可发现数据中隐藏的模式。无监督学习能够揭示信息之间的相似性和差异性，因此被广泛应用于探索性数据分析和交叉销售策略分析等领域。利用无监督学习进行数据分析主要包括两方面技术：聚类和降维。聚类是将数据分成不同的组或簇，使同一组内的数据相似度较高，不同组之间的相似度较低。降维是将高维数据映射到低维空间，以减少特征维度和数据复杂性，以便更好地发掘数据规律。

8.4.1　聚类

聚类分析旨在将数据集中的样本分成多个组或簇，使同一组内的样本彼此之间具有较高的相似性，而不同组之间的样本具有较高的差异性。这种技术在许多领域都有广泛的应用，如在市场营销中，聚类可以帮助企业对客户进行分群，以便更好地理解不同客户群体的需求和行为模式。

具体来说，聚类算法会根据数据的特征或属性，将具有相似特征的样本归为同一簇。例如，假设有一个客户数据集，其中包含客户的年龄、性别、购买历史和消费习惯等信息。通过聚类分析，我们可以将具有相似年龄、性别、购买历史和消费习惯的客户归为同一组。这样，企业就可以根据每个客户群的特点，制订更有针对性的营销策略，提高营销效果。聚类分析的方法有很多种，包括 KMeans、层次聚类、DBSCAN 等。每种方法都有其独特的优点和适用场景。例如，KMeans算法适用于大规模数据集，能够快速找到簇的中心点，但需要预先指定簇的数量；层次聚类则通过逐步合并或分裂样本，形成一个层次结构，适用于小到中等规模的数据集；DBSCAN 算法则基于密度的概念，能够识别任意形状的簇，并且能够处理噪声数据。

总之，聚类分析是一种强大的数据分析工具，能够帮助人们从大量复杂的数据中提取有价值的信息，揭示数据的内在结构和模式。通过聚类分析，人们可以更好地理解数据的分布情况，从而做出更好的决策。

> **思维训练**：如果数据集中存在很多噪声数据，你会选择哪种聚类算法？为什么？如果数据集的簇形状不规则（如环形或螺旋形），哪种算法更适合？为什么？

8.4.2　降维

降维是指通过某种数学方法或变换，将高维数据转换为低维数据的过程。这个过程的目标是尽可能地保留原始数据中的重要特征和信息，同时去除冗余和不重要的部分。降维技术在数据处理和分析中非常有用，尤其在处理大规模和高维数据集时，可以显著减少计算复杂度和存储需求。

主成分分析（Principal Component Analysis，PCA）是一种常用的降维技术。它通过正交变换，将一组可能存在相关性的高维变量转换为一组线性无关的低维变量，这些变量被称为主成分。主成分根据方差大小依次排列，其中前几个主成分往往能够捕获数据中的大部分信息。通过选取这些主要的主成分，可以实现数据降维，同时保留数据的核心特征。

例如，PCA 能够将一个原始的三维数据集有效地简化为二维，从而便于进一步分析和可视化。图 8-7 展示了一个三维数据集，其中数据点以不同颜色分布在三维坐标系中，3 个不同方向的箭头分别指向 x_0、x_1 和 x_2 轴，分别表示主成分分析得到的 3 个主成分 PC1、PC2 和 PC3 的方向。

图 8-8 是图 8-7 经过 PCA 降维后的结果，显示了相同的数据点在二维平面上的分布。这个二维平面由两个新的坐标轴定义，标记为 PC1 和 PC2，代表了 PCA 转换后数据集的两个主要成分。数据点在 PC1 和 PC2 轴上的分布显示了数据在这两个方向上的变化情况。

可见，PCA 可将高维数据集简化为低维数据集，同时尽可能保留原始数据的变化特性，可以更容易地观察数据的结构和模式，这对于数据可视化和分析非常有用。

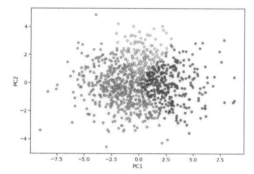

图 8-7　原始三维数据集　　　　　图 8-8　PCA 从三维缩减到二维后的散点图

> **思维训练**：在 PCA 降维过程中，如何保留主成分以平衡信息保留和降维效果？有没有具体的标准或方法来确定保留数量？PCA 降维后，如果数据点在新的二维平面上分布较为分散，这对数据分析和模式识别会有何影响？

除了 PCA，还有其他降维技术，如线性判别分析（Linear Discriminant Analysis，LDA）、t 分布随机邻域嵌入和自编码器等。这些技术各有优缺点，适用于不同类型的数据和应用场景。例如，LDA 不仅降维，还考虑了类别信息，常用于分类任务；t 分布随机邻域嵌入擅长在低维空间中保持高维数据的局部结构，常用于可视化高维数据；自编码器是一种基于神经网络的降维方法，可以通过训练自动学习数据的有效表示。

> **思维训练**：在降维技术中，不同方法适用于不同场景。场景 1：图像数据需要保持类别区分度。场景 2：高维数据需要快速提取主要特征。场景 3：复杂数据需展示局部结构用于可视化。场景 4：数据需要通过自动学习提取有效表示。你会为每个场景选择哪种降维技术？为什么？

8.5　强化学习

强化学习是一种从环境当前状态映射到动作行为的学习过程，其目标是使智能体在与环境交互的过程中得到最大的累积奖励。为了达到这个目标，智能体必须通过自己不断试错来发现哪些行为能获得最大的累积奖励。

在强化学习中，最有挑战的问题是：在某一状态下，智能体所选择做出的动作，不仅仅会影响当前的奖励，还会影响后续所有的动作和奖励。因此，强化学习中的不断试错和延时奖励是其最重要也是最有区分性的特征。智能体必须能感知到其所处环境的状态信息，并且有能力做出动作去影响所处的环境状态。此外，智能体要有一个或多个明确的、与环境相关的目标。

8.5.1　强化学习的主要概念

1. 状态和动作

状态是指环境状态。例如，在玩超级玛丽游戏时，可以认为当前状态就是超级玛丽游戏画面中的某一帧，如图 8-9 所示。玩超级玛丽游戏的时候，通过观察屏幕上的状态，来操纵马里奥做出相应的动作。假设马里奥会做 3 个动作，向左走、向右走和向上跳。画面里的马里奥就是智能体。

图 8-9　超级玛丽游戏画面中的一帧

2. 策略

策略通常记为 π 函数，是指根据观测到的状态来进行决策，以控制智能体的运动。π 函数通常被定义为式（8-4）所示的概率密度函数：

$$\pi(a\,|\,s) = P(A=a\,|\,S=s) \tag{8-4}$$

其含义是，在给定状态 s 的情况下，智能体做出动作 a 的概率密度。

在图 8-9 中，马里奥会做出 3 种动作中的一种。假设向左走的概率为 0.2，向右走的概率为 0.1，向上跳的概率为 0.7，3 种动作都有可能发生。显而易见，向上跳的概率最大。策略函数的作用就是根据概率来做出动作选择，以保证动作的随机性。可以试想，如果动作是确定的，那么别人就容易破解下一步会怎么做。所以，策略函数通常采用概率密度函数，让策略随机，这样别人就无法猜测下一步动作。

3. 奖励

智能体做出一个动作，游戏就会给一个奖励（Reward）。奖励定义的好坏对强化学习的效果有较大影响。以超级玛丽游戏为例，可以定义马里奥吃到一个金币时奖励"R=+1"，如果赢了这场游戏，则奖励"R=+10000"，之所以把打赢游戏的奖励定义得大一些，是为了激励学到的策略是打赢游戏而不是一味地吃金币。如果马里奥碰到敌人 Goomba，马里奥就会死，游戏结束，这时奖励就设为"R=−10000"，如果这一步什么也没发生，奖励就是"R=0"。强化学习的目标就是使获得的奖励总和尽量高。

4. 状态转移

当前状态下，马里奥做一个动作，游戏就会给出一个新的状态。比如马里奥跳一下，屏幕中的下一个画面就不一样了，也就是状态改变了，这个过程就叫作状态转移。一般地，状态转移也是随机性的，可以将状态转移用 p 函数来表示：

$$p(s'\,|\,s,a) = P(S'=s'\,|\,S=s,A=a) \tag{8-5}$$

这是一个条件概率密度函数，含义是如果观测到当前的状态 s 以及动作 a，p 函数输出 s'的概率。也就是说，如果马里奥向上跳，那么 Goomba 也以一定的概率确定走向，但这个概率只有环境知道，玩家是不知道的。

5. 智能体与环境交互

强化学习的关键问题是智能体怎么在复杂、不确定的环境中最大化它能获得的奖励。如图 8-10 所示，强化学习由智能体和环境两部分组成。以超级玛丽游戏为例，智能体是马里奥，状态 S_t 是环境提供的，我们可以把当前屏幕上显示的画面看作状态 S_t。智能体看到状态 S_t 后要做出一个动作 A_t，动作可以是向左走、向右走和向上跳，智能体做出动作 A_t 之后环境会更新状态为 S_{t+1}，同时环境还会给智能体一个奖励 R_t。要是吃到金币，奖励就是正的；要是赢了游戏，奖励就是一个很大的正数；要是马里奥死了，奖励就是一个很大的负数。

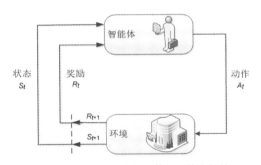

图 8-10　强化学习中智能体和环境之间的
迭代式交互

8.5.2　强化学习的应用场景

强化学习的应用非常广泛，它在机器人控制、游戏、自然语言处理等领域中都有广泛的应用。

常用的强化学习算法有 Q-learning、Deep Q-Network (DQN)、Policy Gradient 等。下面介绍几个强化学习的典型应用案例。

（1）自动驾驶汽车。自动驾驶是当前智慧交通的重点攻克方向之一。强化学习模型可在动态环境中进行训练，根据自身经验学习策略，遵循探索和利用原则，最大限度地减少对当前交通系统的干扰，这使自动驾驶汽车成为可能。许多模拟环境可用于对自动驾驶汽车技术的强化学习模型进行测试。其中，DeepTraffic 是一个由麻省理工学院推出的用于测试自动驾驶算法的开源环境，它结合了强化学习、深度学习和计算机视觉等技术，可模拟无人驾驶车辆、无人机、汽车等驾驶场景。

（2）数据中心冷却。一个很好的例子是 DeepMind 使用人工智能代理来冷却谷歌数据中心，这使能源支出减少了 40%。该数据中心现在完全由人工智能系统控制，无须人工干预。该系统的工作方式为：每 5min 从数据中心拍摄一次数据快照，并将其提供给深度神经网络，用于预测不同的组合将如何影响未来的能源消耗，以便识别最低的功耗操作，同时保持一组安全标准，最后在数据中心发送和实施这些操作，并由本地控制系统对这些动作进行系统验证。

（3）自然语言处理。使用强化学习进行语言理解是因为其固有的决策性质。智能体试图理解句子的状态，并试图形成一个动作集，使其增加的价值最大化。强化学习可用于自然语言处理的多个领域，如文本摘要、问答、翻译、对话生成、机器翻译等。强化学习代理可以被训练用来理解文档的含义，并用于回答相应的问题。

> **思维训练**：描述如何建模机器人的导航环境。环境中的状态、动作和奖励是如何定义的？

实验 9　线性回归在银行贷款金额分析中的应用

一、实验目的

（1）理解回归分析的基本原理，掌握如何处理和分析数据，并能独立设计和实现一个简单的回归分析模型。

（2）采用线性回归模型来预测银行贷款金额，掌握对数据预测准确性的评估方法，提高对模型进行扩展和优化的意识与能力。

二、实验内容与要求

线性回归在银行贷款金额分析中的应用实验实现了一个简单的线性回归模型，用于分析银行贷款金额。首先生成包含工资、年龄和银行贷款金额的示例数据，并将数据集分为训练集和测试集，比例分别为 70% 和 30%。然后，创建并训练线性回归模型，计算均方误差（MSE）和决定系数（R^2），输出模型的评估指标、回归系数和截距。最后，通过散点图可视化真实值与预测值的关系，并标注每个数据点，同时添加理想线以便于比较。

主要实验环节如下。

1. 数据准备

首先，通过字典类型创建一个包含工资、年龄和银行贷款金额的数据集 data，并采用 pd.DataFrame(data) 进行转换以备处理。

其次，将数据集划分为训练集和测试集，训练集用于模型的训练，测试集用于模型的评估。

可使用 train_test_split()函数实现这一点，并保持一定的随机性。

2. 模型创建

使用 sklearn.linear_model 库中的 LinearRegression 类创建线性回归模型。

3. 模型训练

使用训练数据集和模型的 fit()方法对模型进行训练。模型将自动调整参数，使预测值与实际值之间的误差最小化。

4. 模型预测

使用测试数据集和模型的 predict()方法对测试集进行预测。

5. 模型评估

计算模型的均方误差（MSE）和决定系数（R^2），对模型的性能进行评估。可采用 sklearn.metrics 库中的 mean_squared_error()和 r2_score()来实现。

6. 模型可视化

数据可视化是机器学习实验中的重要步骤，通过绘制散点图，我们可以直观地看到预测值与真实值的对比。理想情况下，所有点都应该接近对角线（理想线），这表示模型的预测值与实际值非常接近。

完整的参考代码如下。

```python
import numpy as np
import pandas as pd
import matplotlib.pyplot as plt
from sklearn.model_selection import train_test_split
from sklearn.linear_model import LinearRegression
from sklearn.metrics import mean_squared_error, r2_score
import matplotlib.font_manager as fm
#设置中文字体
plt.rcParams['font.sans-serif'] = ['SimHei']    #使用黑体
plt.rcParams['axes.unicode_minus'] = False    #正常显示负号
#生成示例数据
data = {
    '工资': [5000, 7000, 10000, 12000, 15000, 20000, 25000, 30000, 40000, 50000],
    '年龄': [25, 28, 30, 32, 35, 40, 45, 50, 55, 60],
    '银行贷款金额': [20000, 25000, 30000, 35000, 40000, 50000, 55000, 60000, 70000, 80000]
}
#转换为数据框
df = pd.DataFrame(data)
#特征和标签
X = df[['工资', '年龄']]
y = df['银行贷款金额']
#拆分数据集为训练集和测试集
X_train, X_test, y_train, y_test = train_test_split(X, y, test_size=0.2, random_state=42)
#创建线性回归模型并训练
model = LinearRegression()
model.fit(X_train, y_train)
#进行预测
y_pred = model.predict(X_test)
#评估模型
mse = mean_squared_error(y_test, y_pred)
r2 = r2_score(y_test, y_pred)
print(f'均方误差 (MSE): {mse}')
print(f'决定系数 (R^2): {r2}')
```

```
#输出回归系数
print("回归系数:", model.coef_)
print("截距:", model.intercept_)
#可视化真实值和预测值
plt.figure(figsize=(10, 6))
plt.scatter(y_test, y_pred, color='blue', label='预测值')
plt.xlabel('真实值', fontsize=14)
plt.ylabel('预测值', fontsize=14)
#使用suptitle()而不是title()
plt.suptitle('真实值 vs 预测值', fontsize=16, fontweight='bold')    #调整字体大小和样式
#为每个点添加标签
for i in range(len(y_test)):
        plt.text(y_test.iloc[i], y_pred[i], f'({y_test.iloc[i]}, {round(y_pred[i], 2)})',
fontsize=9)
#添加理想线
plt.plot([min(y_test), max(y_test)], [min(y_test), max(y_test)], color='red', line
style='--', label='理想线')
plt.legend()
#调整布局,确保标题显示
plt.tight_layout(rect=[0, 0, 1, 0.95])    #确保 suptitle 不被裁剪
# 显示图表
plt.show()
```

7. 结合实验过程回答问题

（1）在生成示例数据时，工资、年龄和银行贷款金额的值是通过列表直接给出的。如果要改变数据的分布范围，可以修改这些列表中的数值。请填空：工资的值是通过列表[＿＿＿＿, ＿＿＿＿, ＿＿＿＿, ＿＿＿＿, ＿＿＿＿, ＿＿＿＿, ＿＿＿＿, ＿＿＿＿]得到的；年龄的值是通过列表[＿＿＿＿, ＿＿＿＿, ＿＿＿＿, ＿＿＿＿, ＿＿＿＿, ＿＿＿＿, ＿＿＿＿, ＿＿＿＿]得到的；银行贷款金额的值是通过列表[＿＿＿＿, ＿＿＿＿, ＿＿＿＿, ＿＿＿＿, ＿＿＿＿, ＿＿＿＿, ＿＿＿＿, ＿＿＿＿]得到的。

（2）在拆分数据集为训练集和测试集时，使用了 test_size=0.2 和 random_state=42 参数。如果要调整测试集的比例或随机状态，可以修改这些参数。请通过网络搜索这两个参数的含义。

（3）请给出模型最终的运行结果以及真实值和预测值的可视化情况。

均方误差：＿＿＿＿＿＿＿＿＿＿＿＿＿＿＿＿＿＿＿。

决定系数：＿＿＿＿＿＿＿＿＿＿＿＿＿＿＿＿＿＿＿。

回归系数：＿＿＿＿＿＿＿＿＿＿＿＿＿＿＿＿＿＿＿。

截距：＿＿＿＿＿＿＿＿＿＿＿＿＿＿＿＿＿。

三、实验操作引导

1. 实验环境搭建

本实验使用 Anaconda 作为实验环境，它是一个开源的 Python 发行版本，已预先安装 conda、Python、Jupyter Notebook、NumPy、pandas、scikit-learn 等 180 多个科学包及其依赖项。大家可以从清华大学开源软件镜像站下载 Anaconda 安装文件并进行安装。

按照提示安装完成后，启动 Anaconda Navigator，它是一个可视化的应用程序，可方便用户管理和运行 Anaconda 中包含的各种工具与应用，如图 8-11 所示。

Jupyter Notebook 是一个基于 Web 的交互式开发环境，可用于记录和运行代码、查看结果、可视化数据。这些特性使其成为一款执行端到端数据科学工作流程的便捷工具，可用于数据清理、

统计建模、构建和训练机器学习模型等。在 Anaconda Navigator 中单击 "Launch" 按钮启动 Jupyter Notebook，其界面如图 8-12 所示。

图 8-11　Anaconda Navigator 界面

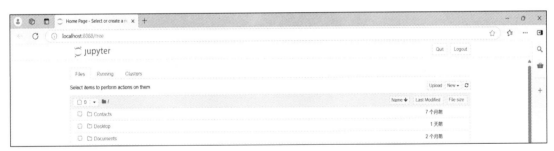

图 8-12　Jupyter Notebook 的界面

启动后，默认的 Notebook 服务器的运行地址是 http://localhost:8888。用户可以通过单击 "New" 按钮创建新的 Notebook、文本文件、文件夹或终端等，也可以选择打开目录里的 Notebook 文件（扩展名为 ".ipynb"）来编辑和运行代码。

Notebook 界面由基本的单元格组成，每个单元格在可编辑状态下可以任意输入代码和注释说明（Markdown），默认是代码格式。绿色单元格代表其中的内容处于可编辑状态，蓝色单元格表示单元格处于可操作状态（如删除单元格等），如图 8-13 所示。

图 8-13　在 Notebook 中输入和执行代码

Notebook 中的大部分工作均在代码单元格中完成，就像平时在 IDE 软件里写代码一样，给变量赋值、定义函数和类、导入包等。执行单元格代码可以通过上方的"运行"按钮来完成。

2. 线性回归

正如 8.2 节所述，线性回归是一种监督学习算法，用于研究两个或多个变量之间的关系。在简单线性回归中，假设目标变量（Y）与自变量（X）之间存在线性关系，这种关系可以表示为

$$Y = \beta_0 + \beta_1 X + \epsilon$$

在银行贷款金额分析中，目标变量 Y 为银行贷款金额，自变量 X 为工资或年龄。截距 β_0 表示当 X 为 0 时 Y 的值，回归系数 β_1 表示 X 变化 1 单位时 Y 的变化量，误差项 ϵ 表示未被模型解释的部分。

多元线性回归允许我们同时考虑多个自变量（如工资和年龄）来预测目标变量。其公式为

$$Y = \beta_0 + \beta_1 X + \beta_2 X_2 + \cdots + \beta_n X_n + \epsilon$$

在本实验中，工资和年龄作为自变量，用于预测银行可能提供的贷款金额。

3. 最小二乘法

最小二乘法是一种优化方法，用于确定回归系数。它的目标是找到使预测值与实际值之间的误差平方和最小的参数集合。误差的度量通常使用均方误差（MSE），其计算公式为

$$\text{MSE} = (1/n)\Sigma(y_i - \hat{y}_i)^2$$

其中，y_i 表示第 i 个样本的实际值，$\hat{y}_i$ 表示第 i 个样本的预测值，n 为样本数量。

4. 模型评估

为了评估线性回归模型的性能，可使用决定系数（R^2）来衡量模型的拟合优度。R^2 的取值范围为 0~1，越接近 1 表示模型对数据的拟合度越好。R^2 的计算公式为

$$R^2 = 1 - \frac{\sum_{i=1}^{n}(y_i - \hat{y}_i)^2}{\sum_{i=1}^{n}(y_i - \bar{y})^2}$$

其中，$\bar{y}$ 表示实际值的平均值。R^2 值越大，表示模型能够解释越多的方差，模型性能越好。

四、实验拓展与思考

（1）本实验的结果表明，使用工资和年龄作为自变量进行线性回归建模，可以有效预测银行可能提供的贷款金额。在实验中，模型的预测值与真实值之间的均方误差（MSE）较小，决定系数（R^2）接近 1，表明模型对数据的拟合程度较好。然而，少数预测值与真实值存在一定的偏差，提示可能需要进一步优化模型或引入更多影响贷款金额的因素，以提高预测的准确性。考虑添加更多的自变量（如教育水平、工作年限），观察这些自变量对贷款金额预测值的影响。

（2）使用实际的银行贷款数据集，增加数据量并分析数据的分布和特性，进一步优化模型。此外，尝试使用多项式回归或其他非线性模型来拟合数据，比较不同模型的效果。

实验 10　监督学习——鸢尾花分类

一、实验目的

（1）构建一个监督学习模型，利用鸢尾花的物理测量数据来预测其品种。

（2）理解训练集和测试集的作用。

（3）掌握利用 scikit-learn 库的 KNeighborsClassifier 类实现 K 近邻算法的核心函数。

（4）掌握使用 Jupyter Notebook 运行代码的一般方法。

二、实验内容与要求

鸢尾花数据集是机器学习领域的典型示例数据集，共包含 150 朵鸢尾花的数据。具体数据项有花瓣的长度和宽度、花萼的长度和宽度，所有数据项的单位都是厘米（cm）。此外，植物学家已经鉴定这些数据分别属于山鸢尾（Setosa）、变色鸢尾（Versicolor）和弗吉尼亚（Virginica）3种不同的鸢尾植物并对其进行了标记。

实验的目标是构建一个机器学习模型，使其从这些已知品种的鸢尾花测量数据中进行学习，进而能够预测新鸢尾花的品种。因为在该数据中，鸢尾花共有 3 类，所以这是一个 3 分类监督学习问题。

1. 初识数据

将"实验 10"文件夹放在桌面上，启动 Jupyter Notebook，在"File"菜单中选择"实验 10"文件夹，找到"实验 10.ipynb"，单击打开该文件就可以逐行运行里面的代码。

鸢尾花数据集包含在 scikit-learn 的 datasets 模块中，我们可以调用 load_iris()函数来加载数据：

```
In  [47]: from sklearn.datasets import load_iris
          iris_dataset = load_iris()
```

load_iris()返回的 iris 对象与字典非常相似，里面包含键和值。其中，"DESCR"键对应的值是数据集的简要说明：

```
In  [69]: print("Keys of iris_dataset:\n", iris_dataset.keys())
          Keys of iris_dataset:
           dict_keys(['data', 'target', 'frame', 'target_names', 'DESCR', 'feature_
names', 'filename', 'data_module'])

In  [70]: print(iris_dataset['DEscR'][:193] + "\n...")
          .. _iris_dataset:
          Iris plants dataset
          ------------------------

          **Data Set Characteristics:**

              :Number of Instances: 150 (50 in each of three classes)
              :Number of Attributes: 4 numeric, pre
          ...
```

"target_names"键对应的值是一个字符串数值，里面包含要预测的花的品种：

```
In  [6]: print("Target names:", iris_datasetl'target_names'])
         Target names: ['setosa' 'versicolor' 'virginica']

In  [8]: print("Feature names:In", iris_dataset[' feature_names'])
         Feature names:
          ['sepal length (cm)', 'sepal width (cm)', 'petal length (cm)', 'petal width (cm)']
```

数据包含在"target"和"data"字段中，"data"字段里面是花萼长度、花萼宽度、花瓣长度、花瓣宽度的测量数据，格式为 NumPy 数组：

```
In  [56]: print("First five rows of data:(n", iris_dataset[' data'][:5])
          First five rows of data:
```

```
[[5.1 3.5 1.4 0.2]
 [4.9 3.  1.4 0.2]
 [4.7 3.2 1.3 0.2]
 [4.6 3.1 1.5 0.2]
 [5.  3.6 1.4 0.2]]
```

从数据中可以看出，前 5 朵花的花瓣宽度都是 0.2cm，第一朵花的花萼最长，是 5.1cm。下面的数组代表 3 种花的类别，其中 0 代表山鸢尾花，1 代表变色鸢尾花，2 代表弗吉尼亚鸢尾花：

```
In  [13]: print("Target: (n",iris_dataset['target'])
          Target:
          [0 0000000000000000000000000000000000
           000000000000001111111111111111111111111
           11111111111111111111111111122222222222
           222222222222222222222222222222222222
           22]
```

2. 训练集和测试集

将 150 个带标签的数据分成两部分，一部分是训练集，另一部分是测试集。scikit-learn 中的 train_test_split() 函数可以打乱数据集并进行拆分。这个函数将 75%的行数据及对应标签作为训练集，剩下 25%的数据及其标签作为测试集。训练集与测试集的分配比例可以是随意的，但使用 25%的数据作为测试集是很好的经验法则。

scikit-learn 中的数据通常用大写的 "X" 表示，而标签用小写的 "y" 表示。大写的 "X" 表示特征数据是一个二维矩阵，小写的 "y" 表示目标是一个一维数组。在对数据进行拆分之前，train_test_split() 函数利用伪随机数生成器将数据集打乱。如果只是将最后 25%的数据作为测试集，那么所有数据点的标签都是 2，因为数据点是按标签排序的。所以，先将数据打乱，确保测试集中包含所有类别的数据。代码如下：

```
In  [14]: from sklearn.model_selection import train_test_split
          X_train, X_test, y_train, y_test = train_test_split(
              iris_dataset[' data'],iris_dataset['target'],random_state=0)

In  [15]: print("X_train shape:", X_train. shape)
          print("y_train shape:", y_train. shape)
          X_train shape: (112, 4)
          y_train shape: (112,)

In  [62]: print("X_test shape:",X_test.shape)
          print("y_test shape:", y_test. shape)
          X_test shape: (38, 4)
          y_test shape: (38,)
```

在上面的代码中，为了确保多次运行同一函数能够得到相同的输出，利用 random_state 参数指定了随机数生成器的种子。这样函数输出就是固定不变的。train_test_split() 函数的输出为 X_train、X_test、y_train 和 y_test，它们都是 NumPy 数组，X_train 包含 75%的行数据，X_test 包含剩下的 25%。

3. 构建 K 近邻模型

现在开始构建 K 近邻（KNN）机器学习模型。scikit-learn 中有许多可用的分类算法，这里使用 KNN 算法，其只需要保存训练集即可。KNN 算法既可以解决_____问题，又可以解决_____问题。要对一个新的数据点做出预测，算法会在训练集中寻找与这个新数据点距离最近的数据点，然后将找到的数据点的标签赋给这个新数据点。sklearn 库中封装的用于 KNN 分类的是_____类。

KNN 算法中"K"的含义是，算法在判断新数据点的类型属性时，在训练集中要考虑与该数据点最近的 K 个邻居。之后，可以用这些邻居中数量最多的类别做出预测。下面只考虑一个邻居的情况。

KNN 算法在训练集中找离目标样本最近的 K 个样本可以采用_____计算方式。

scikit-learn 中所有的机器学习模型都在各自的类中实现。KNN 算法是在 neighbors 模块的 KNeighborsClassifier 类中实现的。参考下面的代码，首先导入该类并实例化为一个对象，此时需要设置模型的参数。其中，最重要的参数就是邻居的数目，这里先设为 1。寻找最好的 K 值，可以采用_____方法。

```
In  [20]: from sklearn.neighbors import KNeighborsClassifier
          knn = KNeighborsClassifier(n_neighbors=1)
```

上面生成的 knn 对象对算法进行了封装，其既包括用训练数据构建模型的算法，也包括对新数据点进行预测的算法。对 KNeighborsClassifier 来说，其对象只保存训练集以及内含算法从训练数据中提取的信息。

想要基于训练集来构建模型，需要调用 knn 对象的 fit()方法，输入参数为 X_train 和 y_train，二者都是 NumPy 数组，前者包含训练数据，后者包含相应的训练标签。代码如下：

```
In  [21]: knn.fit (X_train, y_train)
 Out[21]:              KNeighborsClassifier
          KNeighborsClassifier(n_neighbors=l)
```

fit()方法返回的是 knn 对象本身并做原处修改，因此，这里得到了分类器的字符串表示，从中可以看出传入的参数 n_neighbors=1。

4. 进行预测

现在可以用这个模型对新数据进行预测。假设我们在野外发现了一朵鸢尾花，其花萼长 5cm、宽 2.9cm，花瓣长 1cm、宽 0.2cm。这朵鸢尾花属于哪个品种呢？我们可以将这些数据放在一个 NumPy 数组中，再次计算形状，数组形状为样本数（1）乘以特征数（4）。代码如下：

```
In  [22]: X_new = np.array([[5, 2.9, 1, 0.2]])
          print("X_new. shape:", X_new.shape)
          X_new.shape: (1, 4)
```

注意，将这朵鸢尾花的测量数据转换为二维 NumPy 数组的一行，是因为 scikit-learn 的输入数据必须是二维数组。接下来，调用 knn 对象的 predict()方法来进行预测。

```
In  [23]: prediction= knn. predict (X_new)
          print("Prediction:",prediction)
          print("Predicted target name:",
                iris_dataset['target_names'][prediction])
          Prediction: [0]
          Predicted target name: [' setosa']
```

根据模型的预测，这朵新的鸢尾花属于类别 0，也就是说它属于山鸢尾花（setosa）品种。这个预测结果是否可信呢？我们可以通过对模型的可信度进行进一步评估来确认。

5. 模型评估

模型评估需要用到之前创建的测试集。这些数据没有用于构建模型，但已知其中每朵鸢尾花的实际类别，因此，我们可以对测试集中的每朵鸢尾花进行预测，并将预测结果与标签进行对比。接着，我们可以通过计算精度（Accuracy）来衡量模型的优劣，精度就是品种预测正确的鸢尾花所占的比例。代码如下：

```
In  [26]: y_pred = knn.predict(X_test)
          print("Test set predictions:\n", y_pred)
          Test set predictions:
           [21020201 1 1 21 1 1 1 01 1 0 021 0 02001 1 02102210
           2]
```

```
In  [67]: print("Test set score: {:.2f}".format (np. mean(y_pred == y_test)))
          Test set score: 0.97
```

这里也可以使用 knn 对象的 score() 方法来计算测试集的精度。代码如下：

```
In  [68]: print("Test set score: {:.2f}".format (knn. score(X_test, y_test)))
          Test set score: 0.97
```

可见，对这个模型来说，测试集的精度约为 0.97。也就是说，对于新的鸢尾花，可以认为该模型的预测结果有 97% 是正确的。精度越高，表示模型给出的预测结果越可信。

三、实验操作引导

1. 实验环境

本实验主要使用 scikit-learn 库来完成分类任务。scikit-learn 库包含许多先进的机器学习算法，每个算法都有详细的文档。scikit-learn 依赖于 NumPy 和 Scipy 包。如果要绘图和进行交互式开发，还应安装 Matplotlib、IPython 和 Jupyter Notebook。我们在实验 9 中已经安装了 Anaconda，其包含本实验所需要的相关库和包，因此，我们可继续使用 Anaconda 中的 Jupyter Notebook 作为实验环境。

2. 检查数据

在构建机器学习模型之前，一般最好检查一下数据，看看是否存在异常值和特殊值。检查数据的最佳方法是将数据进行可视化。一种可视化方法是绘制散点图（Scatter Plot）。数据散点图将一个特征作为 x 轴，将另一个特征作为 y 轴，将每一个数据点绘制为图上的一个点。但是计算机屏幕只有两个维度，所以一次只能绘制两个特征（也可能是 3 个）。用这种方法难以对多于 3 个特征的数据集作图。解决这个问题的一种方法是绘制散点图矩阵（Pair Plot），从而可以两两查看所有的特征。如果特征数不多的话，比如 4 个，这种方法是可行的。但是要注意，散点图矩阵无法同时显示所有特征之间的关系，所以这种可视化方法可能无法展示数据的全局关系。

图 8-14 是训练集中特征的散点图矩阵，数据点的颜色与鸢尾花的品种相对应。为了绘制这张图，首先将 NumPy 数组转换成 pandas DataFrame。pandas 中有一个绘制散点图矩阵的函数 scatter_matrix()。矩阵的对角线是每个特征的直方图。从图 8-14 中可以看出，花瓣和花萼的测量数据具有较好的类别区分性。相关代码如下：

```
In  [20]: #利用 X_train 中的数据创建 dataframe
          #利用 iris_dataset.feature_names 中的字符串对数据进行标记
          iris_dataframe = pd. DataFrame(X_train, columns=iris_dataset.feature_names)
          #利用 DataFrame 创建散点图矩阵，按 y_train 着色
          pd.plotting.scatter_matrix(iris_dataframe, c=y_train, figsize=(15, 15),
                              marker='o', hist_kwds={'bins': 20}, s=60,
                              alpha=.8, cmap-mglearn.cm3)
```

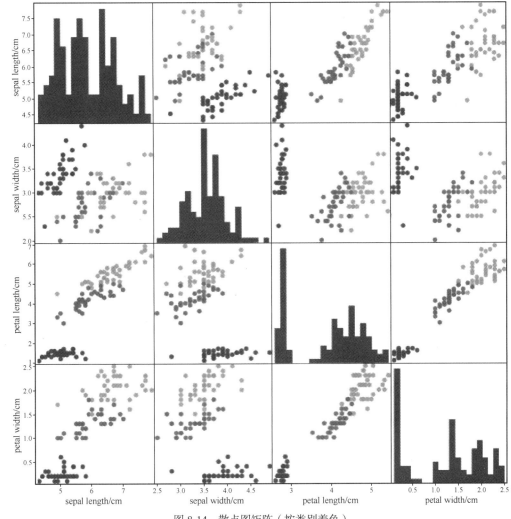

图 8-14　散点图矩阵（按类别着色）

四、实验拓展与思考

（1）本实验中，在构建模型时，邻居只使用了 1 个，即 "knn = KNeighborsClassifier(n_neighbors=1)"。查阅 scikit-learn 官网，如果使用 3 个或 5 个邻居，预测结果会有什么变化呢？哪种情况下预测结果的准确度更高？试分析其原因。

（2）使用 KNN 算法处理分类问题时，如何确定目标样本的类别？

（3）scikit-learn 中有各种类型的监督学习模型，请尝试使用其他监督学习模型来完成新鸢尾花的分类预测。

实验 11　无监督学习——葡萄酒数据集聚类分析

一、实验目的

（1）熟悉和掌握无监督聚类的基本原理及其在实际场景中的应用。

（2）使用 KMeans 算法实现无监督聚类，对给定的数据集进行聚类分析。

（3）分析不同聚类算法参数（如簇数、初始化方法等）对聚类结果的影响，并能够根据具体数据调整算法参数，以获得更好的聚类效果。

二、实验内容与要求

本实验使用 KMeans 算法对葡萄酒数据集（wine_data.csv）进行聚类分析。算法输入为葡萄酒的多个特征，输出为最优的葡萄酒种类划分及每个种类的特征中心。实验中，通过肘部法（Elbow Method）选择最佳簇数，并需要研究不同 KMeans 算法参数设置（如簇数、初始化方法等）对聚类结果的影响。通过输入数据、运行程序、观察实验结果进行参数调优，分析不同参数设置对最终聚类效果的影响。

实验过程中，要特别注意以下几个方面。

- 数据理解：理解葡萄酒数据集的结构和每个特征的含义。
- 算法实现：正确实现 KMeans 聚类算法，包括数据预处理、模型训练和结果获取。
- 参数选择：通过肘部法确定最佳的簇数，并探索不同参数设置对聚类结果的影响。
- 结果分析：分析聚类结果，评估不同参数设置对聚类效果的影响。

构建代码的主要思路如下。

1. 导入必要的库

实验程序至少需要以下几个重要的库。

- pandas：用于数据处理和分析。
- matplotlib.pyplot：用于数据的可视化。
- KMeans from sklearn.cluster：用于执行 K 均值聚类。
- standardscaler from sklearn.preprocessing：用于对数据进行标准化处理。
- PCA from sklearn.decomposition：用于对数据进行主成分分析。

参考代码如下。

```
import os
import pandas as pd
import matplotlib.pyplot as plt
from sklearn.cluster import KMeans
from sklearn.decomposition import PCA
from sklearn.preprocessing import StandardScaler
```

2. 读取和检查数据

实验数据来自文件 wine_data.csv，其中包含的所有特征将被用于对葡萄酒样本进行聚类分析。可使用 pandas 库的 read_csv()函数来加载数据集。同时，可显示数据的前几行，以核查数据结构是否无误。参考代码如下：

```
#加载数据集
data = pd.read_csv("wine_data.csv")    #确认路径正确
#显示数据的前几行，检查数据结构
print(data.head())
```

3. 数据标准化

在聚类分析中，对特征进行标准化处理是至关重要的。可使用 StandardScaler()对数据集中的所有特征进行标准化，确保每个特征具有均值为 0 和标准差为 1 的分布。这种处理方式有助于消除 KMeans 聚类算法对特征尺度的敏感性，进而提高聚类效果。

StandardScaler()通过减去特征的均值并除以特征的标准差来转换特征，从而确保不同特征在数值尺度上的一致性。这避免了因特征单位不同而导致的算法偏差。参考代码如下：

```
#数据标准化
scaler = StandardScaler()
scaled_data = scaler.fit_transform(data)
```

4. 使用肘部法确定最优簇数

肘部法是一种用于确定聚类分析中最佳簇数（K 值）的图形方法。它通过展示不同 K 值下的 SSE（误差平方和）来帮助选择一个合适的 K 值。SSE 是衡量聚类紧密度的一个指标，它表示数据点到其最近簇中心的距离总和。

可通过遍历一定范围内的 K 值（如 $1\sim10$），计算每个 K 值对应的惯性（Inertia），来实现肘部法。因为惯性表示数据点到其最近的簇中心的距离总和，也就是 SSE。

此外，还可通过绘制肘部图来确定最佳 K 值。此时，可使用 matplotlib.pyplot 模块中的 plt.plot() 函数来展示不同簇数下的 SSE 值。该函数可以通过调整参数来改变线条的样式、颜色和标记等，从而提高图表的可读性和视觉吸引力。

参考代码如下：

```
#计算不同K值下的SSE（误差平方和）并绘制肘部图
sse = []
K_range = range(1, 11)    #选择K值从1到10
for K in K_range:
        kmeans = KMeans(n_clusters=K, random_state=42)
        kmeans.fit(scaled_data)
        sse.append(kmeans.inertia_)


#绘制肘部图
plt.figure(figsize=(8, 6))
plt.plot(K_range, sse, marker='o', color='b')
plt.title('Elbow Method for Optimal K')
plt.xlabel('Number of Clusters (K)')
plt.ylabel('SSE (Sum of Squared Errors)')
plt.xticks(K_range)
plt.grid(True)
plt.show()
```

程序绘制的肘部图如图 8-15 所示。通过观察该肘部图可以发现，随着 K 值的增大，SSE 先显著下降，之后下降速度减缓，在 $K=3$ 处形成一个"肘部"。这个点对应的 K 值通常被认为是最优的聚类簇数。

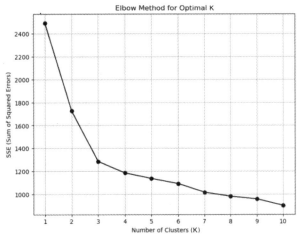

图 8-15　肘部图

5. 执行 KMeans 聚类并可视化结果

在根据肘部图选择了最优簇数后，便可使用 KMeans 算法对标准化后的数据进行聚类。之后，可使用通过 PCA 降维至二维的数据来绘制散点图，以增强聚类结果的可视化效果。参考代码如下：

```
#选择最优的 K 值，假设通过肘部图选择 K=3（可以根据肘部图调整）
kmeans = KMeans(n_clusters=3, random_state=42)
kmeans.fit(scaled_data)

#获取每个数据点的聚类标签
labels = kmeans.labels_

#使用 PCA 将数据降为二维
pca = PCA(n_components=2)
pca_data = pca.fit_transform(scaled_data)

#绘制聚类图
plt.figure(figsize=(8, 6))
plt.scatter(pca_data[:, 0], pca_data[:, 1], c=labels, cmap='viridis', marker='o')
plt.title('KMeans Clustering Results')
plt.xlabel('Principal Component 1')
plt.ylabel('Principal Component 2')
plt.colorbar(label='Cluster Label')
plt.show()
```

在上述代码中，使用 plt.scatter()函数绘制散点图，其中 pca_data[:, 0]和 pca_data[:, 1]分别是降维后的两个主成分，c=labels 根据簇标签为每个点指定颜色，cmap='viridis'定义了颜色映射方案。通过这种方式，可以清晰地展示不同簇在二维空间中的分布情况。最后得到的聚类结果如图 8-16 所示。

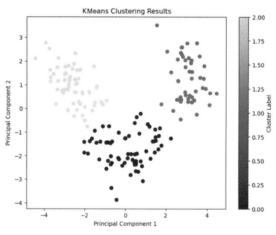

图 8-16　聚类结果

6. 调整算法参数并观察运行结果

重复运行程序，每次尝试调整算法参数，观察运行结果并在下面的横线中填写相应内容。

（1）在程序代码中，使用了_____方法从 sklearn.datasets 库加载 wine_data.csv 数据集，该方法返回一个类似字典的对象，其中包含数据集的特征数据和特征名称等信息。

（2）数据标准化是聚类分析中的一个重要步骤，可使用_____类从 sklearn.preprocessing 库来进行数据的标准化处理，此处理确保了所有特征具有_____的均值和_____的方差。

（3）KMeans 聚类算法通过迭代寻找数据的聚类中心。在每次迭代中，算法将每个数据点分配给距离最近的聚类中心，再重新计算这些聚类的_____。这个过程会重复进行，直到满足最大迭代次数或聚类中心的变化小于某个阈值。

（4）在程序代码中，使用_____方法来确定每个数据点所属的聚类，并将聚类标签存储在新的列中。此外，可通过_____方法来计算聚类惯性，它是衡量聚类紧密度的一个指标，其值越_____表示聚类效果越好。

三、实验操作引导

1. 实验环境

使用实验 9 中安装好的 Anaconda 作为实验环境。当然，也可尝试安装 PyCharm 社区版本作为实验平台。PyCharm 是一种 Python 集成开发环境，带有一整套可以帮助用户在使用 Python 开发时提高其效率的工具，如调试、语法高亮、项目管理、代码跳转、智能提示、自动完成、版本控制等功能。对于具体安装过程，读者可自行尝试。

2. 数据集描述

一个数据集通常包含特征名称、特征列表等部分，通常被组织为一个 CSV 文件。

特征名称：具体的特征名称可根据实际情况来确定。通常，酒类数据集可能包含如酒精含量、酸度、糖分等特征。

特征列表：例如，酒类数据的描述可能包含 feature1、feature2、feature3…等，它们分别表示酒类某个方面的化学或感官特征。

3. 特征选择

本实验进行聚类分析时选择了 wine_data.csv 文件中的所有特征。但在实际的聚类分析研究中，并不是特征越多越好，更多的时候需要对特征性能进行分析研究，选择适合的特征。如果只想选择感兴趣的部分特征，可参考以下代码：

```
#选择感兴趣的特征：酒精含量、色度、类黄酮等
X = data[['Alcohol', 'Color_intensity', 'Flavanoids']]
```

四、实验拓展与思考

（1）采用 wine_data.csv 数据集，但只选择其中的部分特征进行聚类分析实验。例如，只选择酒精含量、色度、类黄酮 3 个特征。完成数据标准化、最佳聚类数确定、KMeans 聚类和结果可视化，比较实验结果的异同，并分析原因。

（2）收集本专业相关的一组感兴趣的数据，制作相应的 CSV 数据集并进行聚类分析研究。进一步提升对数据收集、数据预处理、特征选择和 KMeans 聚类算法的理解与应用能力，给出相应的聚类分析研究报告。

快速检测

1. 判断题

（1）收敛是指机器学习的目标值一直在往期望的阈值靠近，最终达到最佳的学习效果。
（　　）

（2）线性回归是一种无监督机器学习算法，它使用真实的标签进行训练。 （　　）

（3）机器学习中所说的"学习"，指的是从数据中学习得到模型的过程，这个过程通过执行某个学习算法来完成。 （　　）

（4）分类与回归分析都属于监督学习，区别在于预测结果是否连续。 （　　）

（5）强化学习的核心在于环境交互、动态决策和试错学习。 （　　）

（6）泛化是指模型对未知数据的适应和预测能力。 （　　）

（7）机器学习的逻辑思维过程和人类有很大的区别，计算机靠的是强大的计算能力和存储能力，用简单的办法来实现人类复杂的思维过程。 （　　）

（8）机器学习中的训练与预测过程可以对应人类的归纳和推测过程。 （　　）

（9）K近邻算法中的 K 和 KMeans 算法中的 K 含义是一样的。 （　　）

（10）KMeans 算法首先选取 K 个聚类中心，然后根据某个样本与它们之间的距离，将该样本分配到距离最近的那个聚类中心所属的类别。 （　　）

2. 选择题

（1）机器学习的实质是（　　）。

    A. 根据现有数据，寻找输入数据和输出数据的映射关系/函数

    B. 根据数据之间的因果关系，设计出映射关系和函数

    C. 衡量输入数据和输出数据的映射关系/函数的好坏

    D. 找出输入数据和输出数据的最佳映射关系/函数

（2）监督学习模型的输入是某个样本数据的特征，而输出是与该样本对应的（　　）。

    A. 参数   B. 数据   C. 标签   D. 函数值

（3）下列有关聚类分析的说法中，错误的是（　　）。

    A. 无需有标记的样本

    B. 可以用于提取一些基本特征

    C. 可以解释观察数据的一些内部结构和规律

    D. 一个簇中的数据之间具有高差异性

（4）（　　）是在机器学习概念形成之前提出的。

    A. 梯度下降算法   B. K近邻算法

    C. 马尔可夫链   D. 线性判别分析

（5）1996 年，（　　）创办了人类历史上第一个机器学习系。自此，机器学习成为一个独立的学科领域。

    A. 卡内基梅隆大学   B. 麻省理工学院

    C. 宾夕法尼亚大学   D. 达特茅斯学院

（6）以下不属于监督学习的是（　　）。

    A. 线性回归   B. 支持向量机   C. K近邻算法   D. KMeans 算法

（7）人类思考和机器学习在获取数据的基础上，都要经历（　　）、理论概括和评估 3 个阶段。

    A. 数据挖掘   B. 数据表示   C. 抽象思维   D. 清洗数据

（8）电子计算机可采用（　　）形式的符号来表示信息，满足逻辑思维以符号为中介的条件，所以机器学习可以实现逻辑思维。

    A. 二进制   B. 八进制   C. 十进制   D. 十六进制

（9）可用"近朱者赤，近墨者黑"来说明（　　）算法。

    A. K均值聚类算法   B. K近邻算法

    C. 支持向量机算法   D. 集成学习算法

（10）一般情况下，不采用（　　）来实现分类。

    A. 决策树算法   B. 朴素贝叶斯算法

    C. 支持向量机算法   D. K均值聚类算法

（11）根据不同的角度和标准，机器学习有不同的分类方式。下列分类方式中，不是按学习方法分类的是（　　　）。

    A. 机械式学习   B. 类比学习

    C. 逻辑表示法学习   D. 解释学习

（12）在机器学习中，过拟合是指模型（　　　）。

    A. 在训练集上表现很好，但在测试集上表现很差

    B. 在训练集和测试集上都表现很好

    C. 在训练集和测试集上都表现很差

    D. 在训练集上表现很差，但在测试集上表现很好

（13）在使用线性回归模型的过程中，（　　　）可以用来防止过拟合。

    A. 增加更多的特征

    B. 减少数据集的大小

    C. 使用正则化方法（如 L1 或 L2 正则化）

    D. 增加训练的迭代次数

（14）在监督学习中，（　　　）算法通常用于分类任务。

    A. 线性回归   B. 支持向量机（SVM）

    C. KMeans 聚类   D. 主成分分析（PCA）

（15）在机器学习中，交叉验证的主要目的是（　　　）。

    A. 增大模型的复杂度   B. 提高模型的训练速度

    C. 评估模型的泛化能力   D. 减少模型的参数数量

（16）在无监督学习中，（　　　）算法用于降维。

    A. KMeans 聚类   B. 支持向量机（SVM）

    C. 主成分分析（PCA）   D. 线性回归

（17）在机器学习中，（　　　）可以用于处理缺失数据。

    A. 删除包含缺失值的行   B. 使用均值填充缺失值

    C. 使用中位数填充缺失值   D. 3 项都可以

（18）在 KMeans 聚类中，肘部法用于（　　　）。

    A. 确定聚类中心的数量   B. 确定聚类的形状

    C. 确定聚类的密度   D. 确定聚类的分布

（19）在机器学习中，支持向量机（SVM）的核心思想是（　　　）。

    A. 最小化误差   B. 最大化间隔

    C. 最小化方差   D. 最大化似然

（20）在机器学习中，主成分分析（PCA）的主要目的是（　　　）。

    A. 提高模型的准确性   B. 提高模型的训练速度

    C. 降低数据的维度   D. 增加数据的特征数量

第9章
神经网络与深度学习

在人工智能领域中，基于对生物神经系统的网络结构和功能进行仿生模拟而建立的智能计算模型，被称为人工神经网络（Artificial Neural Network，ANN）。通过在输入数据空间与输出数据空间之间进行映射，人工神经网络及在其基础上发展起来的深度神经网络和深度学习可以完成多种多样的计算与学习任务。当前，图像分类、语音识别、机器翻译、人机对话、内容创作及大模型等各种人工智能应用，均可见深度神经网络和深度学习的身影。

本章学习目标

- 熟悉人工神经网络的基本概念和发展历程。
- 掌握浅层神经网络的构成要素与学习原理。
- 了解常见的经典浅层神经网络模型。
- 了解深度神经网络的概念和应用场景。
- 掌握卷积神经网络的基本概念、架构、特征提取方法以及卷积计算过程和原理。
- 了解其他深度学习模型的架构特点和应用。

9.1　人工神经网络的发展

人工神经网络的思想源于对生物神经活动的研究。人工神经元是模拟生物神经元工作原理的数学模型，它的出现为人工神经网络的发展点燃了星星之火。此后，感知机被提出，反向传播算法得以广泛应用，各种神经网络模型不断被推出，它们成为人工神经网络发展历程中的一个个里程碑事件。

1. 启蒙时期

1943 年，神经生理学家、心理学家麦卡洛克与数学家皮茨证明可以使用逻辑演算来描述神经网络的工作机理，并建立了描述生物神经元工作原理的第一个人工神经元模型，简称为 MP 模型。

1949 年，心理学家唐纳德·赫布（Donald Hebb）出版了《行为的组织》一书，提出连接权值强化的赫布法则。

1958 年，弗兰克·罗森布拉特提出感知机模型，它通过学习算法反复调整连接权值以实现模型参数优化，能够对简单的图案进行学习和分类。

1969 年，马文·明斯基和西摩尔·佩珀特（Seymour Papert）出版了《感知机》一书，对感知机的功能及其局限性进行了研究，证明了感知机模型无法解决以异或问题为代表的线性不可分问题。此后，人工神经网络的发展经历了一段低谷期。

2. 早期发展

1974 年，保罗·沃博斯（Paul Werbos）通过增加神经网络层数和利用反向传播方法解决了异或问题。尽管反向传播方法在后来的神经网络发展中起到了非常重要的作用，但当时处于神经网络发展的低谷时期，它并没有得到应有的重视。

1976 年，斯蒂芬·格罗斯伯格（Stephen Grossberg）和盖尔·卡彭特（Gail Carpenter）提出了自适应共振理论（Adaptive Resonance Theory，ART）。他们多年来一直试图为人类的心理和认知活动建立统一的数学理论，而 ART 正是其中的核心部分。ART 的学习和应用过程不是截然分开的，它能够持续地从新数据中学习并更新其内部表示。

1981 年，提奥·科霍宁（Teuvo Kohonen）教授提出自组织映射理论及相应的网络模型。这是一种很重要的无监督学习网络，采取了竞争学习方式，竞争层神经元之间具有周围抑制的特点。它在模式识别、语音识别和分类等多种场合得到了广泛应用。

1982 年，约翰·霍普菲尔德在总结与吸取前人研究成果和经验的基础上，提出 Hopfield 网络，创造性地将物理力学分析方法引入网络系统动态稳定性研究。Hopfield 网络与电子电路存在明显的对应关系，易于被理解且便于用集成电路实现。约翰·霍普菲尔德的工作为神经网络的复兴进程按下了启动键。

1986 年，鲁梅哈特和麦克莱兰及其领导的研究小组出版了《并行分布式处理》一书，他们发展和推广了反向传播算法。随着并行分布式处理模型的逐渐流行，反向传播算法成为其主要学习方法。反向传播算法解决了神经网络隐藏层学习的问题，为神经网络的发展注入新的动力。至此，神经网络重新成为人工智能领域的研究热点。

1987 年 6 月，首届国际神经网络学术会议在美国加州圣地亚哥召开并成立国际神经网络学会，这标志着世界范围内的神经网络研究进入一个新的时期。但是，随着网络结构的层次增多，神经网络训练中的梯度消失和梯度爆炸问题越来越明显，深度网络结构的训练难度越来越大，这成了限制神经网络进一步应用发展的最大障碍。

3. 现代发展

2006 年，杰弗里·辛顿等人发表文章《使用对比反向传播的非线性结构无监督发现》，正式提出深度学习的概念。在该文章中，他们提出的主要观点有两个：一是具有多个隐藏层的人工神经网络具有优异的特征学习能力，学习得到的特征对数据有更本质的刻画，从而有利于可视化或分类；二是深度神经网络在训练上的难度，可以通过逐层预训练得以有效克服。他们所做的工作是：先通过非监督的逐层预训练来学习一个深度神经网络，并将其权重作为一个多层前馈神经网络的初始化权重，再用反向传播算法进行精调。采用预训练加精调的方式可以有效解决深度神经网络难以训练的问题。随着深度神经网络在图像分类、语音识别等任务上的巨大成功，深度学习迅速崛起，在学术界和工业界开启了深度学习的浪潮。

2012 年，AlexNet 网络通过引入 ReLU 激活函数、Dropout 等技术，在 ImageNet 大规模视觉识别挑战赛中取得了巨大成功，推动深度学习在计算机视觉领域迅速崛起。

2014 年，伊恩·古德弗洛（Ian Goodfellow）等人提出生成对抗网络（Generative Adversarial Networks，GAN），通过生成器和判别器的对抗训练，实现了对复杂数据分布的建模和生成。GAN在图像生成、视频生成、语音合成等领域取得了广泛应用。

2015 年，何恺明等人构建的 ResNet 网络在 ImageNet 大规模视觉识别挑战赛中获得了图像分类和物体识别的优胜，证明了其强大的性能。该网络架构的提出主要是为了解决深度神经网络在训练过程中出现的梯度消失或梯度爆炸问题，以及随着网络深度增加出现的性能退化问题。

2017 年，Google 团队公开发表了 Transformer 模型，其核心是自注意力机制（Self-Attention Mechanism），它允许模型在处理序列中的每个元素时，能够动态地关注到序列中的其他元素，从而捕捉序列中的全局依赖关系。

2018 年，Google AI 研究院进一步提出 BERT 模型。此模型的成功不仅在于其出色的性能，更在于它启发了后续大量的研究工作，推动了自然语言处理领域的快速发展。同年，Open AI 公司发布了其大型预训练语言模型（Generative Pre-Trained Transformer，GPT），并在后续几年陆续发布了多个升级版本。这些超大规模参数量模型的问世，表明神经网络的发展已经进入大模型时代。

> **思维训练：** 人工神经网络的发展历程中，有高潮也有低谷，有解决了某个问题时的欢欣鼓舞，也有遭遇新困难时的沮丧不安。人工神经网络发展到如今的格局，给你带来了什么样的启示呢？

9.2 浅层神经网络

9.2.1 神经网络基础

1. 生物神经网络

在生物的神经系统中，大量神经元彼此之间以确定的方式相互连接形成网络结构，即生物神经网络。神经元即神经细胞，其结构一般包含 4 个部分——细胞体、树突、轴突与突触，如图 9-1 所示。细胞体是神经元的主体部分，由内向外包括细胞核、细胞质、细胞膜 3 部分。树突的功能主要是接收刺激并将神经信号传入细胞体。轴突主要负责向其他神经元或效应细胞传递神经信号。突触是神经元与其他神经元或非神经细胞之间的一种细胞连接，如一个神经元的轴突末梢与另一个神经元的树突或细胞体连接。

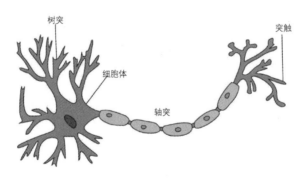

图 9-1 神经元结构示意

神经元通过突触接收外部传来的神经冲动信号，不同突触的连接强度存在差异，突触还存在兴奋性突触与抑制性突触之分。信号通过这些极性不同、连接强度不同的突触时相当于被进行了加权处理，不同来源的信号在神经元内部进行叠加。当输入信号叠加结果大于某一阈值时，神经元就通过轴突向外传播神经冲动信号，此即神经元的激活状态。如果叠加结果没有大于阈值，则神经元保持静息状态，没有神经冲动信号向外传播。虽然单个神经元的活动比较简单，但是它们之间相互连接形成的复杂网络结构能产生强大的信息处理能力，正如能力有限的个人凝聚在合理的社会结构下可以形成实力强大的国家。

2. 人工神经元模型

人工神经网络是对生物神经网络抽象和简化后进行的模拟。这需要建立人工神经元模型来模拟生物神经元的基本工作机制。麦卡洛克和皮茨在分析总结生物神经元基本特性的基础上，对神经元的信息处理机制进行简化和假设，提出了早期的人工神经元模型，即 MP 模型。此模型具有以下 6 个方面的假设。

（1）每个神经元都是一个信息处理单元，具有多个输入和单个输出。

（2）神经元输入分为兴奋性输入和抑制性输入两类。

（3）神经元具有空间整合特性和阈值特性。

（4）神经元输入与输出间有固定的时滞，主要取决于突触时延。

（5）忽略时间整合与不应期。

（6）神经元本身是非时变的，即其突触时延和突触强度都是常数。

虽然后来的研究表明上述假设并不完全符合生物神经元的生理特性，但 MP 模型是最早提出的人工神经元模型且对后续的研究产生了重要影响。经过不断改进后形成的神经元模型如图 9-2 所示。

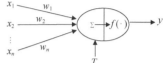

图 9-2 中，x_1、x_2、$\cdots$、x_n 表示 n 个信息输入，用于模拟外部通过轴突向神经元传递过来的信息在通过突触之前的状态；y 是神经元对输入信息进行处理之后产生的输出信息；w_1、w_2、$\cdots$、w_n 表示与 n 个输入信息相对应的连接权重，用于模拟突触连接强度；T 是一个阈值，用于模拟神经元的阈值属性；$\sum$ 表示加权求和，模拟的是神经元对输入信号的叠加；$f(\cdot)$ 表示激活函数，用来模拟与阈值特性关联的神经元激活行为，通过它将加权和与阈值进行比较产生输出信息。人工神经元的工作可以归结为以下两个步骤。

图 9-2　人工神经元模型示意

第 1 步，对各输入数据使用连接权重进行加权求和，可以表示为

$$\text{sum} = \sum_{i=1}^{n} w_i x_i \tag{9-1}$$

第 2 步，选用一个阈值函数作为激活函数，将上一步处理结果及阈值传给激活函数 $f(x)$，由激活函数决定神经元是否被激活，输出 1 代表神经元处于激活状态，输出 0 代表神经元未被激活，相应处理可以表示为

$$y = f(\text{sum}) = \begin{cases} 1, & \text{sum} \geqslant T \\ 0, & \text{sum} < T \end{cases} \tag{9-2}$$

对于 MP 模型，连接权重 w_i 是人为设计和设定的常数，即固定值，这在神经网络后来的发展中被改进。通过设定适当的权重和阈值，MP 模型可以实现逻辑与、逻辑或等运算。这证明了可以使用逻辑演算来描述神经网络的运行机理。这对神经网络研究的发展具有奠基作用，被视为人工智能领域的一个重要里程碑。

激活函数是神经元模型的一个重要的组成部分，也是神经元不同数学模型之间的主要区别。不同激活函数使神经元具有不同的信息处理特性。神经元的信息处理特性在很大程度上影响了神经网络的整体性能。神经元模型的激活函数应该根据实际情况进行选择。激活函数也被称为转移函数、变换函数、激励函数，神经网络发展到现在，已经有多种不同形式和特性的激活函数被使用，下面简要介绍几种基本的激活函数。

（1）阈值型函数。使用最广泛的单位阶跃函数和符号函数都属于此类，它们的数学形式分别如式（9-3）和式（9-4）所示，相应的函数图像如图 9-3 所示。

$$f(x) = \begin{cases} 1, & x \geqslant 0 \\ 0, & x < 0 \end{cases} \tag{9-3}$$

$$\text{sgn}(x) = \begin{cases} 1, & x \geqslant 0 \\ -1, & x < 0 \end{cases} \tag{9-4}$$

（2）Sigmoid()函数。Sigmoid()函数又称为 S 形函数，包括单极性与双极性两种形式，公式分别如式（9-5）和式（9-6）所示，函数图像如图 9-4 所示。

$$f(x) = \frac{1}{1+e^{-x}} \qquad\qquad (9\text{-}5)$$

$$f(x) = \frac{2}{1+e^{-x}} - 1 = \frac{1-e^{-x}}{1+e^{-x}} \qquad\qquad (9\text{-}6)$$

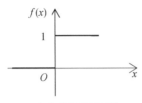　　　　　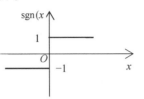

（a）单位阶跃函数　　　　　　　　（b）符号函数

图 9-3　阈值型函数图像

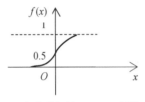　　　　　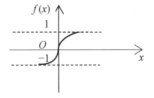

（a）单极性 Sigmoid() 函数　　　　　（b）双极性 Sigmoid() 函数

图 9-4　Sigmoid() 函数图像

（3）分段线性函数。这是一种简单的非线性函数，在一定区间内满足线性关系，也有单极性与双极性两种形式，公式分别如式（9-7）和式（9-8）所示，函数图像如图 9-5 所示。

$$f(x) = \begin{cases} 1, & x \geqslant \theta \\ kx, & 0 < x < \theta \\ 0, & x \leqslant 0 \end{cases} \qquad\qquad (9\text{-}7)$$

$$f(x) = \begin{cases} 1, & x \geqslant \theta \\ kx, & -\theta < x < \theta \\ -1, & x \leqslant -\theta \end{cases} \qquad\qquad (9\text{-}8)$$

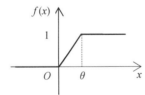　　　　　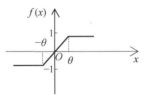

（a）单极性分段线性函数　　　　　（b）双极性分段线性函数

图 9-5　分段线性函数图像

（4）ReLU 函数。ReLU 函数又称为修正线性单元（Rectified Linear Unity）函数，公式如式（9-9）所示，函数图像如图 9-6 所示。

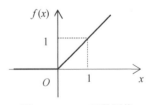

$$f(x) = \begin{cases} x, & x \geqslant 0 \\ 0, & x < 0 \end{cases} \qquad (9\text{-}9)$$

3. 神经网络的学习

图 9-6　ReLU 函数图像

人工神经元的相互连接构成了人工神经网络。人工神经网络的工作最终要体现为：构成网络的神经元对所接收的输入信息进行处理并输出处理结果。在激活函数确定的情况下，影响人工神经元信息处理结果的主要因素就是神经元的连接权重。神经元之间连接权重的获得方式有两种，一种是人为设计并设定，另一种是让神经网络学习训练数据而习得。早期神经元模型的权重是给定的，这种方式可以实现一些简单的网络结构。在神经网络变得复杂以后，人为设计权重越来越困难。因此，人们需要用数据对神经网络进行训练，让神经网络根据学习算法自动调整连接权重，使其逐步逼近所需的权重值，此即神经网络的学习。神经网络的学习本质上是对具有可变性的权重进行动态调整。现代人工神经网络通常是通过训练习得目标权重，网络模型的运行方式通常有学习模式（训练模式）与工作模式两种。学习模式的运行由计算输出、权重调整两个部分交替进行；工作模式的运行只有计算输出这部分。

神经网络的学习算法有很多种，根据训练数据中是否包含与输入数据相对应的期望输出，我们可以将这些学习算法分为监督学习和无监督学习两大类。

监督学习采用一种尝试与纠错的原理，在反复的尝试与纠错过程中，使实际结果与预期结果的偏差越来越小。在训练神经网络模型过程中，向模型提供的每一个训练数据包含输入数据和与其对应的期望输出数据两项内容。这些期望输出数据被称为相应输入数据的标签或教师信号。网络模型的初始连接权重一般设置为随机数，根据输入数据进行计算处理得到实际输出。实际输出与期望输出之间存在误差，以误差的大小和方向作为依据，基于一定规则来调整网络连接权重，使根据相同输入数据所得的实际输出比原先更接近期望输出数据。当经过反复训练，实际输出与期望输出的偏差足够小时，就认为网络模型已经学会了训练数据中所蕴含的知识和规则，可以上岗工作了。事实上，这些知识与规则是相对于人类视角而言的，对于神经网络，训练数据中的这些知识和规则都表现为神经元之间的连接权重。

无监督学习不需要对训练数据制作标签，这可以减少创建训练数据集的工作量。通过不断向神经网络提供动态输入信息，网络能够根据特有的内部结构和学习规则，在输入信息流中发现隐藏的模式和规律，同时根据网络的功能和输入信息调整连接权重。这是一个网络的自组织过程，结果是使网络可以对属于同一类的模式进行自动分类。在这种无监督的学习模式中，神经元连接权重的调整不依赖预设的期望输出，可理解为其学习评价标准隐含于网络的内部。

> **思维训练**：监督学习的基本原理决定了训练数据的质量很重要，给出错误的标签，就有可能使其学习到错误的知识。如果人们在社会生活中获取到错误的信息而不加甄别，那么会面临怎样的风险呢？如何尽可能地避免这种风险呢？

4. 神经网络类型

人工神经元是神经网络的基本构件，将人工神经元按照一定的连接方式组织在一起便构成了神经网络。不同的连接方式形成不同的网络拓扑结构和信息流通路径，产生不同的功能特性。神经网络已经发展出很多网络结构模型，根据分类依据的不同可以划分成各种类型。下面简要介绍两种分类方法，即根据拓扑结构和信息流向进行分类。

（1）拓扑结构类型。

① 层次型网络结构。在这种结构中，神经元具有明显的层次性。处于相同层次的神经元的集合被称为神经网络的一个层。数据输入节点集合被称为输入层，输出层则是提供网络的最终输出数据的那些神经元所构成的集合，介于它们之间的层都被称为隐藏层，隐藏层可有可无，可以有一层或多层。层次型神经网络结构还可以进一步分为单纯型层次网络结构、层内有连接的层次型网络结构、输出层到输入层有连接的层次型网络结构 3 种，分别如图 9-7、图 9-8 和图 9-9 所示。

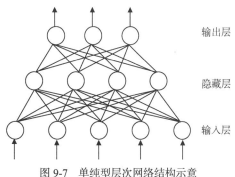

图 9-7　单纯型层次网络结构示意

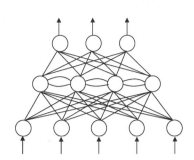

图 9-8　层内有连接的层次型网络结构示意

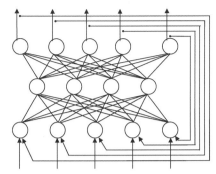

图 9-9　输出层到输入层有连接的层次型网络结构示意

② 互连型网络结构。在这种结构中，任意两个网络节点之间都可能存在连接路径。根据节点之间的互连程度，互连型网络结构可以进一步分为全互连型、局部互连型和稀疏连接型 3 种。全互连型网络结构中，每个节点都与其他所有节点存在连接，如 9-10 所示。局部互连型网络结构中，每个节点仅与其相邻的节点存在连接，如 9-11 所示。稀疏连接型网络结构中，每个节点只与其他节点中的少部分相连。

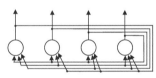

图 9-10　全互连型网络结构示意

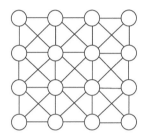

图 9-11　局部互连型网络结构示意

（2）信息流向类型。神经网络的运行一般可以分为训练模式和工作模式两种。网络模型的训练模式包括两种性质的计算过程：从输入数据到输出数据的映射计算、根据学习算法调整连接权重的学习计算。在工作模式下，网络模型只进行映射计算。根据神经网络处于工作模式时网络中信息流动的方向，我们可以将神经网络分为前馈型神经网络和反馈型神经网络。

① 前馈型神经网络。前馈型神经网络的结构特点与图 9-7 所示的单纯型层次网络完全相同。前馈是指映射计算中，信息从输入层进入网络后朝着输出层的方向逐层向前传递，所有信息都往前进方向传递，没有逆向的信息传递。在前馈型神经网络中，输出层和隐藏层的每个神经元都是一个信息处理单元，它接收数据输入，计算处理后提供数据输出。输入层的网络节点实质上只是一些输入数据的连接点，这些连接点没有信息处理功能，不是信息处理单元。当提到单隐藏层时，说明这是由输入层、一个隐藏层、输出层构成的 3 层神经网络结构。

② 反馈型神经网络。反馈型神经网络是指在映射计算时，网络中的信息传递方向除了前进方向，还存在反方向。在图 9-9 和图 9-10 所示的网络结构中，都存在信息反向传递的情况，这些神经网络都是反馈型神经网络。需要注意的是，反馈型神经网络所指的信息反方向传递，是限定在工作模式前提下的，而在训练模式下，为了达成学习目的，一般存在信息反方向传播，这与反馈型神经网络中的信息反馈是两回事。

除按拓扑结构与信息流向进行分类外，神经网络模型中神经元层数的多寡也常被作为一种分类依据。据此，层数较少的网络结构被称为浅层神经网络，而层数较多的网络结构被称为深度神经网络。这种网络层次结构的深浅并没有严格的界限标准，而是约定俗成的。一般而言，隐藏层数量大于等于 3 层的神经网络即被称为深度神经网络。

9.2.2　感知机模型

MP 模型关于神经元连接强度为固定常数的假设，对于神经网络的发展是不利的。基于这一假设建立神经网络，则神经元的连接权值势必要人为设计，这对稍有规模的网络结构而言都是极其困难的。1949 年，赫布提出神经元间连接强度具有可变性，为人工神经元的连接权重由固定值转变为可变参数奠定了基础，从理论上使人工神经元具备了学习潜能。罗森布拉特于 1957 年提出的感知机模型体现了这一变化，实现了连接权重的训练习得。

罗森布拉特用硬件实现了感知机模型，他采用 400 个感光器件组成 20×20 的阵列来模拟视网膜功能。输入数据为采集的光电信号，输出数据为二分类类别结果。此感知机硬件设备比较复杂，但其神经网络模型在结构上与 MP 模型类似，是具有多个输入节点和一个输出节点的神经网络模型，采用符号函数作为激活函数。感知机的目标连接权重通过学习获得。感知机模型的结构如图 9-12 所示。

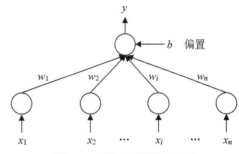

图 9-12　感知机模型结构示意

感知机的求和公式为

$$\text{sum} = \sum_{i=1}^{n} w_i x_i + b \tag{9-10}$$

为了简化式（9-12），可增加一个特殊输入项，其值固定为 1；将偏置项 b 看作对应的连接权重，即令 $x_0=1$，$w_0=b$，则感知机加权求和公式进一步可表示为

$$\text{sum} = \sum_{i=0}^{n} w_i x_i \tag{9-11}$$

此外，感知机的激活函数采用单位阶跃函数，输出可表示为

$$y = \text{sgn}(\text{sum}) = \begin{cases} 1, & \text{sum} \geq 0 \\ -1, & \text{sum} < 0 \end{cases} \tag{9-12}$$

感知机的学习采用监督学习，其学习算法可以描述如下。

第 1 步，权重初始化，为各连接权重设置一个随机值。

第 2 步，将用于训练的输入数据传递给神经元，神经元进行加权求和及激活处理后得到实际输出值。

第 3 步，用预期输出值与实际输出值进行比较，得到一个输出误差。

第 4 步，根据输出误差、输入和学习率来确定权重调整量，进行权重调整。

第 5 步，反复进行第 2～4 步操作，使感知机实际输出逐渐逼近预期输出，直到满足停止条件结束学习过程。

将所有的训练数据全部进行一次第 2～4 步的操作，这称为一轮学习。学习算法的停止条件一般是完成规定的学习轮数，或者达到预期输出的错误率指标值。感知机学习算法也可描述成如下伪代码形式。

感知机学习算法伪代码

```
1   w₁,···,wₙ ← random()
2   for epoch=1 to EPOCHS
3       for k=1 to SAMPLES
4           y_out ← sgn(w₀+w₁x₁+···+wₙxₙ)      // sgn(x)为激活函数
```

5	delta_y ← y_exp - y_out
6	for i=0 to n
7	delta_w_i ← η*delta_y*x_i //η 表示学习率
8	w_i ← w_i + delta_w_i

最初的感知机模型只有一个计算节点、一个输出项，只能用来完成简单的二分类任务。对于多分类任务，可以对基础的感知机模型进行扩展。考虑将多个单计算节点的感知机进行并联，每个输入数据都被传递到所有计算节点，每个计算节点都有一个二值输出，每个计算节点对应一个待分类事物的类别，各计算节点的输出反映样本是否属于这个神经元代表的类别。那么，m 个类别的简单多分类任务就可以用 m 个单计算节点感知机并联构成的神经网络来实现。这种网络结构如图 9-13 所示。

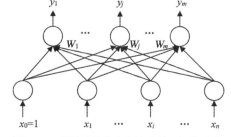

图 9-13　单层计算节点多输出神经网络示意

这种 m 个输出神经元并联的神经网络中，全部输出可以构成一个 m 维的向量$(y_1, y_2, \cdots, y_m)$，当输入数据属于第 j 个类别时，输出向量的第 j 项输出为 1，其他项都为 0，这样就将类别编码到输出向量中值为 1 输出项的位置。这种方式的编码常被称为独热编码（One-Hot Encoding）。对于这种网络结构，由于各个神经元之间是并联关系，每个神经元的输出都是 0 或 1，其学习算法本质上相当于 m 个单输出感知机的独立学习。

9.2.3　多层感知机

1. 线性不可分问题

无论是单个计算神经元的基础感知机，还是将其扩展成单层计算节点多输出神经网络，它们都只有一层计算节点。研究发现，只有一层计算节点的神经网络都只能解决线性可分问题，对于线性不可分问题，它们都无法胜任。线性不可分是指，两类样本在其特征空间中无法用单一的直线、平面或超平面分开的情况。

异或问题是一个典型又简单直观的线性不可分问题，由马文·明斯基和西摩尔·佩珀特在 1969 年出版的《感知机》一书中提出。其核心意思是：单层计算节点的感知机模型无法完成逻辑运算中的异或操作。异或就是给出两个逻辑值，当它们相同时异或结果为逻辑假，当它们不同时异或结果为逻辑真。设 x_1、x_2 表示异或操作的输入数据，y 表示其输出值，用 1 代表真，0 代表假，则异或运算的输入输出关系如表 9-1 所示。

表 9-1 异或运算的输入输出关系

x_1	0	1	0	1
x_2	0	1	1	0
y	0	0	1	1

以 x_1、x_2 作为二维平面上的横坐标和纵坐标，则异或运算的输入值组合可以表示为平面直角坐标系中的 4 个点 $A(0,0)$、$B(1,0)$、$C(0,1)$、$D(1,1)$，如 9-14 所示。以异或结果作为类别标识，点 A 和 D 是一个类别，点 B 和 C 是一个类别，共有两个类别。通过观察不难发现，无论将此平面上的一条直线 L 如何旋转和平移，都无法按类别将 4 个点分成两组。这表明，异或逻辑的结果是线性不可分的。

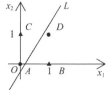

单层计算节点的神经网络无法完成根据异或输入数据将异或结果分类的任务，本质上是因为其不具有非线性能力。异或问题所代表的线性不可分问题对早期神经网络的发展产生了重要影响，使人们在一段时期

图 9-14　异或问题的
线性不可分性示意

内对神经网络的发展潜力失去了信心，导致神经网络的发展经历了一段低谷时期。后来的研究发现，通过增加神经网络的神经元层数可以解决线性不可分问题，多层感知机结构应运而生。

2. 多层感知机结构

多层感知机（Multiple Layer Perceptron，MLP）在图 9-13 所示的单层计算节点多输出神经网络的基础上，添加了一个新的神经元，将之前的 m 个输出全部作为这个新添加神经元的输入，其结构如图 9-15 所示。神经元层数增加一层，新的神经元成为整个网络的输出层，原来的输出层成为隐藏层。这个多层感知机具有单个输出，根据任务需要，输出层也可以扩展到多个神经元，如图 9-16 所示。多层感知机也被称为多层前馈神经网络，其中每一层的每个节点都与下一层的所有节点具有连接，这种连接方式称为全连接。在多层感知机中，神经元连接都在相邻层之间发生，不存在跨层连接。

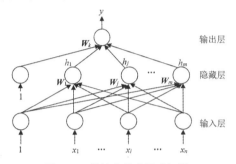

图 9-15　单输出的多层感知机

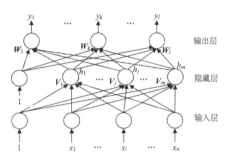

图 9-16　多输出的多层感知机

隐藏层赋予神经网络更强的表示能力，使其可以表示从输入到输出的非线性映射，从而具有非线性问题处理能力。隐藏层在增强神经网络能力的同时，也给神经网络的学习带来了新问题。前述感知机的学习算法无法直接应用到多层感知机模型中，因为感知机的权重调整量计算依赖于神经元预期输出。对于具有隐藏层的网络结构，隐藏层神经元的预期输出无法知道，故无法采用感知机计算输出误差的方法去计算隐藏层的输出误差，也就无法采用感知机学习算法进行网络训练。误差反向传播算法解决了隐藏层的学习问题，为神经网络的发展做出了重要贡献。

3. 误差反向传播算法

多层感知机采用误差反向传播算法进行网络训练。在该算法中，一次神经网络训练分为两个阶段：第一阶段从输入层开始，输入信号经过隐藏层向输出层方向逐层传递，这个信号传递方向被称为前向；第二阶段是误差信号从输出层经过隐藏层向输入层方向进行传递，这个信号传递方向被称为反向。在第一阶段中，除输入层之外，每一层从上一层接收输入数据并进行计算，然后将计算结果作为自己的输出传递给下一层作为其输入。第二阶段从输出层开始，计算误差信号并将误差信号反向逐层传播，将其用于计算各层神经元之间连接权重的调整量，对连接权重进行调整。神经网络各层的误差信号计算，对于权重调整量计算而言至关重要。

以图 9-17 所示的具有一个隐藏层的 3 层感知机为例，针对每学习一个样本数据更新一次权重的情况，简要分析推导误差反向传播算法的误差信号计算公式。假设输入层节点个数为 l，隐藏层神经元个数为 m，输出层神经元个数为 n，用 x 表示输入数据，h 表示隐藏层的计算结果，y 表示输出层的输出数据，d 表示输出层的预期输出，V_j 表示输入层到隐藏层编号为 j 的神经元的所有连接权重构成的权重向量，W_k 表示隐藏层到输出层编号为 k 的神经元的所有连接权重构成的权重向量。激活函数采用式（9-5）所示的单极性 S 形函数 $f(x)$。

在第一阶段，网络进行前向计算。隐藏层中编号为 j 的神经元从输入层获取输入数据，经过加权求和及激活函数的处理得到本层的输出，可以表示为

$$\text{sum}_j = \sum_{i=0}^{l} v_{ij} x_i \tag{9-13}$$

$$h_j = f(\text{sum}_j) \tag{9-14}$$

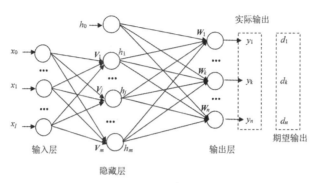

图 9-17　3 层感知机

输出层中编号为 k 的神经元以隐藏层的输出作为自身的输入数据，使用同样的方式进行计算，可以表示为

$$\text{sum}_k = \sum_{j=0}^{m} w_{jk} h_j \tag{9-15}$$

$$y_k = f(\text{sum}_k) \tag{9-16}$$

在第二阶段，网络进行后向计算。为了衡量网络的实际输出 y 与预期输出 d 之间偏差的大小，引入损失函数 E（也称误差函数）来表示这个偏差。神经网络的学习目标就是通过反复调整连接权重的参数值，最终使损失函数的值降低到可接受的程度。

在实际操作中，根据应用场景和目标的不同，可以选用不同的损失函数。为使推导过程简化，此处使用以下损失函数：

$$E = \frac{1}{2} \sum_{k=1}^{n} (d_k - y_k)^2 \tag{9-17}$$

将 y_k、sum_k 的表达式代入，可将损失函数 E 的表达式展开至隐藏层，得

$$E = \frac{1}{2} \sum_{k=1}^{n} \left[d_k - f\left(\sum_{j=0}^{m} w_{jk} h_j \right) \right]^2 \tag{9-18}$$

继续代入 h_j、sum_j 可将损失函数 E 的表达式展开至输入层，得

$$E = \frac{1}{2} \sum_{k=1}^{n} \left\{ d_k - f\left[\sum_{j=0}^{m} w_{jk} f\left(\sum_{i=0}^{l} v_{ij} x_i \right) \right] \right\}^2 \tag{9-19}$$

从式（9-18）和式（9-19）可知，网络的损失函数是各层连接权重的函数，因此改变误差需要通过调整权重来实现。权重调整的原则就是在反复学习训练过程中使误差逐渐减小，那么权重调整量与误差的梯度下降（梯度的相反数）成正比，有

$$\Delta w_{jk} = \alpha \left(-\frac{\partial E}{\partial w_{jk}} \right) \tag{9-20}$$

$$\Delta v_{ij} = \alpha \left(-\frac{\partial E}{\partial v_{ij}} \right) \tag{9-21}$$

其中负号表示梯度下降，α 是区间(0,1)上的一个比例系数，被称为学习率。根据偏导数求解的链式法则，求解可得

$$\Delta w_{jk} = \alpha\left(-\frac{\partial E}{\partial \text{sum}_k}\frac{\partial \text{sum}_k}{\partial w_{jk}}\right) = \alpha\left(-\frac{\partial E}{\partial \text{sum}_k}\right)h_j \tag{9-22}$$

$$\Delta v_{ij} = \alpha\left(-\frac{\partial E}{\partial \text{sum}_j}\frac{\partial \text{sum}_j}{\partial v_{ij}}\right) = \alpha\left(-\frac{\partial E}{\partial \text{sum}_j}\right)x_i \tag{9-23}$$

将式（9-22）和式（9-23）右侧括号里的部分定义为输出层、隐藏层误差信号，记作

$$\delta_k^y = -\frac{\partial E}{\partial \text{sum}_k} \tag{9-24}$$

$$\delta_j^h = -\frac{\partial E}{\partial \text{sum}_j} \tag{9-25}$$

对这两个误差信号的表达式继续求导，可得

$$\delta_k^y = \left(d_k - y_k\right)y_k\left(1 - y_k\right) \tag{9-26}$$

$$\delta_j^h = \left(\sum_{k=1}^{n}\delta_k^y w_{jk}\right)h_j\left(1 - h_j\right) \tag{9-27}$$

将式（9-22）和式（9-23）中的误差信号用式（9-26）和式（9-27）进行等量代换，得到以下权重调整量表达式：

$$\Delta w_{jk} = \alpha\left(d_k - y_k\right)y_k\left(1 - y_k\right)h_j \tag{9-28}$$

$$\Delta v_{ij} = \alpha\left(\sum_{k=1}^{n}\delta_k^y w_{jk}\right)h_j\left(1 - h_j\right)x_i \tag{9-29}$$

从式（9-26）和式（9-27）可以观察到，误差信号从输出层传递到隐藏层。同理，对于隐藏层不止一个的情况，误差信号从输出层传递给相邻的隐藏层，再在隐藏层之间沿反向传播方向逐层传递给每一个隐藏层。

综上所述，误差反向传播算法可以归结为：从输出层开始，利用误差信号公式（9-26）和式（9-27）及权重调整量公式（9-28）和式（9-29），沿着反方向逐层计算误差信号、权重调整量，更新连接权重。反向传播网络中邻层之间的误差信号在反方向上链式依赖。

值得注意的是，误差信号的数学形式与所选用的损失函数和激活函数紧密相关，采用不同的损失函数、激活函数，对应的误差信号表达式可能不同。另外，上述分析推导考虑的是每学习一个样本就更新一次权重的情况。对于学习多个样本数据后更新一次权重的情况（批量梯度下降、小批量梯度下降），处理方法要更复杂一些。

4. 常用损失函数

在前述误差反向传播算法的第二阶段中，为了衡量神经网络实际输出 **y** 与预期输出 **d** 之间的偏差程度，引入了损失函数。对于神经网络的监督学习，损失函数是一个重要的因素，它确定了网络模型的参数优化方向。通常，损失函数选用得当，模型的性能更好。常用的损失函数有均方误差损失函数、平均绝对误差损失函数、交叉熵损失函数等。

均方误差（Mean Square Error，MSE）损失函数的数学表达式为

$$\text{MSE} = \frac{1}{N}\sum_{i=1}^{N}\left(d_i - y_i\right)^2 \tag{9-30}$$

其中，d_i 表示网络输出的预期值，y_i 表示网络输出的实际值，N 表示样本个数，i 表示数据编

号，MSE 表示对 N 个样本中每个样本对应的误差平方求平均值。均方误差损失函数适合预测值与真实值的误差满足正态分布的场景，回归任务一般采用此损失函数。

平均绝对误差（Mean Absolute Error，MAE）损失函数的数学表达式为

$$MAE = \frac{1}{N}\sum_{i=1}^{N}|d_i - y_i| \qquad (9\text{-}31)$$

其中的 d_i、y_i 和 N 分别表示输出的预期值、输出的实际值及样本个数，MAE 表示对 N 个样本中每个样本对应的误差绝对值求平均值。此损失函数具有对异常值不敏感的性质，在处理包含异常值或离群点的数据时表现良好。

交叉熵（Cross Entropy）损失函数基于信息熵和风险度概念，在分类任务中是最常用的损失函数。在二分类任务中，其数学形式可表示为

$$E = -\frac{1}{N}\sum_{i=1}^{N}\left[t_i\log(y_i) + (1-t_i)\log(1-y_i)\right] \qquad (9\text{-}32)$$

其中，N 为训练样本数；t_i 是样本 i 的目标值，正类为 1，负类为 0；y_i 是样本 i 预测为正类的概率。

在处理多分类任务时，交叉熵损失函数的数学形式可表示为

$$E = -\frac{1}{N}\sum_{i=1}^{N}\sum_{c=1}^{M}\left(t_{ic}\log y_{ic}\right) \qquad (9\text{-}33)$$

其中，N 为训练样本个数，i 是样本编号；M 是类别数，c 是类别编号；t_{ic} 是样本 i 的标签中对应类别 c 的预期值，真实类别是 c 类时 t_{ic} 取 1，否则 t_{ic} 取 0；y_{ic} 是样本 i 预测为类别 c 的概率。

损失函数的种类较多，各有自身特点和适用情况。各种机器学习框架通常集成了大量的损失函数，在基于框架的神经网络设计中，根据具体任务特点进行适当选用即可。在一些特殊情况下，也可以根据实际需要自定义满足特定需求的损失函数。

> **思维训练**：增加隐藏层使多层感知机具备了单层计算节点的感知机不具备的非线性能力，这是早期神经网络发展过程中的一个重要突破。请结合误差反向传播算法思考：增加隐藏层是否只有好处没有坏处？隐藏层数量是不是越多越好呢？

9.2.4　典型的浅层网络模型

MP 模型和感知机模型主要是对单个神经元工作机制的一种建模，可视为神经网络在规模上的最小极限，是最简单的神经网络。多层感知机在输入层与输出层之间增加了隐藏层，使神经网络结构层次加深、能力增强。神经网络的特性通常与其拓扑结构、学习方式、信息流向等多种因素有关，各种浅层神经网络模型在这些方面各有特色。

1. 自组织特征映射网络

自组织特征映射（Self-Organizing Feature Map，SOFM）网络又称 Kohonen 网络。这种网络在接收外界输入时，网络中各区域对不同输入模式具有不同的响应特征，这种特点与人脑的功能分区具有相似性。与前述使用监督学习的多层感知机不同，SOFM 网络采用无监督的学习方式，并且这种网络结构中出现了神经元的层内连接，这与多层感知机区别明显。

SOFM 网络具有输入层和竞争层两层神经元，如图 9-18 所示。输入层的特点与多层感知机相同，神经元数量由输入向量的维度确定。竞争层即输出层，此层的神经元排布形式有一维线阵、二维平面阵和三维栅格阵，其中前两种排列方式更为常见，尤其是二维平面阵排布。输入层的任一神经元与竞争层的每个神经元都有连接。对于一维线阵排布的竞争层，其神经元在层内与两侧

神经元侧向连接。在二维平面阵排布的竞争层中，每个神经元在两个维度上都与相邻神经元建立连接，形成棋盘状的平面。

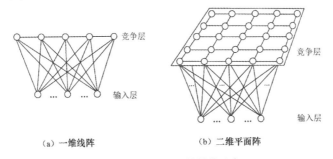

（a）一维线阵　　　　　　　　　（b）二维平面阵

图 9-18　SOFM 网络结构示意

SOFM 网络是一种竞争学习神经网络，其训练中采用 Kohonen 算法，它是在胜者为王算法（Winner Takes All，WTA）的基础上发展而来的。在胜者为王算法中，神经网络的某一层作为竞争层，此层中的所有神经元都会对输入数据做出响应，输出值最大的神经元即为获胜者，只有获胜者才有权调整其连接权。Kohonen 算法的改进主要体现在：除竞争层中的获胜神经元自身要调整连接权重外，其周围一定范围内的神经元受其影响也会不同程度地调整连接权重。在这个范围中，周围神经元权重调整量的变化规律是由近到远，兴奋性调整量逐渐减小直到为零，然后转变为抑制性调整量并逐渐增大。随着距离的继续增加，抑制性调整量先增大后减小直至为零。在模型训练的早期，竞争层什么位置的神经元对某类输入模式将产生最大输出是不确定的。权重调整策略会增强训练中获胜者对相应输入模式的敏感性，从而使强者更强，在特定输入模式与对应的敏感神经元之间建立起稳固的关联。当两个输入模式特征相近时，所对应的敏感神经元在位置上也相近，这将在输出层形成可以反映样本模式分布的有序特征图。SOFM 网络训练结束后，网络模型就习得了输出层神经元与输入模式之间的特定关系，可以将模型用作模式分类器。

2. 离散 Hopfield 神经网络

离散 Hopfield 神经网络（Discrete Hopfield Neural Network，DHNN）由约翰·霍普菲尔德于 1982 年提出，是一种单层结构的反馈型神经网络。其通过引入反馈机制，具有一定的信息存储、记忆、联想回忆能力。其还引入能量函数的概念，使神经网络运行稳定性的判断有了可靠且简便的依据。这些具有开创性的特点使其成为神经网络发展史上的一个重要里程碑。DHNN 与前馈神经网络在网络结构和运行原理方面均有较大差异，其网络结构如图 9-19 表示。

在 DHNN 中，每个神经元的输入输出均为二值数据，值域为{0,1}或{-1,1}。神经元彼此之间都有连接，且这些连接具有对称性，即 $W_{ij}=W_{ji}$。任何神经元都没有将输出直接反馈给自己的连接，但由于与其他所有神经元都具有对称连接，其输出信息可能通过其他神

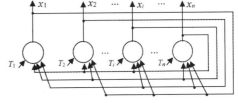

图 9-19　DHNN 结构示意

经元间接反馈给自己。DHNN 的神经元连接权重及阈值获得方式采用人工设定的方式，实际上并不存在通常意义上的学习过程。观察图 9-19 可以发现，每个神经元的输入全都来自其他神经元的输出，换言之，这些输入都来自神经网络内部。事实上，此网络模型也具有来自外部的输入，即网络的初始状态。初始状态由网络外部给定，给定之后整个网络进入计算、输出的迭代演化过程，直至整个网络的输出稳定在某个状态不再变化。这种网络输出稳定不变时的输出状态，被称为 DHNN 的吸引子。通过设计合适的权值矩阵，DHNN 可以记忆特定的吸引子。网络模型的工作过程就是从某个初始状态开始向吸引子演化的过程。能使网络稳定在同一个吸引子的所有初始状态

的集合，称为吸引子的吸引域。每个吸引子具有一定的吸引域是网络具有联想能力的基础，较大的吸引域可以带来更强的联想能力。当初始样本带有一定的噪声或缺损时，网络可以通过联想回忆出完整的信息。

3. 学习向量量化网络

学习向量量化（Learning Vector Quantization，LVQ）网络是一种组合学习类型的神经网络。组合学习是指在神经网络的训练中将监督学习与无监督学习相结合，使之相互取长补短的混合形式的学习机制。学习向量量化网络是在竞争网络结构基础上提出的，通过监督学习环节的教师信号对输入样本的分配类别进行规定，克服了单纯采用无监督的竞争学习算法存在的分类信息缺乏的弱点。LVQ 网络的结构如图 9-20 所示，其具有输入层、竞争层和输出层。输入层节点接收外部输入向量，与竞争层节点完全连接；竞争层节点呈一维线阵排布并分成若干组；输出层每个节点与竞争层中的一组节点连接，并且连接权固定为 1。

对 LVQ 网络进行训练时，输入向量被传递到竞争层的每个节点，在竞争层采用胜者为王的竞争学习规则产生获胜者，获胜者节点输出为 1，其他节点输出均为 0。在输出层中，与获胜者节点相连接的输出节点也输出 1，其他节点的输出均为 0，这样输出层就可以给出输入样本的模式类别。竞争层学习得到的类被称为子类，输出层学习得到的类被称为目标类。模型训练中，输出层与竞争层之间的连接权重是固定不变的，通过调整竞争层与输入层之间的连接权重来完成学习。当输出层的实际输出与教师信号相同时，表明竞争层输出结果正确，对竞争层获胜节点与输入层之间的连接权重向量进行正向调节，反之则进行反向调节，如图 9-21 所示。

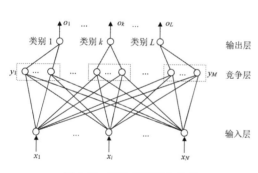

图 9-20　LVQ 网络结构示意

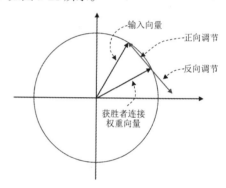

图 9-21　LVQ 网络的连接权重调整示意

9.3　卷积神经网络与深度学习

深度学习是机器学习的新发展，它通过构建多层神经网络结构来学习数据中的复杂模式和特征。深度神经网络（Deep Neural Network，DNN）是深度学习中的核心模型。早期的神经网络由于层数较少，在处理复杂任务时存在局限性。随着研究的深入，人们发现增加网络层数可以使其具备更强的学习能力，从而逐渐发展出了深度神经网络。深度学习一开始并未引起大众的关注，直到 2006 年左右，随着计算能力的显著提升和大数据集的出现，深度学习才真正开始崛起并在全球范围内引发了一场新的人工智能革命。深度神经网络是一种基于多层感知机的复杂模型，其核心思想是在输入层和输出层之间堆叠多个隐藏层，每一层执行非线性变换，逐层递进地对输入数据进行特征提取和抽象表达，如图 9-22 所示。它由多个层次的神经元组成，包括输入层、多个隐藏层和输出层。每个神经元接收输入信号，通过激活函数处理这些信号，然后将结果传递给下一层神经元。每个神经元之间的连接都有权重，权重决定了输入信号的重要性。每个神经元还有偏置，用于调整激活函数的输出。在训练循环中，通过反向传播算法调整权重和偏置，为神经网络的所有层找到一组权重值，使网络能够将每一个输入与其目标正确地对应，以最小化预测结果和实际结果之间的损失函数值为最终目的。深度神经网络中具有代表性的有卷积神经网络、递归神经网络、生成对抗网络、长短期记忆网络（Long Short-Term Memory，LSTM）、Transformer 等。

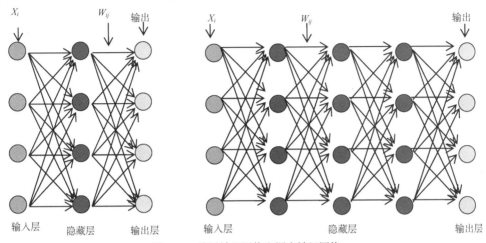

图 9-22　浅层神经网络和深度神经网络

9.3.1　什么是卷积神经网络

卷积神经网络（Convolutional Neural Network，CNN）是一种前馈型神经网络，在大型图像处理和语音识别方面都有出色表现。相比全连接网络，它使用更少的权重，对每一小块像素区域的数据进行计算，且改善了训练过程中的收敛问题，提高了模型的泛化能力。卷积神经网络包括一个或多个卷积层和全连接层，同时也包括关联权重和池化层。

卷积神经网络在图像识别和语音识别等领域得到了成功应用。本质上，卷积神经网络同样要对数据提取特征值，其核心思想是通过卷积操作来提取图像等数据的特征，从而实现对数据的分类、识别等。

卷积神经网络由卷积层、池化层和全连接层组成，如图 9-23 所示。其中，卷积层是卷积神经网络的核心，它通过滑动一个卷积核在输入数据上进行卷积操作，从而提取出数据的局部特征。卷积操作可以看作一种特殊的加权求和操作，卷积核中的权重参数是通过训练学习得到的。池化层用于对卷积层输出的特征图（Feature Map）进行降维处理，从而减少模型参数和计算量。常用的池化方式有最大池化和平均池化两种。全连接层用于将池化层输出的特征向量映射到输出类别上，从而实现对输入数据的分类或识别。卷积神经网络的优点在于能够自动学习和提取数据的特征，无须手动进行。

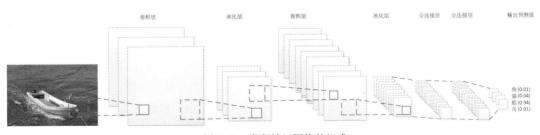

图 9-23　卷积神经网络的组成

总之，卷积神经网络是一种基于卷积操作的深度学习模型，它通过自动学习和提取数据的特征来实现对数据的分类、识别等。卷积神经网络与全连接网络是有区别的。其每个卷积层的神经元与输入数据的局部区域相连，用来捕捉局部特征。全连接网络中每个神经元都与前一层的所有神经元相连，输出的每个节点是原数据中全部节点经过神经元计算后得到的结果。

9.3.2　卷积神经网络的应用场景

卷积神经网络在图像处理、计算机视觉等领域被广泛应用，下面简要介绍其典型应用场景。

（1）图像分类。虽然传统神经网络也能完成这类任务，但使用卷积神经网络迭代速度快，即使存在大量矩阵计算也能很好地克服过拟合现象。例如，在医学图像分析领域，卷积神经网络在肺部病变检测、肿瘤诊断（见图9-24）、皮肤癌诊断等方面取得了显著成就。

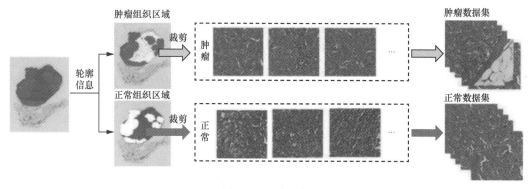

图 9-24　肿瘤诊断

（2）目标检测。卷积神经网络可用于检测图像中的特定目标（如行人和车辆等），如图 9-25 所示。

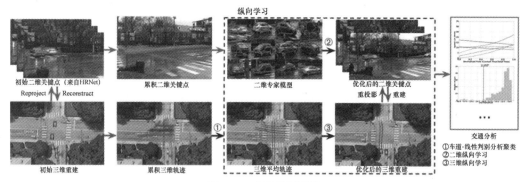

图 9-25　交通目标检测

（3）图像识别。人脸识别是非常典型的图像识别应用。在门禁系统的使用场景中，或是在酒店办理入住手续时，需要对身份证信息、已存储的相关图片信息进行核验，并将其与人脸识别的结果进行匹配比对，如图 9-26 所示。

（4）视频检测。在无人驾驶中，系统对汽车外围的摄像头采集到的真实世界图像数据进行处理，构建出真实世界的三维向量空间，其包括汽车、行人等动态交通参与物，道路线、交通标识、红绿灯、建筑物等静态环境物，以及各元素的坐标位置、方向角、距离、速度、加速度等属性参数。这个三维向量空间不需要和真实世界的模样完全一致，更倾向于供机器理解的数学表达。系统通过视觉技术来实现汽车对外部世界的感知，再根据感知到的信息生成对汽车行动的控制信号。

例如，在图 9-27 中，除了背景区域，系统还分割出可行驶区域和选择性行驶区域。

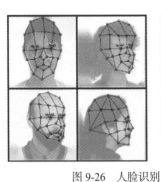

图 9-26　人脸识别

可行驶区域分割

图 9-27　无人驾驶任务

（5）图像重建。超清晰图像重建是卷积神经网络非常擅长的
工作。如图 9-28 所示，卷积神经网络利用超分辨率技术可以提高
图像的质量，算法可以有效地计算出高分辨率图像中将会出现的
细节。

图 9-28　图像重建

> **思维训练：** 神经网络在处理大量的医疗影像数据时，能够快速、准确地识别出其中的异常模式，如检测出肿瘤、骨折等病变，其效率和准确性在某些情况下能够超过人类医生，且随着数据量的不断增加和算法的优化还能不断提高。请思考：神经网络应用在未来是否能够完全替代医生的诊断？为什么？

9.3.3　卷积神经网络的工作过程

卷积的过程在一维数据上进行，称为一维卷积。如果在二维数据上，沿着二维平面的两个方向来改变节点的输入，则该卷积为二维卷积。此外，还有三维卷积，用于处理立体图像或视频。本章主要讨论二维卷积。

MNIST 数据集中的手写数字识别图像是 28×28 像素的灰度图像，如图 9-29 所示，卷积神经网络可以通过训练识别出此图像中的数字是 7。

首先，这张图像被表示为(28,28)的张量，即 28×28 的矩阵。张量的任意元素为 0～255 的一个整数，它表示该像素点的灰度值。这个数值越接近 0，则这个点越黑。一个张量的矩阵是卷积神经网络的输入神经元，它是一个方阵。

若将传统的神经网络看作一个平面，则卷积网络是三维立体结构，因为它多了一个深度，即图像输入数据为 $h×w×c$，其中颜色通道 c 是输入的深度。MNIST 数据集中一张灰度图像的数据可表示为 28×28×1。

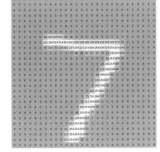

图 9-29　MNIST 数据集中的
手写数字识别图像

如果是彩色图像，如图 9-30 所示，输入的数据为 32×32×3，其中 3 表示 RGB 的 3 个颜色通道。现在提取图像的特征，传统神经网络是对每个像素点都进行处理，看上去对待每个像素点特征都一视同仁。但它忽略了一个重点，即图像中邻近像素点是有一定关联的，若改成按照区域进行划分，提取的特征值才更合理。为此，把原始数据图平均分成若干个矩形区域，对每个矩形区域提取特征值，可得到这部分的关键特征。如何对矩形区域提取特征呢？这里需要引入卷积核（Filter）来完成。卷积核是卷积神经网络的权

重参数，类似于滑动窗口。假设卷积核的尺寸为 5×5×3，即对输入的每个 5×5 像素的小区域进行特征提取，并且要在 3 个颜色通道上都进行提取，再组合成一个整体。利用一次卷积核提取特征后，得到 28×28×1 的特征图。接下来，再换一个新卷积核，继续完成上述过程，又得到一个 28×28×1 的特征图。把两个特征图堆叠起来，组成 28×28×2 的立方体的特征图，如图 9-31（左）所示。在一次特征提取中，如果使用 6 个不同的卷积核，就会得到 6 张特征图，依次堆叠，可以得到 $h×w×6$ 的输出结构，这样就完成了一次卷积。刚才的过程完成了对输入数据的卷积操作，得到 28×28×6 的特征图，如图 9-31（右）所示。

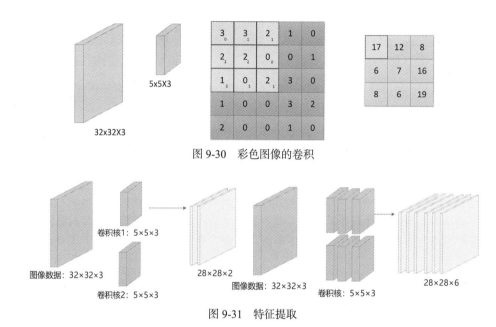

图 9-30 彩色图像的卷积

图 9-31 特征提取

这样还没有结束。我们可以继续对特征图进行卷积，即对特征图再提取特征。如图 9-32 所示，使用 3 次卷积提取特征值，最终得到想要的特征图。这个过程类似于普通神经网络用多个隐藏层来提取特征，而卷积神经网络使用多个卷积层来完成。

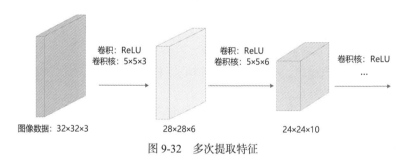

图 9-32 多次提取特征

9.3.4 卷积计算

我们已经了解了卷积的一般工作过程，那么每一次的卷积是如何计算的呢？假设有彩色图像数据 5×5×3，在原始图像的外圈补一圈 0，这个过程称为填充（Padding）（填充的概念将在下一小节详细介绍），现在输入的数据为 7×7×3。本例中选择的卷积核为 3×3×3，表示卷积核的长度和宽度是 3，有 3 个颜色通道。

进行卷积计算，每个对应区域都与卷积核做内积计算，得到一个数值，它表示该区域的特征值。例如，图 9-33 中第一排中的 19 是如何得到的？先计算 $W_0[:,:,0]$对应位的内积，有 $0\times0+0\times1+0\times1+0\times2+3\times2+3\times0+0\times2+2\times1+2\times1=10$；同理计算 $W_0[:,:,1]$对应位的内积，有 $0\times0+0\times1+0\times1+0\times1+1\times2+0\times0+0\times0+2\times0+2\times1=4$；再计算 $W_0[:,:,2]$对应位的内积有 $0\times1+0\times1+0\times1+0\times0+1\times2+1\times0++0\times2+0\times0+2\times1=4$。再将 3 个通道的计算结果累加在一起，得 10+4+4=18，将这样计算得出的卷积核中权重表示在指定的单元格中。如果偏置参数 Bias 不为 0（默认是 0），也需要加进来，这样得到在原始数据中第一个小区域的特征 18+1=19，把它填到右侧特征图的第一个位置。

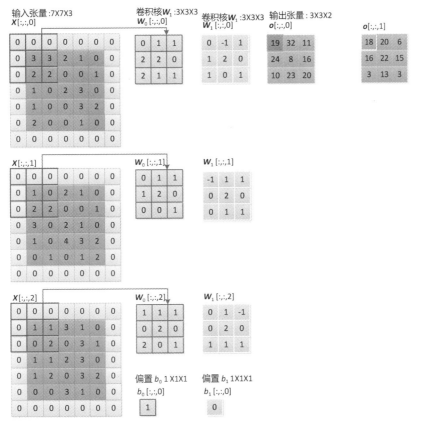

图 9-33 卷积计算示例 1

计算完一个区域，再计算下一个区域。如何选择下一个区域？需要按照指定的步长按行滑动到下一个区域。本例设置步长为 2，则卷积核的窗口滑动到图 9-34 所示位置，采用上述同样的方法进行内积计算，得到特征值 32，将其写入特征图中对应的位置。

继续滑动窗口，计算完本行最后一个位置的特征值，直到得到一个 3×3×1 的特征图。这样完成一次卷积，但 3×3×1 的特征图显然不够。本例中选择了两个卷积核（即两组权重参数）来计算特征值。W_1 是另一个卷积核。由于两个卷积核的权重参数不同，但尺寸相同，都是 3×3，完成相同的操作，可得到第 2 个特征图，即最后一列的第二个矩阵。现在把两个特征图堆叠到一起，得到输出结果的尺寸为 3×3×2 的矩阵。

为什么图像经过特征卷积核的卷积操作能获得图像的轮廓、纹理等特征呢？这是因为卷积操作通过设计权重从图像的局部区域计算，将像素值变化的特征进行强化。深层神经网络通过多层卷积，对轮廓、纹理等基础像素进一步推理和叠加，有更具体的局部表征信息以达到对整张图像的识别。

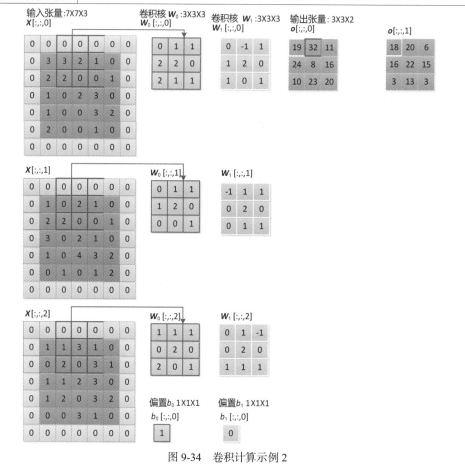

图 9-34 卷积计算示例 2

在卷积操作中，默认都是窄卷积操作，即特征图比原来的图像尺寸小，但也可以通过在图像的外圈补 0 进行填充。除了窄卷积，还有同卷积和全卷积，这里不做详细介绍。

9.3.5 卷积计算涉及的参数

1. 卷积核

卷积核是卷积计算中最重要的参数，它决定了最终特征提取的结果。设计卷积核，包括尺寸和初始化。尺寸大小即长和宽，是选择 3×3 的卷积核，还是选择 5×5 的卷积核（一般为奇数）？卷积核偏大，得到的特征值较少，相当于在更粗糙的大窗口中寻找特征，没有深入细节。所以，设计卷积核尺寸时通常会选择较小的长和宽，这样可以得到更多的细节特征。每次卷积操作都会使用多种提取方法，也就是多个卷积核。因为每个卷积核的值不同，所以权重就不同，得到的结果也就不同。卷积核参数的初始化通常和传统神经网络相同，即随机高斯初始化。

2. 步长

选择好卷积核，开始计算卷积。完成第一个区域的内积后，需要指定滑动单元格的大小，即步长（Stride），开始下一个区域的内积运算。如果步长较小，则意味着要慢慢地、尽可能多地选择特征提取区域，这样得到的特征图信息会比较丰富。如果步长较大，选中的区域就会比较少，得到的特征图信息也比较少。步长默认是 1。例如，5×5 的图像，加一圈 0 填充为 7×7，使用 3×3 的卷积核，一次滑动两个格，即步长为 2，则得到 3×3 的特征图，如图 9-35（a）所示。若步长为 1，则得到 5×5 的特征图，如图 9-35（b）所示。

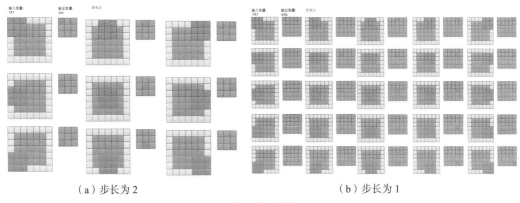

（a）步长为2　　　　　　　　　　　　　　　　（b）步长为1

图 9-35　步长

可见，步长会影响最终特征图的规模。对于图像任务，如果属于非特殊处理任务，最好选择小一点的步长，这样虽然计算量多了一些，但是保留了更丰富的特征值。

3. 边界填充

在卷积核不断滑动的过程中，每一个像素点的利用情况是不同的。因为边界上的像素点可能只被滑动一次，也就是只能参与一次计算，所以其对特征图的贡献比较小。而中间的点可能被多次滑动，相当于在计算不同位置特征的时候被利用多次，所以其对整体结果的贡献比较大。这似乎有些不公平，因为拿到输入数据或特征图时，并没有规定边界上的信息不重要，但是卷积操作没有平等对待它们。如何解决这个问题呢？只需要在边界添加一圈数据点就行，这样，原本边界上的点就成为非边界点。上述案例中边界填充一圈 0，表示这些像素点没有实际的信息，这就是卷积中的边界填充。原本 5×5 的图像，加了一圈 0，变成了 7×7 的图像。为什么填充的都是 0 呢？如果填充的不是 0，在做内积计算时，就会改变计算结果，所以一般用 0 进行填充，如图 9-36 所示。

图 9-36　边界填充

4. 特征图规格计算

影响卷积结果大小的因素主要是参与卷积计算的参数，根据参数可以计算出在执行完卷积操作后得到的特征图大小：

宽度
$$W_{\text{out}} = \frac{W_{\text{in}} - \text{Kernel}_{\text{W}} + 2 * \text{Padding}}{\text{Stride}} + 1 \qquad （9\text{-}34）$$

长度
$$H_{\text{out}} = \frac{H_{\text{in}} - \text{Kernel}_{\text{H}} + 2 * \text{Padding}}{\text{Stride}} + 1 \qquad （9\text{-}35）$$

其中，W_{in} 和 H_{in} 分别表示输入的宽度、长度；W_{out} 和 H_{out} 分别表示输出特征图的宽度、长度；Kernel_{W} 和 Kernel_{H} 分别表示卷积核的宽和长；Stride 表示滑动的步长；Padding 表示边界填充加 0 的圈数。

例如，如果输入数据是 32×32×3 的图像，卷积核为 10 个 5×5×3，指定步长为 1，边界填充为 2，则最终输出特征图的长度和宽度都为 $(32-5+2\times2)/1+1=32$，所以输出特征图的规格为 32×32×10。这个案例经过卷积操作后，特征图的长度、宽度尺寸与原图像相同。

相比传统神经网络，卷积神经网络参数更少。卷积操作中，使用参数共享原则，在每一次迭代时，对所有区域使用相同的卷积核计算特征。我们可以把卷积这种特征提取方式看成与位置无关，其中隐含的原理是：图像中部分统计特性与其他部分是一样的。这意味着在这一部分学习的特征也能用在另一部分上，所以，对于这个图像上的所有位置，都能使用相同的卷积核进行特征计算。虽然用不同的卷积核提取不同区域的特征应当更合理，但是这样一来，计算的开销就实在太大，需要综合考虑。

5. 池化

卷积运算完成后，进行池化（Pooling）运算。池化的作用实际上就是获取粗粒度信息，它是将原始的特征图进行压缩或降采样，将多个方格的内容压缩成一个像素点。

常用的池化方法有最大池化和平均池化两种。最大池化的原理很简单，首先在输入特征图中选择各个区域，然后计算其特征值，计算时不像卷积操作那样需要实际的权重参数一起参与计算，而是直接选择最大的数值即可。例如，在图 9-37 所示的左上角区域中，经过最大池化操作得到的特征值是 9，其余区域同理。平均池化的基本原理也一样。只不过计算的是区域的平均值，而不是直接选择最大值。经过平均池化操作，左上区域得到的特征值是 $(3+9+2+2) \div 4$，即 4。一张 4×4 的图像做 2×2 的池化运算，就是对每一个 2×2 的区域做压缩，可得 2×2 的图像，达到压缩目的。

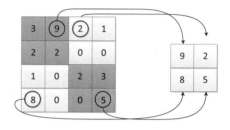

图 9-37　最大池化示例

在池化操作中，依然需要给定计算参数，通常需要指定滑动窗口的步长并选择区域的大小。最大池化的做法很独特，只是把最大的特征值拿出来，其他完全不管，而平均池化看起来似乎更温和一些，会综合考虑所有的特征值。那么，是不是平均池化效果更好呢？并不是这样，现阶段使用的基本是最大池化，因为它使用类似自然界中的优胜劣汰法则，只会把最合适的保留下来，这正是神经网络最初的理论，只需要最突出的特征。

池化层的操作简单，并不涉及实际的参数计算，通常接在卷积层后面。卷积操作会得到较多的特征图，让特征更丰富；池化会压缩特征图大小，只保留最有价值的特征。

6. 感受野

感受野（Receptive Field，RF）是卷积神经网络每一层输出的特征图上的像素点映射回输入图像的区域大小。通俗的解释是，特征图上一点相对于原图像的大小，这是卷积神经网络特征所能看到的输入图像的区域。例如，若输入图像的尺寸大小是 5×5，经过两次 3×3 的卷积核（其中 Stride=1，Padding=0）后，其感受野大小为 5×5；若输入图像的尺寸大小是 7×7，经过 3 次 3×3 的卷积核（其中 Stride=1，Padding=0）后，其感受野大小为 7×7，如图 9-38 所示。

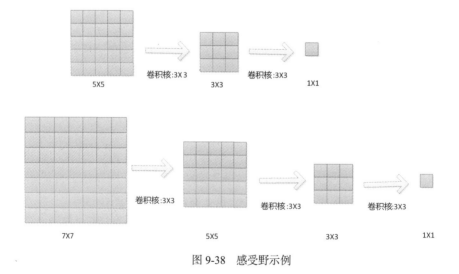

图 9-38　感受野示例

可见，随着卷积核的增多（即网络的加深），感受野会越来越大。感受野的计算公式为

$$RF_i = RF_{i-1} + (Kernel_i - 1) \times Stride_{i-1}$$ （9-36）

其中，i 表示当前特征层的层数，RF_i 表示第 i 层感受野大小，RF_{i-1} 表示第 $i-1$ 层感受野的大小，$Stride_{i-1}$ 是第 $i-1$ 层卷积核的步长，$Kernel_i$ 是第 i 层卷积核的大小。

9.3.6　经典卷积神经网络架构

在学习经典卷积神经网络架构之前，我们先来了解基本的卷积神经网络模型。一个完整的卷积神经网络，先对输入数据进行特征提取，然后完成分类任务。通常在卷积操作后，网络都会针对其结果加入非线性变换，如使用 ReLU 激活函数，通常这两个操作可看作一个操作组合。经过几个组合后，再加入一个池化操作。例如，在图 9-39 中，每经过两个组合后进行一次池化操作。最终还需要将网络得到的特征图结果使用全连接层进行整合，变为一个分类的概率结果，概率最大的即为所得到的分类结果。这一步操作需要将三维特征图转换成一维向量，即每个分类可能的概率。卷积神经网络的目的是得到特征图，且特征图的大小和个数随着卷积和池化操作不断变化。那么，图 9-39 所示是几层卷积神经网络呢？卷积神经网络的层数通常指的是可学习参数的层数，即包含权重和偏置的层数，这些层通常包括卷积层和全连接层。池化层和激活层通常不计入总层数，因为它们没有可学习的参数。因此，这是一个 7 层的卷积神经网络。

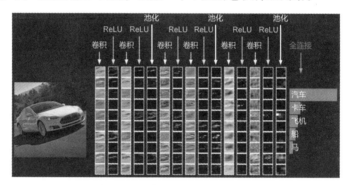

图 9-39　基本的卷积神经网络模型

1. AlexNet 网络

AlexNet 网络是由亚历克斯·克里泽夫斯基（Alex Krizhevsky）和杰弗里·辛顿等人提出的，它在 2012 年的 ImageNet 大规模视觉识别挑战赛中取得了优异的成绩，将深度学习模型的识别正确率提升到了一个前所未有的高度。因此，它的出现对于深度学习的发展具有里程碑式的意义。

如图 9-40 所示，AlexNet 网络的输入为 RGB 三通道的 224×224×3 大小的图像（也可填充为 227×227×3）。网络共包含 5 个卷积层、3 个池化层和 3 个全连接层。其中，每个卷积层都包含卷积核、偏置项、ReLU 激活函数和局部响应归一化（LRN）模块。第 1、2、5 个卷积层后面都跟着一个最大池化层，后 3 层为全连接层。最终输出层输出概率值，用于预测图像的类别。

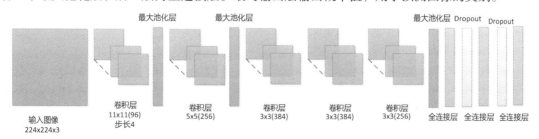

图 9-40　AlexNex 网络结构示意

AlexNet 网络同时使用了以下 3 种方法来改进模型的训练过程。

（1）数据增强。这是深度学习中常用的一种处理方式，即通过对训练数据随机添加一些变化，如平移、缩放、裁剪、旋转、翻转或亮度调整等，生成一系列与原始图像相似但不完全相同的样本，从而扩大训练数据集。通过这种方式，可以随机改变训练数据，避免模型过度依赖于某些属性，从而在一定程度上抑制过拟合。

（2）使用 Dropout 抑制过拟合。随着神经元数量的增加，模型的复杂度也会增加，从而导致过拟合的可能性变大。Dropout 通过在训练过程中随机丢弃一部分神经元，减少模型对特定神经元的依赖，从而提升模型的泛化能力。

（3）使用 ReLU 激活函数减少梯度消失现象。ReLU 函数在输入 $x>0$ 时输出 x，在输入 $x \leqslant 0$ 时输出 0。这种设计保证了梯度不会随网络深度的增加而衰减，从而可以有效减少梯度消失现象。

现在来看，AlexNet 网络的结构仍有许多可以改进的地方。整体网络结构共有 8 层，其中卷积层 5 个，全连接层 3 个。从结构上看，3 个全连接层全部放在最后，相当于将所有卷积层提取的特征组合起来，再执行后续的分类或回归任务。

在卷积核的选择上，AlexNet 网络的卷积核尺寸较大，如第一层使用了 11×11 的卷积核，步长为 4。这种粗粒度的特征提取方式不够细致，可能会遗漏一些重要信息。总的来说，网络层数较少，特征提取不够细腻。当时的设计主要受限于硬件设备的计算性能。

2. VGG 网络

VGG 网络由牛津大学的视觉几何组于 2014 年提出，它是在 AlexNet 网络的基础上进一步发展而形成的，通过采用更深层次的网络结构和更小的卷积核，进一步提升了网络的性能。VGG 网络通过使用一系列大小为 3×3 的小尺寸卷积核和池化层来构建深度卷积神经网络，并取得了较好的效果，如图 9-41 所示。

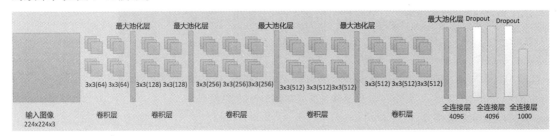

图 9-41　VGG 网络结构示意

VGG 网络因其结构简单、应用性强而广受研究者欢迎。它使用小的卷积核有效减少了参数的数量，使训练和测试变得更加高效。例如，使用两个 3×3 的卷积核可以得到感受野为 5×5 的特征图，而所需的参数量比使用单个 5×5 的卷积核更少。由于卷积核较小，可以堆叠更多的卷积层，从而加深网络的深度，这对图像分类任务来说是有利的。

VGG 网络的成功证明了增加网络的深度可以更好地学习图像中的特征模式。通过堆叠多个小卷积核，VGG 网络能够在不显著增加计算量的情况下，扩大感受野并捕捉更复杂的特征。这种设计不仅提高了网络的性能，还为后续深度学习的发展提供了重要启示。

3. ResNet 网络

在 2012 年的 ImageNet 大规模视觉识别挑战赛中，AlexNet 取得了冠军，并且以显著的优势领先于第二名。这一成就不仅引发了人们对深度卷积神经网络的广泛关注，还推动了后续一系列深度网络的研究与突破。AlexNet 的成功让人们意识到增加网络的深度可以显著提升网络的性能，甚至引发了"网络越深准确率越高"的观点。之后，随着深度学习的不断发展，网络的层数越来越多，网络结构也越来越复杂。那么，是否加深网络结构就一定会得到更好的效果呢？

　　从理论上来说，假设新增加的层都是恒等映射，只要原有的层学习到与原模型相同的参数，那么深层网络结构就能达到原网络结构的效果。但实际情况是，随着网络层数的不断增加，模型的准确率先不断提高，达到一个最大值（即准确率饱和），然后随着网络深度的继续增加，模型的准确率毫无征兆地大幅度降低，这种现象被称为退化（Degradation）。这一现象与人们的经验认知显然是矛盾的。这是为什么呢？从深度学习的起源来看，与传统的机器学习相比，深度学习的关键之处在于网络层数更深、非线性转换（激活）、自动特征提取和特征转换。其中，非线性转换非常重要，它将数据映射到高维空间以便更好地完成数据分类任务。随着网络深度的不断增大，所引入的激活函数越来越多，数据被映射到更加离散的空间，此时已经难以让数据回到原点。或者说，神经网络将这些数据映射回原点所需的计算量，已经远远超过网络所能承受的范围，从而导致梯度消失和准确率降低。

　　2015 年，微软研究院的何恺明等人提出了残差网络（ResNet），解决了上述问题，并且 ResNet 在同年的 ImageNet 大规模视觉识别挑战赛中取得了冠军。残差网络针对退化现象引入跳跃连接（Skip Connection）。跳跃连接是在输入和输出之间建立一条直接的路径，以消除深度过大的网络训练困难的问题。ResNet 网络还增加了残差学习和残差连接（Residual Connection）模块。残差学习的基本思想是让网络学习输入与输出之间的残差（即差异或误差），而不是直接学习从输入到输出的映射。这意味着网络的每个层不仅要学习如何从输入生成输出，还要学习如何修正前一层的输出。这种结构取代了直接学习映射关系，使网络可以构建得更深，同时保持训练的稳定性。残差学习也简化了网络的训练过程。这是因为残差块（Residual Block）可以学习到一个输出等于输入的恒等映射，这为网络的训练提供了一个基线，即使在网络非常深的情况下，训练过程也能保持稳定。ResNet 使网络的深度首次突破了 100 层，最大的神经网络甚至超过了 1000 层。在训练策略中，ResNet 使用了一种针对 ReLU 激活函数的权重初始化方法，这有助于使激活函数的方差在各层之间保持一致。ResNet 在每个卷积层后使用批量归一化，以减少内部协变量偏移，加速训练过程，并提高网络的稳定性。

　　在残差块中，输入信号首先通过两个卷积层（有时还包括批量归一化层和 ReLU 激活函数）。然后，这个经过处理的信号与原始输入信号通过跳跃连接相加。如果输入和输出的维度不一致，跳跃连接会使用 1×1 卷积操作来调整维度，以确保可以进行元素相加。这种通过残差连接将输入和输出直接连接的设计，保障了即使在网络非常深的情况下，梯度也能有效地反向传播，从而缓解梯度消失问题。以下是常用于不同 ResNet 网络中的残差块。

　　（1）BasicBlock：用于较浅的网络，如 ResNet-18 和 ResNet-34。

　　（2）Bottleneck Blocks：用于更深的网络，如 ResNet-50、ResNet-101 和 ResNet-152。其通过 1×1 卷积降低维度，再进行 3×3 卷积，最后通过 1×1 卷积恢复维度，以减少计算量。

　　ResNet 的基本思想如图 9-42 所示。

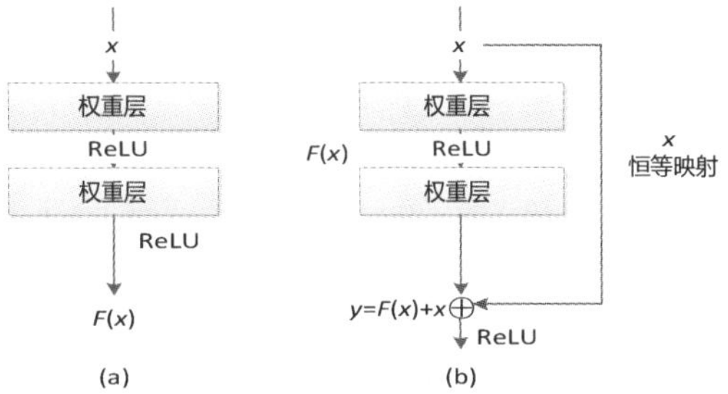

　　图 9-42（a）所示为一个非残差网络结构，输入 x 被映射为输出 $y=F(x)$。图 9-42（b）所示为残差网络结构，也即残差块，其中 $F(x)$ 是残差函数。与图 9-42（a）相比，图 9-42（b）的输出为 $y=F(x)+x$，这意味着网络不是直接学习输出特征 $F(x)+x$，而是学习残差 $F(x)$。如果希望学习到原模型的表示，只需将 $F(x)$ 的参数全部设置为 0，此时 $y=x$，即恒等映射。在残差块中，输入 x 通过跨层连接，能够更快地向前传播数据，或者向后传播梯度。

图 9-42　ResNet 的基本思想

　　ResNet 在图像分类、目标检测、语义分割等多个领域得到了广泛应用。它通过不断增加网络深度来提高分类精度，实现了更深的网络可以学习更复杂的特征表示，前提是梯度能够有效地反向传播。ResNet 可以训练非常深的神经网络，避免了梯度消失问题，提高了模型的表达能力和性能。使用残差连接可以保留原始特征，使网络的学习更加顺畅和稳定，进一步提高了模型的精度和泛化能力，加速了网络的收敛。图 9-43 所示为 ResNet-50 的结构，其一共包含 49 个卷积层和 1 个全连接层，所以被称为 ResNet-50。

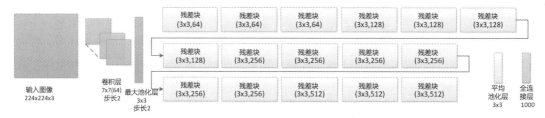

图 9-43　ResNet-50 结构示意

9.4　其他深度学习模型

1. 递归神经网络

递归神经网络（Recurrent Neural Network，RNN）是一种用于处理序列数据的神经网络架构，它被广泛应用于自然语言处理、语音识别、时间序列分析等领域。RNN 的核心特点是能够捕捉序列中前后数据点之间的依赖关系，这使它非常适用于时间序列数据的分析与处理。

我们可以将 RNN 想象成一条传送带，它逐个处理序列中的元素。通过循环结构，RNN 能够"记住"先前元素的信息，从而对下一个元素进行预测。例如，假设有一个单词序列，RNN 会依次处理序列中的每个单词，并利用前一个单词的信息来预测下一个单词。

RNN 的关键组件是循环连接，它允许信息从一个时间步流向下一个时间步。这种循环连接使神经元能够"记住"前一个时间步的信息。RNN 主要由 3 个部分组成：输入层、循环层和输出层。输入层在每个时间步接收信息，这些信息可以是一系列数字、单词、字符等。循环层处理来自输入层的信息，并利用循环连接来保留之前时间步的信息。循环层包含一组神经元，每个神经元都与自身建立循环连接，并在当前时间步与输入建立连接。输出层则根据循环层处理的信息生成预测结果。在某些任务中，如语言模型，每个时间步都会产生输出，而在其他如分类的任务中，可能仅在序列的末尾产生输出。

2. 生成对抗网络

生成对抗网络（GAN）是由伊恩·古德费洛（Ian Goodfellow）等人于 2014 年提出，其由生成器（Generator）和鉴别器（Discriminator）两部分组成。生成器的任务是生成新的数据样本，而鉴别器的任务是判断输入的数据是来自真实数据集还是由生成器生成的。通过这两个部分的相互竞争，GAN 能够逐渐提高生成数据的真实性和多样性。

在训练过程中，生成器和鉴别器会进行一种博弈。生成器试图生成更逼真的样本来欺骗鉴别器，鉴别器则努力提高其区分真实样本和假样本的能力。这个过程持续进行，直到生成器能够生成高质量、逼真的样本，这些样本难以与真实样本区分开来。

GAN 的应用领域非常广泛，包括图像生成、数据增强、医学图像分析、声音合成等。在图像生成方面，GAN 可以生成高质量的图像，如人脸、风景、动物等。在数据增强方面，GAN 可以生成大量的合成数据来扩充训练集，从而提升其他机器学习模型的性能。在医学图像分析方面，

GAN 可以生成医学图像以辅助诊断。此外，GAN 还可以用于图像风格迁移、图像修复、3D 模型生成等领域。

3.　长短期记忆网络

正如前述，RNN 是一种典型的语言处理模型，但由于 RNN 需要等待前一步计算完成后才能进行当前步的计算，因此无法实现并行计算，导致训练效率较低。此外，RNN 在处理长序列数据时表现不佳，难以有效捕捉长距离的语义关系。随着序列长度的增加，早期的信息对后续步骤的影响逐渐减弱，这使 RNN 在处理长文本时容易丢失重要的上下文信息。例如，在句子"我从小生活在云南，长大后在广州工作。我品尝了很多广州美食，但最爱吃的依然是……"中，正确预测下一个词的关键信息是"云南"，而 RNN 在处理到"广州美食"时，可能已经忘记了前面提到的"云南"，从而无法准确生成后续内容。

为了克服这些局限性，研究者提出了长短期记忆网络（LSTM）。这是一种特殊的 RNN 架构，可解决传统 RNN 在处理长序列数据时的梯度消失和梯度爆炸问题。LSTM 的核心思想是通过引入"细胞状态（Cell State）"和 3 个"门（输入门、遗忘门和输出门）"来控制信息的流动。细胞状态是 LSTM 的核心，它贯穿整个网络，能够存储和传递长期信息。输入门控制当前输入信息有多少被写入细胞状态中，它由两部分组成：一个 Sigmoid 层决定哪些值将被更新，一个 tanh 层创建一个新的候选值向量，这些候选值将被加入细胞状态中。遗忘门决定从细胞状态中丢弃哪些信息，它通过一个 Sigmoid 层来决定哪些值将被遗忘。输出门则决定下一个隐藏状态的值，隐藏状态包含关于前一时间步的信息，它将被传递到下一个时间步。这些机制使 LSTM 能够选择性地保留或丢弃信息，从而有效地处理长序列数据。

由于 LSTM 在处理序列数据方面表现出色，它被广泛应用于自然语言处理和语音识别领域。在自然语言处理中，LSTM 可用于文本生成、机器翻译、情感分析、问答系统等任务。在语音识别中，LSTM 能够处理语音信号中的时间序列信息。此外，LSTM 还适用于时间序列预测任务，如股票价格预测、天气预测、交通流量预测以及视频分析中的动作识别任务等。

4.　编码器-解码器

编码器-解码器（Encoder-Decoder）架构是一种常用于处理序列到序列（Seq2Seq）问题的模型结构，尤其在自然语言处理领域中得到广泛应用。例如，在机器翻译任务中，目标是将一种语言（源语言）的输入文本转换为另一种语言（目标语言）的相应文本。编码器-解码器架构可以看作一种翻译器，其将输入的外语文本翻译成听众的母语。

该架构由编码器和解码器两个主要组件组成。编码器负责获取输入序列（源文本），并按顺序处理，生成一个紧凑的表示形式，通常称为"上下文向量"或"上下文嵌入"。这个表示形式汇总了输入序列的语法、语义和上下文信息，可以使用循环神经网络（RNN）、长短期记忆网络（LSTM）或门控循环单元（Gated Recurrent Unit，GRU）等结构来处理序列数据。解码器则负责获取编码器生成的上下文向量，并逐步生成输出目标序列。解码器通常是循环神经网络或 Transformer 架构。它通过结合前一个单词和上下文向量中的信息，预测目标序列中的下一个单词，从而生成输出序列。在训练过程中，解码器接收真实的输出序列，目标是预测序列中的下一个单词。在推理阶段，解码器接收之前生成的文本，并利用这些信息预测下一个单词。Transformer 模型可以看作编码器-解码器架构的一种具体实现，它继承了编码器-解码器的基本框架，但摒弃了传统的循环结构，转而使用基于自注意力机制的架构。这不仅显著提升了模型的性能，还加快了训练速度。

> 🧠**思维训练：** 从长短期记忆网络到 Transformer 模型，再到 DeepSeek 模型，人工智能的发展经历了从序列处理到高效并行计算，再到大规模预训练和推理优化的演进路径。请你就人工智能的发展趋势谈谈自己的看法。

实验 12　BP 网络字母识别

一、实验目的

（1）掌握利用神经网络解决实际问题的一般流程。

（2）掌握 BP 网络训练的基本方法，进一步理解监督学习的特点。

（3）了解神经网络设计与应用的常用框架。

（4）增强对神经网络基本概念的理解。

二、实验内容与要求

选择 5 个大写字母并为它们编号，以这些字母的字形点阵二值数据作为神经网络的输入数据，根据它们的编号编制相应的独热编码作为网络模型输出数据的标签。构建 BP 网络模型，使用实验数据对模型进行训练，使网络模型从数据中学习给定字母的字形特征，实现应用 BP 网络对字母的识别。实验内容与要求具体如下。

（1）数据准备。字母的字形点阵采用 7×7 的阵列，每个笔画格子对应数字 1，每个空白格子对应数字 0。按从上到下的顺序把每行数字首尾相接，用逗号分隔相邻数字，即可得到一个字母某种字形的二值点阵数据。将每个字母每种字形的二值点阵数据与其相应的独热编码配对，即可构成一个样本数据，如图 9-44 所示，这里有 2 个字母各 3 个样本数据。

（2）结合 BP 网络知识，观察理解实验程序的总体逻辑，了解各主要参数的含义，在理解的基础上可在实验中对参数值进行适当调整，以观察相关参数对模型的影响。

（3）运行实验程序，进行数据加载、模型创建。

（4）分多个阶段进行模型训练及测试，观察实验程序的输出信息。每个阶段由若干轮（Epoch）训练加 1 轮测试构成，其中的训练轮数开始时可使用默认值，随后的过程中可根据测试正确率变化情况适当调整。以测试正确率≥90%为训练目标，观察实验输出信息，达到训练目标即可停止训练。

（5）观察实验过程中网络模型的训练损失值与测试正确率，思考、分析其变化趋势及原因，用实验表格记录相关数据和分析实验结果。

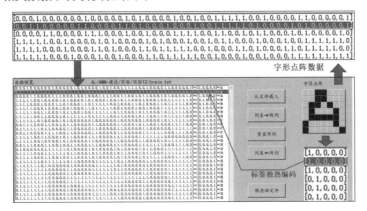

图 9-44　实验数据格式示例

三、实验操作引导

（1）可以使用实验素材中提供的实验数据或自行制作。如果使用实验素材中的实验数据，数据文件是 train.txt 和 test.txt 两个文本文件，它们分别是训练数据、测试数据。如果自行制作实验数据，请将数据采用 UTF-8 编码格式保存为纯文本文件。

（2）自行制作实验数据。根据以下方法，选用实验素材中提供的数据制作助手程序或纯手工制作实验数据。首先，选定若干大写字母，此处以选择 A、B、C、D、E 共 5 个字母为例。为选定的字母编制序号，按字母表中的顺序编排或按其他顺序均可，如 A（1）、B（2）、C（3）、D（4）、E（5）。根据这些序号为字母编制相应的独热编码。独热编码的位数是字母个数（此处即 5 位），每位都是二进制数 0 或 1，编码中位序号与字母序号相同的那一位设置为 1，其他位均为 0。例如，C 的序号是 3，则其独热编码第 3 位是 1，其他位都是 0，即 00100。字母的字形点阵（7×7 点阵）二值数据编码从点阵左上角开始，把从左到右的每行二值数据按从上到下的顺序首位衔接起来，得到一个 49 位由 0 与 1 构成的编码。为了格式的规范和易于观察，将标签和字形点阵编码分别用方括号括起来，同时用逗号分隔每个数字字符，标签部分与字形点阵编码部分使用 "=>" 分隔，如此便构成一个实验数据样本。为每个字母制作多个字形具有差异的实验数据样本，用记事本程序或其他文本编辑器新建文本文件，每行存放一个实验数据样本，不留空行，保存时选择 UTF-8 编码格式并命名为 dataset.txt，如此构成一个完整的实验数据集。为了简化实验操作，在数据集制作完成后，将其分割成两份，分别保存为 train.txt 和 test.txt，作为训练数据和测试数据，二者比例大约为 7:3。训练数据和测试数据均应覆盖所有选定的字母。

（3）实验程序采用 Python 编写，有 Python 源代码和 Jupyter Notebook 笔记本文件两个版本。对于 Jupyter Notebook 笔记本文件版本，只需在 Jupyter Notebook 软件界面中顺序执行每个代码格，观察程序输出信息并按提示输入即可。对于 Python 源代码版本，首先打开 Python 自带的开发环境 IDLE，选择 "File" 菜单中的 "Open" 命令，在弹出的对话框中找到并选择实验程序文件，单击 "确定" 按钮即可打开。在代码窗口中观察程序代码，阅读程序中的注释，快速理解程序的总体逻辑；在键盘上按 "F5" 键即可运行程序，观察程序运行时的输出信息并按提示进行输入。

（4）实验开始时和一个阶段的训练测试结束后，会弹出对话框询问将要开始的这个阶段的训练轮数，如果采用默认值，直接单击 "确定" 按钮即可，也可输入自己想要的训练轮数。

（5）如果观察到测试正确率多次保持不变且没有达到 90%，可以适当增大训练轮数，以便适度加快实验过程。但不应设置过大的值，否则有可能将模型的测试正确率直接训练到超过目标值，这不便于观察正确率的变化过程。

（6）对模型的训练以达到 90% 的测试正确率为目标，观察到输出信息中的测试正确率达到或超过此目标值即可结束训练。若要结束训练，可在设置下一阶段训练轮数时输入 0 并确定，或者单击 "取消" 按钮。

（7）训练结束后，根据实验的输出信息填写实验表格。

（8）将实验输出的过程数据曲线图插入实验表格相应位置，并结合所学知识和实验数据、图表，分析实验结果并填写实验表格中的相关项目。可通过调整学习率、隐藏层节点数两个参数，重新运行实验程序，观察训练过程的变化。

四、实验拓展与思考

本实验中，为了降低任务难度和提高训练速度，我们将正常情况下更大更复杂的字符点阵进行了简化和压缩，从而使笔画简单、输入数据特征维度较低。在完成本实验的基础上进行拓展，采用更大的字符阵列来容纳更复杂、更接近实际字体的字符，实现更实用的字符识别任务。

（1）将字符点阵由本实验中的 7×7 增大到 14×14，自行选择更多的字母（如 10 个）制作相应的训练数据。

（2）调整超参数，使神经网络模型输入输出层的节点数目与输入输出数据的维度相匹配，使用新的实验数据进行模型训练并测试其字符识别效果。

（3）尝试修改程序代码，增加一个隐藏层并训练、测试模型，观察实验输出信息，分析增加隐藏层产生的影响。

实验 13　简单的卷积神经网络——手写数字识别

一、实验目的

（1）熟悉 PyTorch 的编写环境。

（2）了解基于深度学习的手写数字识别技术。

（3）掌握卷积神经网络框架的部署和使用方法。

二、实验内容与要求

1. 算法原理

使用 MNIST 数据集来完成手写数字识别实验。MNIST 数据集是 Torchvision 自带的数据集，是一个计算机视觉数据集。其分为训练集和测试集两部分，训练集用来调整神经网络参数，测试集用来评估神经网络性能。MNIST 数据中共有 70000 张 28×28 像素的手写数字灰度图像，如图 9-45 所示。每个像素点的灰度值都为 0~255。每张图像配有一个标记值，也就是这张图像的真实值。数据集被分为两部分：60000 行的训练数

图 9-45　MNIST 数据集中的手写数字灰度图像

据集（mnist.train）和 10000 行的测试数据集（mnist.test）。为了和参与模型训练的测试数据集进行对比，将训练集的最后 5000 行数据也进行了验证性测试。

我们来了解一下卷积神经网络识别数字的基本原理。假设有一张 28×28 像素的黑白图像，内容是数字 7。首先，把图像数据修改为 28×28×1 的三维立体数据（如果是 RBG 彩色图像，则是 28×28×3），这就构成了网络的第 0 层节点，每个节点取值为 0~255。接着，构造卷积神经网络的第 1 层节点。该层的节点值由前一层节点通过卷积、ReLU 函数和池化等计算得到。图像信息通过一系列计算，包括最后一次转换的 view 计算，到了网络最后一层的全连接输出层。输出层上共有 10 个节点，分别对应图像是 0~9 共 10 种可能。第一个节点上的数值表示这张图像是数字 1 的概率，第二个节点上的数值表示这张图像是 2 的概率，以此类推。概率的取值范围是 0~1，且 10 个概率值加在一起应该等于 1。概率值最高的结果即为识别的最终结果。

2. 代码解析

手写数字识别程序主要包含导入模块、数据准备、构建网络模型、定义评估标准、执行模型并输出结果 5 个主要的环节，下面分别进行简要说明。

（1）导入必要的第三方模块。torch.nn 是 PyTorch 深度学习框架的核心模块，用来构建和训练神经网络。它继承于 nn.Module 类创建自定义模型，并在构造函数__init__( )中定义需要启动的层结构，且用 forward(self,input)方法描述按照既定的层完成计算和输出。

torch.optim 是优化器，即对模型的可学习参数进行优化，结合数据加载器 torch.utils.data.DataLoader 加载数据集，并在一个循环迭代中执行向前传播、计算损失、反向传播和参数更新。

torch.nn.functional 是构建神经网络的函数，常用的有各种非线性操作、损失函数、激活函数等。例如，激活函数 ReLU 就属于这个包。

Torchvision 是独立于 PyTorch 的图像操作的工具库。其中的 vision.datasets 子包，里面有自带

的常用视觉数据集。本实验使用 MNIST 数据集完成卷积神经网络的工作。另外，models 是神经网络流行的模型，如 AlexNet、VGG、ResNet 和 Densenet 等。

（2）读取数据并完成数据准备相关工作。定义卷积工作需要的超参数，input_size=28 是图像的尺寸，即 28×28 像素；num_classes = 10 是标签的种类数，即 10 个分类；num_epochs = 3 是训练的总循环周期；batch_size = 64 是每个批次处理图像的数量，即 64 张图像。

通过以下代码实现 MNIST 数据集的导入。

```
train_dataset=datasets.MNIST(root='./data',train=True,transform=transforms.ToTensor(),
download=True)
```

其中，download=True 指从互联网下载数据，并把数据集存放在 root='./data'。train=True 表示训练集，train=False 表示测试集。transform=transforms.ToTensor( )是数据转换函数，ToTensor( )方法把原始的 PILImage 图像或 NumPy 的 ndarray 格式数据转换成 torch 的张量，它是存储和变化数据的主要格式，默认是 32 位的浮点数，和 NumPy 的 ndarray 非常类似，这里把它当作多维数组来看待。

torch.utils.data.DataLoader( )是读取数据接口，主要对数据进行 batch 划分。把数据分成多个 batch，每次抛出一组数据，可以快速迭代数据。batch_size=64 即设置最小 batch 为 64，shuffle=True 表示不打乱数据。

（3）构建卷积神经网络模块。卷积神经网络的类继承了父类 nn.Modele，self.conv1 = nn.Sequential (nn.Conv2d(1,16,5,3))是初始化参数，即 in_channels=1，out_channels=16，kernel_size=5，stride=1，padding=2。in_channels=1 表示灰度图，out_channels=16 表示输出为 16 个特征值，kernel_size=5 表示输出的卷积核是 5×5 的，stride=1 表示步长为 1，padding=2 表示填充两圈 0。本实验希望卷积后大小跟原来一样，当 stride=1 时，需要设置 padding=(kernel_size-1)/2。接下来使用激活函数 nn.ReLU( )，nn.MaxPool2d(kernel_size=2)是池化，选择 2×2 区域，输出结果为(16,14,14)。self.out = nn.Linear(32*7*7, 10)表示将 3 维立体的矩阵转换成线性的 10 个分类的全连接层，得到最终结果。前向传播函数将上述初始化的过程按顺序执行，其中 x = x.view(x.size(0),−1)使用 view( )函数把矩阵（张量）重新排列成不同角度，但并不改变元素。−1 表示把矩阵（张量）展开成一维数组（张量），以便后续进行线性变化操作。在很多卷积操作中，一组任务包含一个卷积和一个 ReLU，我们可以把它们当作一个组合，在一个或多个组合后会加入一个池化。本实验中相当于使用了两个组合。

（4）定义测试准确度。accuracy_test(predictions,labels)函数用来返回评估准确度，判断预测的类别 predictions 和真实标签 labels 是否相等，若相等则表示正确，返回正确个数与总数比例作为准确度。

（5）执行模型。criterion = nn.CrossEntropyLoss( )是交叉熵损失函数，是 torch.nn 中一个包装好的类，对应 tourch.nn.functional 中的 cross_entropy( )。交叉熵损失函数是一种常用于多分类问题的损失函数，它衡量的是真实标签和预测值之间的差异。交叉熵损失函数的值越小，表示模型的预测值越接近真实值。在计算时，真实的标签被处理成独热编码的形式，计算公式为

$$\text{loss}(x,\text{class}) = -\log\left(\frac{\exp(x[\text{class}])}{\sum_j \exp(x[j])}\right) = -x[\text{class}] + \log\left(\sum_j \exp(x[j])\right) \quad (9\text{-}37)$$

CrossEntropyLoss( )带权重的计算公式为（默认 weight=None）

$$\text{loss}(x,\text{class}) = \text{weight}[\text{class}]\left(-x[\text{class}] + \log\left(\sum_j \exp(x[j])\right)\right) \quad (9\text{-}38)$$

torch.optim 是包含各种优化算法的库。optimizer = optim.Adam(net.parameters(), lr=0.001),Adam(Adaptive Moment Estimation)可以自动调整学习率完成优化,适用于普通梯度下降优化器。Adam(Adaptive Moment Estimation),params 是待优化参数,lr(float,可选)是学习率(默认为 10^{-3})。梯度下降是将所有数据集载入之后再计算梯度,然后沿着梯度相反的方向更新权重。其优点是凸函数能收敛到最小值。但此方法计算量较大,收敛较慢。同时,梯度下降容易收敛到局部最小值。改进的梯度下降算法——Adam 算法对内存需求较小,可以为不同的参数计算不同的自适应学习率,适用于大多数非凸优化、大数据集和高维空间。同时选择自适应学习率的算法,可以有效加快网络的收敛速度。

执行模型时,外层循环共 3 个 epoch,内层循环每个 epoch 中含多个 batch。epoch 的作用是,在一个数据集中反复训练神经网络几个轮次,这样可以提高数据集的利用率,每个轮次就是一个 epoch。

net.train( )和 output = net(data)是输入的图像与标签;loss = criterion(output, target)计算相应的损失函数;optimizer.zero_grad( )用于优化器清除之前的梯度,进行梯度的回传,并计算当前的梯度;loss.backward( )进行反向传播,并根据当前的梯度来更新网络参数。

接下来的 if 语句表示每隔 100 次,在测试集上查看验证效果。test_loader 是测试数据,其中 data 是测试数据,output = net(data)是卷积给出的测试结果,target 是真值,二者之间的比较结果是测试集的准确度。最后分 epoch 和 batch 输出结果,包括训练集的准确度和测试集的准确度。

经过几次迭代后,模型的正确率从 93% 开始逐渐上升至 98% 左右并达到饱和状态。最后,输出测试数据集 test_loader 中前 20 个图像的测试结果和内容。

3. 结果展示

取出 20 条测试数据,训练测试结果如图 9-46 所示,最终的预测结果如图 9-47 所示。

```
当前epoch: 0 [0/60000 (0%)]      损失: 2.305936   训练集准确率: 12.50%   测试集正确率: 12.86%
当前epoch: 0 [6400/60000 (11%)]  损失: 0.441186   训练集准确率: 77.55%   测试集正确率: 91.35%
当前epoch: 0 [12800/60000 (21%)]   损失: 0.147569   训练集准确率: 85.19%   测试集正确率: 95.47%
当前epoch: 0 [19200/60000 (32%)]   损失: 0.150806   训练集准确率: 88.61%   测试集正确率: 96.38%
当前epoch: 0 [25600/60000 (43%)]   损失: 0.092063   训练集准确率: 90.54%   测试集正确率: 97.17%
当前epoch: 0 [32000/60000 (53%)]   损失: 0.087266   训练集准确率: 91.79%   测试集正确率: 97.39%
当前epoch: 0 [38400/60000 (64%)]   损失: 0.139090   训练集准确率: 92.74%   测试集正确率: 97.70%
当前epoch: 0 [44800/60000 (75%)]   损失: 0.061561   训练集准确率: 93.34%   测试集正确率: 98.11%
当前epoch: 0 [51200/60000 (85%)]   损失: 0.055017   训练集准确率: 93.89%   测试集正确率: 97.52%
当前epoch: 0 [57600/60000 (96%)]   损失: 0.109031   训练集准确率: 94.36%   测试集正确率: 98.19%
当前epoch: 1 [0/60000 (0%)]       损失: 0.053841   训练集准确率: 98.44%   测试集正确率: 97.83%
当前epoch: 1 [6400/60000 (11%)]   损失: 0.066564   训练集准确率: 98.00%   测试集正确率: 98.29%
当前epoch: 1 [12800/60000 (21%)]   损失: 0.014668   训练集准确率: 98.10%   测试集正确率: 98.26%
当前epoch: 1 [19200/60000 (32%)]   损失: 0.087855   训练集准确率: 98.09%   测试集正确率: 98.25%
当前epoch: 1 [25600/60000 (43%)]   损失: 0.091253   训练集准确率: 98.13%   测试集正确率: 98.25%
当前epoch: 1 [32000/60000 (53%)]   损失: 0.077003   训练集准确率: 98.15%   测试集正确率: 98.36%
当前epoch: 1 [38400/60000 (64%)]   损失: 0.047027   训练集准确率: 98.17%   测试集正确率: 98.55%
当前epoch: 1 [44800/60000 (75%)]   损失: 0.021716   训练集准确率: 98.18%   测试集正确率: 98.33%
当前epoch: 1 [51200/60000 (85%)]   损失: 0.001519   训练集准确率: 98.22%   测试集正确率: 98.53%
当前epoch: 1 [57600/60000 (96%)]   损失: 0.050383   训练集准确率: 98.24%   测试集正确率: 98.71%
当前epoch: 2 [0/60000 (0%)]       损失: 0.027282   训练集准确率: 98.44%   测试集正确率: 98.70%
当前epoch: 2 [6400/60000 (11%)]   损失: 0.006095   训练集准确率: 98.64%   测试集正确率: 98.28%
当前epoch: 2 [12800/60000 (21%)]   损失: 0.036511   训练集准确率: 98.76%   测试集正确率: 98.71%
当前epoch: 2 [19200/60000 (32%)]   损失: 0.032196   训练集准确率: 98.68%   测试集正确率: 98.78%
当前epoch: 2 [25600/60000 (43%)]   损失: 0.033142   训练集准确率: 98.69%   测试集正确率: 98.51%
当前epoch: 2 [32000/60000 (53%)]   损失: 0.089752   训练集准确率: 98.68%   测试集正确率: 98.87%
当前epoch: 2 [38400/60000 (64%)]   损失: 0.048312   训练集准确率: 98.72%   测试集正确率: 98.94%
当前epoch: 2 [44800/60000 (75%)]   损失: 0.132848   训练集准确率: 98.74%   测试集正确率: 98.74%
当前epoch: 2 [51200/60000 (85%)]   损失: 0.007997   训练集准确率: 98.71%   测试集正确率: 98.90%
当前epoch: 2 [57600/60000 (96%)]   损失: 0.007997   训练集准确率: 98.72%   测试集正确率: 98.19%
```

图 9-46　训练测试结果

4. 填写报告

根据实验报告要求,选择不同的测试参数,观察、记录实验中的相关信息并进行分析,完成实验报告相关表格的填写。

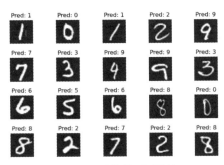

图 9-47　最终的预测结果

三、实验操作引导

（1）本实验可以在 CPU 和 GPU 两种环境中运行。以 CPU 环境为例，要求安装 Python 3.8 以上版本，并安装 PyTorch、Matplotlib、NumPy、Jupyter Notebook、Torchvision、Imageio、JSON 等第三方包。

（2）数据准备工作。读取数据 datasets.MNIST，并完成数据准备工作。该数据集若不在本地，则会自动下载。定义所需的超参数，导入训练集和测试集。分别构建 batch 训练集和测试集数据。

（3）定义测试准确度函数 accuracy_test(predictions,lables)。该函数有两个参数——predictions 和 labels，分别表示模型的预测结果和真实标签。此函数通过判断预测结果和真实标签是否相等来计算预测正确的数量，然后用这个数量除以总样本数，得到准确度。

（4）根据每个步骤的提示信息进行操作并仔细观察程序输出的实验数据，必要时进行记录，思考、分析实验数据所蕴含的信息。首先是加载数据；然后是设定参数，实验参数已经设定了默认值，读者可以尝试调整；接下来创建网络模型实例，创建成功后进入模型训练环节，可根据提示调整训练轮数。

四、实验拓展与思考

MNIST 数据集本身数据量并不大，且是灰度图，计算量不大，它是深度学习常用的数据集。在完成本实验的基础上，回答下面的问题。

（1）尝试将自己的手写体字母制作成训练数据进行实验，看看效果如何，对实验结果进行分析，并解释你所观察到的现象。

（2）通过调整实验参数创建满足输入输出要求的模型，使用新的训练数据进行模型训练并测试识别效果。

实验 14　基于残差网络架构训练花卉分类模型

一、实验目的

（1）了解基于 ResNet 的分类技术。

（2）掌握花卉识别检测模型的算法步骤。

（3）掌握 ResNet 框架的部署和使用方法。

二、实验内容与要求

1. 算法原理

本实验基于 PyTorch 官网的 3 个模块，下面进行简要介绍。

（1）PyTorch 的 models 中有很多经典的分类模型，如 AlexNet、VGG、ConvNeXt 等。本实验中将使用 ResNet 来完成花卉识别工作。models 里有很多类似的任务，且已经训练好参数。迁移学习将一个预训练模型应用到另一个相关但不同的任务上，可以加速新任务的学习过程。在监督学习中，要求训练集和测试集的数据具有相同的分布特征，这样才能保证模型在训练集中学习到的特征可用于测试集。但迁移学习不需要对每个领域都标注大量的训练数据，也不需要假定训练数据和测试数据服从相同的分布。因此，迁移学习放宽了传统机器学习中训练数据和测试数据需要同分布的假设，允许模型在一个分布不同的目标域上也能取得很好的泛化能力。

（2）继续使用 PyTorch 的 torchVision.datasets 模块，除了实验 13 中介绍的数据集，本实验还将使用存放数据的 DatasetFolder 等功能。

（3）PyTorch 中的 Transforms 是用于进行数据预处理和数据增强的。深度学习模型的性能依赖于数据的质量格式，Transforms 提供图像转换、数据类型转换、标准化和数据增强等多项功能。实验数据集 Oxford Flower 是包含 102 种花卉分类的数据集，分为训练集 train、测试集 test、验证集 valid，共 8189 张 JPG 图像。每个数字的文件夹包含一类花卉的若干张图像，如图 9-48 所示。本实验仅使用了训练集和验证集。

image_06734.jpg image_06735.jpg image_06736.jp image_06737.jpg image_06738.jpg image_06740.jpg image_06741.jpg

image_06748.jpg image_06750.jpg image_06751.jpg image_06753.jpg image_06757.jpg image_06759.jpg image_06761.jpg

图 9-48　数据集中的花卉图像

2. 代码解析

整个代码大致可分为导入所需模块、数据预处理、构建模型、训练模型、优化调参和结果展示几个部分。

（1）导入 PyTorch 的模块。Matplotlib、NumPy、random 模块主要用于绘图和图片展示。

（2）设置数据存放文件夹，每个文件夹下面存放同一类别的图片，参考代码如下：

```
data_dir = './flower_data/'
train_dir = data_dir + '/train'
valid_dir = data_dir + '/valid'
test_dir=data_dir+'/valid'
```

（3）数据预处理，这部分工作也称为数据增强。验证集和测试集用于衡量模型对尚未见过的数据的预测效果，需要将图像剪裁到合适的大小，同时解决数据量不够的问题。本实验中，data_transforms 模块针对训练集做预处理操作。例如，随机旋转、缩放、剪裁、翻转和变灰度图等。通过数据增强可得到更多的数据，有助于网络泛化，带来更好的效果。参考代码如下：

```
transforms.CenterCrop(224)  #从中心开始裁剪成 224×224 像素的图像，可先用 resize()操作
transforms.RandomHorizontalFlip(p=0.5)  #随机水平翻转，以 50%的可能性执行水平翻转
transforms.RandomVerticalFlip(p=0.5)    #随机垂直翻转，以 50%的可能性执行垂直翻转
transforms.ColorJitter(brightness=0.2, contrast=0.1, saturation=0.1, hue=0.1)
#参数 1 为亮度，参数 2 为对比度，参数 3 为饱和度，参数 4 为色相
transforms.RandomGrayscale(p=0.025)       #以 2.5%的可能性转换成灰度图
transforms.ToTensor()                     #图像转换成张量格式，以便神经网络处理
transforms.Normalize([0.485, 0.456, 0.406], [0.229, 0.224, 0.225])
#将张量的 3 个颜色通道标准化
```

（4）按照预处理的流程，使用 datasets.ImageFolder 加载图像，batch_size = 8 表示每次加载器向网络输送 64 张图像，shuffle=True 说明顺序是乱序。参考代码如下：

```
batch_size = 8
image_datasets = {x: datasets.ImageFolder(os.path.join(data_dir, x), data_transforms[x])
for x in ['train', 'valid']}     #读取训练集和验证集
dataloaders = {x: torch.utils.data.DataLoader(image_datasets[x], batch_size=batch_size,
shuffle=True)
```

（5）创建一个 “.json” 格式的映射文件并加载，这样可以把编号映射成花卉名。参考代码如下：

```
import json
with open('cat_to_name.json', 'r') as f:
cat_to_name = json.load(f)
print(cat_to_name)
```

（6）经过归一化等变换的张量需要转换回可以显示的原始图像格式，以便可视化。因此，定义如下函数：

```
def im_convert(tensor)
```

（7）选择 ResNet 网络并使用 GPU 训练数据，参考代码如下：

```
model_ft = models.resnet152()    #使用 152 层的 ResNet 网络执行训练
```

如果想尝试其他的网络，可选的选项如下：'resnet', 'alexnet', 'vgg', 'squeezenet', 'densenet', 'inception'。

（8）模块配置，参考代码如下：

```
model_ft,input_size=initialize_model(model_name,102,feature_extract,use_pretrained=
True)    #模型种类，输入模型大小
```

（9）使用 Adam 优化器，设置学习速率为 0.01。参考代码如下：

```
optimizer_ft = optim.Adam(params_to_update, lr=0.01)          #配置优化器
scheduler = optim.lr_scheduler.StepLR(optimizer_ft, step_size=7, gamma=0.1)    #学习
率每过 7 个 epoch 衰减成原来的 1/10，随着训练慢慢变小
criterion = nn.NLLLoss()    #损失函数
```

（10）设置训练模块，criterion 是损失函数，optimizer 是优化器，is_inception 用于指定是否使用其他的网络模型。参考代码如下：

```
def train_model(model, dataloaders, criterion, optimizer, num_epochs=25, is_inception=
False, filename =filename)
```

（11）执行训练，参考代码如下：

```
model_ft, val_acc_history, train_acc_history, valid_losses, train_losses, LRs = train_
model(model_ft, dataloaders, criterion, optimizer_ft, num_epochs=20, is_inception=(model_
name=="inception"))
```

（12）保存好训练的模型，参考代码如下：

```
model_ft, input_size = initialize_model(model_name, 102, feature_extract, use_
pretrained=True)
……
filename='checkpoint.pth'   #这里分别使用两个训练集
……
```

（13）测试数据预处理。process_image()函数用来对图像进行预处理，以便将某图像输入卷积模型中测试。这个函数包括了图像的缩放、裁剪和归一化等预处理功能。可定义如下函数：

```
def process_image(image_path)
```

3. 结果展示

取一组数据测试，使用两个不同的训练集。一个训练集只训练最后一层，另一个训练集训练所有层。参考代码如下：

```
#得到一个batch的测试数据
dataiter = iter(dataloaders['valid'])
images, labels = dataiter.next()
model_ft.eval()
if train_on_gpu:
        output = model_ft(images.cuda())
else:
        output = model_ft(images)
```

概率结果最大的，就是最终判定结果，参考代码如下：

```
_, preds_tensor = torch.max(output, 1)
preds = np.squeeze(preds_tensor.numpy()) if not train_on_gpu else np.squeeze(preds_
tensor.cpu().numpy())
preds
```

展示预测结果，参考代码如下：

```
fig=plt.figure(figsize=(20, 20))
columns =4
rows = 2
for idx in range (columns*rows):
        ax = fig.add_subplot(rows, columns, idx+1, xticks=[], yticks=[])
        plt.imshow(im_convert(images[idx]))
        ax.set_title(cat_to_name[str(preds[idx])]+cat_to_name[str(labels[idx].item())])
plt.show()
```

4. 填写报告

观察、记录实验中的相关信息并进行分析，完成实验报告相关内容的填写。

三、实验操作引导

（1）本实验需要在支持 CUDA 的 GPU 服务器环境中运行。推荐使用 32G RAM/T4 GPU 的 GPU Linux 虚拟主机，NVIDIA GeForce RTX 4090，CUDA 12.2，GPU Memory 4MiB。服务器配置 Anaconda+Jupyter Noetbook 或 JupyterHub 环境。若为远程服务器环境，教师机可使用 MobaXterm 远程启动，学生机在浏览器端用 Jupyter Noetbook 尝试代码执行。所需的第三方包括 PyTorch、Matplotlib、NumPy、Jupyter Notebook、Pandas、Torchvision、Imageio、JSON 等。

（2）本实验所用数据集由牛津大学工程科学系于 2008 年发布，是一个英国本土常见花卉的图像数据集，数据量较大，迭代次数多。

（3）设置数据存放文件夹，每个文件夹下面存储同一类别的图像。如果有添加图像，可以尝试添加在验证集或测试集文件夹下。

（4）数据预处理，这部分的工作也称为数据增强。本实验中，data_transforms 模块针对训练集做预处理操作，验证集和测试集不需要。数据增强的选择有随机旋转、缩放、剪裁、翻转和变灰度图等。执行预处理，使用 datasets.ImageFolder 加载图像。

（5）创建一个分类数值与花卉名对应的 ".json" 格式的映射文件并加载。展示图像内容为选做，目的是展示预测结果做前期测试。

（6）选择 ResNet 网络并使用 GPU 训练数据，完成迁移学习步骤。完成两个训练代码的修改：一个是只训练最后一层全连接层的代码，另一个是训练所有层的代码。

（7）完成模块配置，并加载 Adam 优化器设置，其中学习速率为 0.01。执行训练，得到两个训练好的模型。设置训练模块，criterion 是损失函数，optimizer 是优化器，is_inception 用于指定是否使用其他网络模型。

（8）分别载入两个训练好的模块，完成测试数据的预测，并记录预测结果，输出每一个 batch 的损失率和正确率。

（9）结果展示。取一组图像数据，比较预测结果和实际结果，并给与评价。

四、实验拓展与思考

花卉数据为 RBG 彩色图像，本实验的数据量和计算量均较大。在完成本实验的基础上，回答下面的问题。

（1）选用更多的数据增强方式，获得更多的训练数据。

（2）通过调整实验参数创建满足输入输出要求的模型，使用新的训练数据进行模型训练并测试其识别效果。

（3）尝试将自己拍摄的花卉图像制作成训练数据进行实验，看看效果如何，对实验结果进行分析，解释你所观察到的现象。

快速检测

1. 判断题

（1）人工神经元是模拟生物神经元工作原理的数学模型。　　　　　　　　（　　　）

（2）MP 模型是麦卡洛克和皮茨于 1948 年提出的。　　　　　　　　　　（　　　）

（3）多层感知机只能用于图像分类任务。　　　　　　　　　　　　　　　（　　　）

（4）BP 算法中，误差的反向传播是指将输出误差直接反馈到输入层。　　（　　　）

（5）在前馈神经网络中，层内神经元之间有连接。　　　　　　　　　　　（　　　）

（6）CNN 是一种基于卷积操作的深度学习模型。　　　　　　　　　　　（　　　）

（7）卷积神经网络中池化层的主要作用是减少特征图的空间维度。　　　　（　　　）

（8）卷积神经网络中的激活函数 ReLU 只能用于隐藏层，不能用于输出层。（　　　）

（9）卷积神经网络中的全连接层可以被卷积层完全替代。　　　　　　　　（　　　）

（10）卷积神经网络中的步长必须为 1。　　　　　　　　　　　　　　　（　　　）

2. 选择题

（1）感知机是由（　　　）提出的。

　　A. 马文·明斯基　　　　　　　　　　　　B. 弗兰克·罗森布拉特

C. 麦卡洛克 D. 鲁梅哈特

（2）感知机的主要用途是（ ）。

    A. 图像分类 B. 文本生成

    C. 二类分类的线性分类模型 D. 数据压缩

（3）多层感知机的基本结构不包括（ ）。

    A. 输入层 B. 隐藏层 C. 输出层 D. 反馈层

（4）多层感知机的训练通常使用（ ）来更新权重和偏置。

    A. 梯度下降法 B. 排序算法 C. 感知机算法 D. 反向传播算法

（5）构成 BP 算法的两个主要过程是（ ）。

    A. 正向传播和误差计算 B. 反向传播和权重调整

    C. 正向传播和误差的反向传播 D. 权重初始化和误差计算

（6）BP 算法最早是由（ ）提出的。

    A. 马文·明斯基 B. 弗兰克·罗森布拉特

    C. 保罗·沃博斯 D. 鲁梅哈特

（7）在前馈神经网络中，信号的传播方式是（ ）。

    A. 从输入层到输出层双向传播 B. 从输出层到输入层单向传播

    C. 从输入层到输出层单向传播 D. 在层内和邻层之间双向传播

（8）BP 算法中，误差的反向传播是为了（ ）。

    A. 直接修改输入层的权重 B. 逐层分摊误差并调整各层权重

    C. 跳过隐藏层直接调整输出层权重 D. 停止训练过程

（9）BP 算法的学习率如果设置得过高，可能会导致的问题是（ ）。

    A. 训练速度加快

    B. 训练过程更加稳定

    C. 可能跳过全局最优解，造成局部最优

    D. 收敛到全局最优解的速度加快

（10）以下函数中，（ ）不适合用作多层感知机（MLP）中的激活函数。

    A. Sigmoid( )函数 B. Tanh( )函数

    C. ReLU 函数 D. 符号函数

（11）卷积神经网络中最常用的激活函数是（ ）。

    A. Sigmoid( ) B. Tanh( ) C. ReLU D. Softmax( )

（12）卷积神经网络中全连接层的主要作用是（ ）。

    A. 提取局部特征 B. 整合特征并输出最终结果

    C. 减少特征图的维度 D. 增加模型的复杂度

（13）在 CNN 中，卷积核的权重是（ ）。

    A. 随机初始化的 B. 固定不变的

    C. 由用户手动设置的 D. 通过训练自动学习的

（14）卷积神经网络中权重共享机制的主要优点是（ ）。

    A. 增加模型的复杂度 B. 减少模型的参数数量

    C. 提高计算速度 D. 增加特征图的维度

（15）在 CNN 中，卷积操作的目的是（ ）。

    A. 增加特征图的维度 B. 提取输入数据中的局部特征

    C. 减少特征图的维度 D. 增加模型的复杂度

（16）卷积神经网络中的特征图是指（　　　）。

    A. 输入图像　　　　　　　　　　B. 卷积操作后的输出

    C. 池化操作后的输出　　　　　　D. 全连接层的输出

（17）卷积神经网络中的池化操作通常使用（　　　）。

    A. 最大池化　　　B. 平均池化　　　C. 最小池化　　　D. 随机池化

（18）在 CNN 中，零填充的主要目的是（　　　）。

    A. 增加计算量　　　　　　　　　B. 保持特征图的尺寸不变

    C. 增加模型的复杂度　　　　　　D. 减少特征图的尺寸

（19）在 CNN 中，步长的值越大，特征图的尺寸（　　　）。

    A. 越大　　　　B. 越小　　　　C. 不变　　　　D. 无法确定

（20）卷积神经网络中的全连接层通常位于（　　　）。

    A. 网络的最前面　　　　　　　　B. 网络的中间部分

    C. 网络的最后面　　　　　　　　D. 网络的任意位置

第10章
大模型技术及应用

大模型（Large Model）是指具有大规模参数及复杂计算结构的机器学习模型，通常由深度神经网络构建而成，拥有数十亿甚至数千亿个参数，具有强大的表达能力和预测性能。AIGC（Artificial Intelligence Generated Content）意为人工智能生成内容，涵盖了利用人工智能技术进行内容创作的各个方面，包括文字、图像、视频、音频等多种形式。本章通过基本概念介绍及典型应用示例，让读者了解 AIGC 与大模型技术，掌握 AI 2.0 时代生存的新技能。

本章学习目标

- 认识 AIGC，了解 AIGC 的发展与核心技术，掌握 AIGC 生成内容的方式。
- 了解大模型，掌握大模型的特点和关键技术。
- 认识 AIGC 和大模型的区别与联系。
- 了解目前国内外主流的大模型及其特点。
- 掌握大模型的应用及未来发展趋势。
- 掌握使用大模型辅助完成综述论文和演示报告的一般方法及步骤。

10.1　AIGC 与大模型技术

10.1.1　AIGC

随着人工智能技术的迅猛发展，AIGC 与大模型应用成为引人注目的焦点。AIGC 是利用人工智能技术自动生成内容的新型内容生产方式，被认为是继专业生成内容（Professional Generated Content，PGC）和用户生成内容（User Generated Content，UGC）之后的一种全新内容产出形态。

PGC 指由专业人士或团队针对特定领域或主题进行的专业化、深度化内容创作，此概念起源于互联网视频平台的崛起，如优酷、腾讯等平台。PGC 内容成为视频网站的重要组成部分。2015年之后，PGC 内容制作、运营、商务等专业团队逐渐形成，自制内容成为视频网站的重点战略。PGC 的特点是专业化、质量高、品牌化和标准化。

UGC 是伴随 Web 2.0 的兴起而逐渐普及的。随着社交媒体、博客、视频分享网站等平台的快速发展，互联网所有用户都可以生成自己的内容，如发布文字、图片、视频等。UGC 的特点是用户主导，具有创造性、多样性和互动性。PGC、UGC 与 AIGC 的发展时序如图 10-1 所示。

1. AIGC 的发展

AIGC 的概念最早可追溯到图灵测试和人工智能发展的初期，其发展大致可以分为以下 3 个阶段。

图 10-1　PGC、UGC 与 AIGC 发展时序

（1）早期萌芽阶段（20 世纪 50—90 年代）。这一时期的 AIGC 因技术所限仅出现在小范围实验与应用中。20 世纪 80 年代末至 90 年代中期，由于难以商业化，导致资本投入有限，AIGC 发展较为缓慢。此阶段的标志性成果之一是 1957 年莱杰伦·希勒（Lejaren Hiller）和伦纳德·艾萨克森（Leonard Isaacson）用计算机程序将控制变量修改为音符，产生了历史上第一首完全由计算机"作曲"的音乐作品——弦乐四重奏《依利亚克组曲》。

（2）沉淀积累阶段（20 世纪 90 年代至 21 世纪初）。该阶段的 AIGC 从实验性开始向实用性转变，这一时期的深度学习算法取得了较大进展，GPU、CPU 等算力设备也日益精进，互联网的快速发展为各类人工智能算法提供了海量数据进行训练。不过，受到算法瓶颈的限制，AIGC 的实用性效果尚待提升。

（3）快速发展阶段（21 世纪 10 年代至今）。2014 年，GAN 网络的推出为 AIGC 带来了革命性的突破，该模型可使计算机生成高度逼真的图像和视频内容。2018 年，OpenAI 发布了 GPT-2 模型，随后是 GPT-3 模型，它们生成自然流畅文本内容的能力标志着 AIGC 在写作领域取得重要突破。2022 年，OpenAI 推出 ChatGPT，它不仅能进行对话，还能生成文章、代码等复杂内容，这标志着 AIGC 更加智能化和实用化。如今，AIGC 已在内容创作、个性化推荐、智能客服等领域展现出巨大潜力，而且逐渐扩展到教育、电商、软件开发、金融等领域。随着技术的不断进步和应用场景的拓展，AIGC 行业有望实现更大的突破和发展。图 10-2 是游戏设计师贾森·艾伦（Jason Allen）使用 AI 绘图工具 Midjourney 生成的画作，该画作在美国科罗拉多州艺术博览会上一举夺魁。

图 10-2　画作《太空歌剧院》

2. AIGC 的核心技术与生成内容形式

AIGC 的核心技术是深度学习。深度学习具有强大的数据建模和特征提取能力，使机器能够模仿人类的学习过程自动地从大量数据中学习到复杂的模式和规律，并据此生成新的内容。深度学习包含多种算法和模型框架，例如，卷积神经网络用于图像生成，循环神经网络用于处理文本、语音和时间序列数据，Transformer 模型在自然语言处理领域表现出色。AIGC 可生成的内容形式包括文本、图像、音频、视频及多模态内容。

（1）文本生成。利用自然语言处理技术可模拟人类的写作过程自动生成文本内容，如新闻报道、广告文案、社交媒体帖子、程序代码等。这些由 AIGC 生成的文本内容可以根据用户的输入或特定要求进行定制，其优势是高效、多样、实时及成本效益。图 10-3 展示的是利用 AIGC 辅助生成代码。

（2）图像生成。借助 GAN、CNN 等深度学习模型，AIGC 具有生成高度真实感和多样性图像的能力。AIGC 图像生成工具或平台有 Stable Diffusion、Midjourney、Pixso AI 等，操作界面简洁直观，用户只需输入关键词或描述，即可快速生成高质量的图像，部分工具还支持实时调整图像参数以满足用户的个性化需求。图 10-4 展示的是使用文心大模型生成图像。

图 10-3　利用 AIGC 辅助生成代码

图 10-4　AIGC 生成图像示例

（3）音频生成。利用深度学习模型训练大量音频数据，从中学习文本、语音或其他信息源到音频数据的映射关系，再利用所学到的特征生成新的音频内容，这样使 AIGC 具备了包括文本转语音（Text-to-Speech）、语音克隆、AI 乐曲生成、智能音频剪辑、音频自动分析提取等功能。例如，喜马拉雅旗下的"音剪"平台为创作者提供多种 AI 音色，内置 AI 模型可根据创作者提供的音频素材完成 AI 音频剪辑、AI 配乐、文章转语音、AI 小说、智能检测以及一键成片等任务。图 10-5 展示的是利用讯飞智作进行音频生成。

图 10-5　AIGC 生成音频示例

（4）视频生成。与图像生成相比，视频生成在数据复杂性、模型复杂性、时空一致性与连贯性、可控性和可编辑性等方面存在更多的挑战与难点。不过，随着高质量数据集逐步形成、算法持续优化、算力逐步升级以及大模型处理能力不断提升，这些难点已逐步得到解决。目前，Sora 模型可根据用户提供的文本描述自动生成分辨率达 1920×1080 像素的 60s 视频内容，如图 10-6 所示。

（5）多模态 AIGC。与生成单一内容形式的单模态 AIGC 不同，多模态 AIGC 可融合文本、图像、声音等多种模态元素，创造出更加丰富、互动体验感更强的内容。例如，与智能虚拟助手进行自然语言对话，它通过语音识别理解用户的问题，通过文本生成回答，并使用图像生成技术为用户提供视觉帮助。随着技术的进步，多模态 AIGC 的应用将进一步拓展。图 10-7 展示的是利用文心大模型创作的多模态 AIGC 应用展望图。

图 10-6　AIGC 生成视频示例

图 10-7　多模态 AIGC 应用展望图

思维训练： 当 AIGC 能像人类一样完成从创意到产出成品的完整流程时，人类创作者的"原创性"是否需要被重新定义？技术辅助创作与完全依赖技术的界限如何划定？可围绕以下更具体的切入点进行思考：对比人类"灵感"的创作与 AIGC 模式匹配下的创作之间的差异；探讨版权归属问题；未来人类创作者的核心竞争力是"使用工具的能力"还是"不可替代的人类特质"。

10.1.2　大模型技术

大模型技术泛指训练和使用大模型的技术。一般来讲，大模型是指拥有超大规模参数和复杂计算结构的机器学习模型。目前，大模型已在自然语言处理、计算机视觉、语音识别与合成等多个领域展现出卓越的性能。大模型的主要特点如下。

（1）参数规模庞大。大模型一般拥有数百亿至数千亿个参数，这些参数赋予大模型更强的表达能力和学习能力，使其能够从复杂的数据中提取信息并执行复杂任务。例如，2021 年 12 月鹏城实验室与百度联合发布的全球首个知识增强千亿大模型"鹏城-百度·文心"（模型版本号为 ERNIE 3.0 Titan），参数规模达到 2600 亿。

（2）海量的训练数据。训练大模型需要大量数据，这些数据可以是各种来源和形式，如文本、图像、音频等。通过对海量数据的训练，大模型学习到数据中的特征与模式，从而实现对新数据的预测、推理和生成。

（3）通用和多任务处理能力。大模型可处理多种不同类型的任务，如问答、翻译、生成文本、智能推荐等；大模型的通用性源于在大量多模态数据上进行的预训练，再通过微调实现对于特定任务的适应性，相比于专用小模型，大模型在切换任务时不需要重新训练，显著节省时间和资源。

（4）高算力需求。大模型的训练和推理需要大量计算资源，如高性能图形处理单元 GPU、张量处理单元 TPU 集群或超级计算机。

（5）生成和推理能力。大模型具有生成连续且逻辑合理的新数据的能力，如在大量文本训练的基础上生成类似人类写作的文章、对话和摘要的能力，其内容表现出连贯性和相关性，可有效用于创作和问答等场景应用。推理能力是指大模型通过已知的信息进行逻辑推导从而得出新结论或新答案，该能力的实现通常涉及"链式思考"（Chain-of-Thought，CoT）等技术，如此，大模型能够在给出最终答案之前，逐步展示中间的推理步骤，形成逻辑链条，使回答更加准确且具有解释性。

大模型是一个综合性系统，其关键技术包括但不限于以下内容。

1. 基础架构

大模型的基础架构包括 CNN、GAN、RNN、图神经网络（Graph Neural Network，GNN）、

Transformer 等。

正如第 9 章所述，CNN 主要用于分析处理具有网格状拓扑结构（如图像、视频等）的数据，其工作原理是先在图像上应用一系列滤波器（卷积核）来提取关键特征，再经过下采样操作（池化层），在保留重要特征的同时降低空间维度以防止过拟合，最后通过全连接层输出预测结果。CNN 在图像分类、目标检测、图像分割、风格迁移等任务中表现突出，是自动驾驶、人脸识别和安防监控的核心技术。

GAN 由生成器和判别器两部分组成，生成器负责生成数据样本，判别器负责区分真实样本和生成样本，二者相互对抗并改进，促使模型生成越来越逼真的数据样本。GAN 主要用于图像生成与增强、3D 建模、视频生成与增强等领域。

RNN 可分为输入层、递归层和输出层 3 个主要部分。输入层接收输入信息，如序列中的一个单词。递归层处理来自输入层的信息，利用递归连接"记忆"前一时刻的信息。输出层根据递归层处理的信息生成预测结果。RNN 的特点是通过循环连接从先前的输入中获取信息，用于影响当前的输入和输出。基础 RNN 模型容易遇到梯度消失或梯度爆炸问题，导致难以学习长序列中的远程依赖信息，改进版本有长短期记忆网络和门控循环单元等，它们通过引入记忆单元和门控机制来缓解这些问题。

GNN 是专门处理由节点和边组成的图结构数据的深度学习模型。它通过邻域聚合的方式将节点的特征与其邻居节点的特征结合起来，逐步更新节点的表示，该过程能够捕捉图中复杂的结构信息，从而实现节点分类、图分类、链接预测和推荐等功能。GNN 的应用领域包括社交网络分析、生物信息学、交通管理、金融预测等。

Transformer 模型于 2017 年由 Google 团队提出，它使用自注意力机制和编码器-解码器架构捕捉输入序列的上下文语义信息，动态评估输入序列中不同部分的相关性，在长距离依赖关系建模和并行计算的基础上，有效提升了对复杂语言结构的理解能力和训练速度。图 10-8 是 Transformer 模型架构的简化图及完整图。

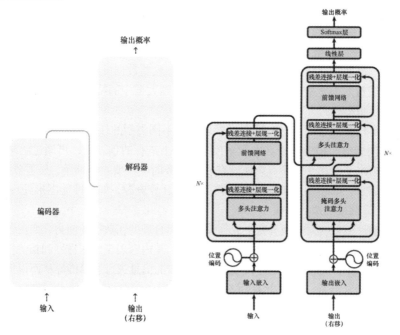

图 10-8　Transformer 模型架构的简化图（左）及完整图（右）

目前，Transformer 已取代 RNN 成为文心、GPT 系列、BERT 系列等主流大语言模型的核心架构。与此同时，还有其他多种模型被应用于大语言模型中。例如，斯坦福大学、加州大学圣地亚哥分校、加州大学伯克利分校等共同提出的新型序列建模架构——测试时间训练层，将隐藏状态设计为可训练的小型机器学习模型，通过自监督学习处理新数据并不断更新，这使其在语言建模的效率和性能上展示出替代 Transformer 的潜力。

2. 预训练+微调模式

预训练+微调包括预训练和微调两个阶段。预训练阶段是让大模型在大规模数据集上进行训练，通过学习数据的普遍规律和通用特征让大模型具备广泛的语言知识和模式识别能力，这一过程类似于人类在学习新知识前先掌握基础的数学、语言等能力。微调是在预训练的基础上针对特定任务的小规模数据集进行进一步训练的过程，通过调整模型的部分参数或结构，使其更好地适应新任务的需求。微调可显著降低大模型在具体应用中的训练成本，快速实现模型的高效应用。目前主流大模型如文心、BERT 系列、GPT 系列等都采用预训练+微调模式。

3. 提示词工程

提示词工程（Prompt Engineering）又称指令工程，是一种不需要调整大模型的参数和结构即可获得特定结果的大模型技术，用户通过输入提示词引导大模型输出期望的结果。这种技术的发展背景是，大模型的参数量大、训练及运营成本高，使用该技术可以避免频繁进行模型微调，从而降低企业的运营成本。提示词工程依赖于大模型对自然语言词汇和上下文的理解，用户精心设计的提示词可使大模型生成有效、准确且个性化的结果。图 10-9 是文心一言的提示词构造说明。

图 10-9　文心一言的提示词构造说明

4. 模型优化与评估

基于人类反馈的强化学习（Reinforcement Learning from Human Feedback，RLHF）是一种旨在提升大模型在特定任务上的性能与可靠性的调优方法。其原理是将强化学习与人类反馈相结合，以人类判断作为奖励信号来引导模型行为，使模型能够学习到更符合人类价值观的行为。

模型压缩技术通过去除冗余、降低精度和知识迁移等手段，实现大模型的优化，其核心技术有权重裁剪、量化和知识蒸馏等。权重裁剪通过去除不重要的权重来实现减小模型规模，降低模型的冗余度；量化将模型中的参数从浮点数转换为定点数或低精度浮点数，从而减小模型的体积，降低模型的计算需求；知识蒸馏则通过训练一个小模型来模拟大模型的性能，大模型（教师模型）提供软标签或输出分布给小模型（学生模型）学习，使模型在保持性能的同时拥有更小的规模，实现模型压缩。

此外，大模型优化与评估技术还包括网络结构优化、参数优化、训练策略优化以及准确性评估、泛化能力评估、可解释性评估等多项内容与技术，读者可通过互联网搜索引擎或大语言模型深入学习，此处不予赘述。

目前，大模型技术仍在快速发展和变革中，多模态大模型对多种信息的综合处理、理解和生成能力使其可用于医疗影像分析、自动驾驶等跨领域场景。大模型定制化服务也在持续推进技术的发展和创新，大模型的广泛应用将持续拓展 AI 技术的边界。

> 🧠**思维训练**：大模型依赖海量数据进行训练学习，但训练数据必然会携带社会偏见，如性别、文化刻板印象等，在这种情况下，大模型在生成内容时，这些偏见会被放大还是稀释？技术能否真正超越数据本身的局限性？

10.1.3　AIGC 与大模型技术的关系

AIGC 和大模型技术分别代表了人工智能生成内容与深度学习这两个重要方向，二者之间既有区别，也有密不可分的联系，理解它们之间的关系有助于更好地掌握人工智能领域的最新发展和应用。AIGC 与大模型技术的区别主要体现在技术范围和关注点上，如表 10-1 所示。

表 10-1　　　　　　　　　　　　　　　AIGC 与大模型技术的区别

	AIGC	大模型技术
技术范围的不同	AIGC 涉及多种不同的技术和模型，不仅仅是大模型，较小的模型或专门的生成技术也被应用于特定内容的生成任务	大模型技术涵盖大模型的开发与优化等方面，具体包括大语言模型、开源模型、多模态模型、领域特定化模型等
关注点的不同	AIGC 关注的是智能化生成内容，如生成内容的形式、效果和应用场景	大模型技术关注的是大模型本身的架构、训练和性能，包括如何设计和优化这些大模型

尽管 AIGC 与大模型技术存在上述不同，但它们之间又存在紧密的联系和互补性，主要包括以下两个方面。

1. 大模型技术为 AIGC 提供了强大的技术支持

大模型具有出色的理解、表达和泛化能力，支撑 AIGC 生成更加逼真、有效且多样化的内容，扩展了 AIGC 的应用场景。

首先，大模型技术是 AIGC 的核心驱动力。大模型通过海量的预训练数据、庞大的参数规模和强大的学习能力，能够在各种内容生成任务中表现出色。例如，以 GPT-3、GPT-4 为代表的大语言模型可生成流畅、自然的文本，实现问答、写作、翻译等应用功能；DALL·E 系列大模型利用先进的生成式预训练转换模型 Transformer，能够理解并生成与文本描述相匹配的图像；Midjourney 使用扩散模型作为其核心技术，可以创建超现实的图像，并支持多种定制选项；WaveNet 由 DeepMind 开发，可用于生成高质量的音频等。

其次，大模型技术提升了 AIGC 的质量和多样性。大模型极高的参数容量使其能够学习和捕捉数据中的复杂模式与细节，从而生成更高质量的内容。采用预训练和微调的策略在大量通用数据上进行预训练，在特定任务数据上进行微调，可显著提升生成内容的质量。通过使用正则化技术如 Dropout、Layer Normalization 等，可提升模型的泛化能力，生成更具真实感和多样性的内容。图 10-10 为利用文心大模型生成多样化的图像样本，文心大模型可帮助用户探索不同的视觉风格和设计方向。

图 10-10　调整提示词即可生成不同风格的图像

最后，大模型技术促进 AIGC 的创新和应用。大模型技术的不断进步可促进 AIGC 的创新和应用，如虚拟现实、增强现实、智能虚拟助手等多模态智能交互应用。

2. AIGC 的发展推动大模型技术不断进步

为了满足 AIGC 对高质量、多样化内容的需求，研究人员需要不断优化和改进大模型的结构与算法。为了提高生成内容的多样性和新颖性，研究人员要引入更多的训练数据和更复杂的模型结构来增强大模型的表达能力。同时，为了提高生成内容的准确性和可信度，研究人员还需要通过引入人工审核、建立内容验证机制等来确保生成内容的真实性与可信度。

> **思维训练：** 运用大模型实现 AIGC 的"创造性"常源于其生成结果的不可预测性，但对于精确需求下的应用，如工程图纸、法律条文等，其应用价值是否会打折扣？大模型如何区分 AIGC 适用场景的边界（如创意领域和精确性领域）？大模型应如何平衡创造力与实用性？

10.2　目前主流的 AI 大模型

大模型技术的发展经历了从初步探索到广泛应用的过程。近年来，随着计算能力的提升和训练数据的增加，大模型技术在多个领域取得重要突破。大语言模型、视觉大模型、多模态模型、强化学习模型、科学计算模型等在各领域的应用正在改变人类对人工智能的认知，这些模型使 AI 不仅是工具，更成为跨领域的创新驱动力，正在转变人类的思维模式和工作方式。

10.2.1　GPT 大模型

GPT 是 OpenAI 公司开发的一系列大语言模型，从 GPT-1 到 GPT-4 及其衍生版本，每个模型的推出都标志着自然语言处理技术的一次重大飞跃。GPT 系列模型通过自回归的方式生成文本，具备强大的语言生成能力和泛化能力。GPT-3 模型更是拥有 1750 亿个参数，能够执行多种语言任务，如翻译、问答、文本生成等。GPT 系列模型在聊天机器人、内容创作、智能客服等领域得到了广泛应用，推动了人工智能大模型技术的普及和发展。

GPT 系列模型的核心是 Transformer 架构，其使 GPT 系列模型可以更好地处理长序列数据，同时实现高效的并行计算。以下是关于 GPT 各版本的简要介绍。

（1）GPT-1 于 2018 年发布，是 GPT 系列的开山之作，模型采用多层 Transformer 架构，专注于预测下一个单词的概率分布，通过在大型文本语料库中学习到的语言模式来生成自然语言文本。

（2）GPT-2 于 2019 年发布，与 GPT-1 相比，其在参数规模和预训练数据上都有显著提升。其参数规模从 GPT-1 的 1.17 亿增加至 15 亿，使用了更多的预训练数据。

（3）GPT-3 于 2020 年发布，其参数规模达到 1750 亿。GPT-3 在预训练过程中使用了大量的互联网文本数据，进一步提升了性能和泛化能力。该模型不仅在文本生成方面表现出色，还能完成文本自动补全、将网页描述转换为相应代码、模仿人类叙事等多种任务。更重要的是，它可以通过少量的样本进行小样本学习，即在没有进行监督训练的情况下，生成合理的文本结果。

（4）GPT-4 于 2023 年发布，与之前的版本相比，GPT-4 不仅具有更大的规模和更强的性能，还首次实现了多模态处理能力。它能够同时接收文本和图像输入，并生成相应的文本输出。这一突破使 GPT-4 在更多领域展现出强大的应用能力，如医疗、教育、科研等。

（5）GPT-4o 于 2024 年 5 月发布，它不仅继承了 GPT-4 的所有优点，还具备实时处理音频、视觉和文本的能力，这使它在更多应用场景中展现出强大的综合性能。

GPT 系列模型作为自然语言处理领域的标志性大模型，不断推动该领域的技术进步和应用拓展。值得说明的是，ChatGPT 是在 GPT 技术的基础上进行开发的，它主要用于对话生成任务，可以生成自然流畅的对话内容，如图 10-11 所示。

10.2.2　BERT 大模型

BERT 是谷歌于 2018 年推出的基于 Transformer 架构的预训练语言模型，其核心特点是能够从文本左侧和右侧双向理解上下文信息。

BERT 的预训练过程主要包括两个任务：掩码语言模型（Masked Language Model，MLM）和下一句预测（Next Sentence Prediction，NSP）。MLM 在输入文本中随机掩盖部分单词，再训练模型根据上下文预测这些被掩盖的单词，迫使模型学习单词之间的依赖关系和语言的深层结构；NSP 用于判断给定的两个句子是否连续，使模型学习到句子间的逻辑关系，理解文本的连贯性。

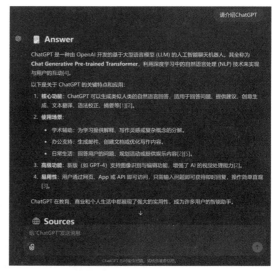

图 10-11　ChatGPT 问答示例

BERT 包括 BERT-Base 和 BERT-Large 两个版本。其中，BERT-Base 包含 12 层 Transformer 编码器，每层有 768 个隐藏单元、12 个自注意力头，总计 1.1 亿个参数，该模型对计算资源需求较低，适合普通 GPU 训练，适用于中小规模数据集，可用于移动端部署、边缘计算及实时性要求高的服务场景；BERT-Large 包含 24 层 Transformer 编码器，每层有 1024 个隐藏单元、16 个自注意力头，总计 3.4 亿个参数，该模型对计算资源需求较高，需要多块 GPU 或 TPU 集群支持训练和推理，适用于高精度生产系统等高性能需求场景，当数据量充足时具有充分挖掘数据的潜力。

目前，BERT 模型被广泛应用于情感分析、文本分类、命名实体识别等多种任务，为自然语言处理领域的研究和应用提供了强大的技术支持。

10.2.3　百度文心大模型

百度文心大模型是百度研发的一系列预训练语言模型。在功能方面，文心大模型具备原生多模态、深度思考等能力，能够与人对话互动、回答问题、协助创作，高效便捷地帮助人们获取信息、知识和灵感。文心大模型涵盖自然语言处理、图像识别、语音识别等多个领域，可以应用于文学创作、商业文案创作、数理逻辑推算、中文理解等场景。此外，文心大模型还具备知识增强、检索增强和对话增强等技术优势，通过生成式对抗网络等技术生成高质量的文本和图像内容，为创意产业带来新的发展机遇。在技术层面，文心大模型在 Transformer 架构基础上进行了知识图谱增强，在大模型训练中对训练语料进行扩展和强化以增强大模型的事实性知识。同时，文心大模型采用先进的深度学习算法，能够自动从大量数据中提取特征，实现高效的模型训练和优化。

自 2019 年 3 月发布预训练模型 ERNIE 1.0 后，百度不断迭代升级文心大模型，逐步构建了包括 NLP 大模型、CV 大模型、跨模态大模型等在内的完整家族体系，如图 10-12 所示。

百度发布的 2024 年财报显示，文心大模型日均调用量达 16.5 亿次，相比 2023 年的 5000 万次增长了 32 倍。这反映了文心大模型在市场上的广泛认可度和应用需求的强劲增长趋势。文心以"知识+数据+算法"深度融合为驱动，通过持续技术迭代与产业适配，构建了从通用智能到行业落地的完整生态，其在中文语境理解、垂直领域专业化及与百度搜索、云计算业务协同等方面的优势，成为推动人工智能技术赋能实体经济的重要力量。

图 10-12　百度文心家族

10.2.4　讯飞星火大模型

星火大模型由科大讯飞推出,其迭代升级版本 V4.0 Turbo 实现了七大核心能力——数学能力、图文识别能力、长文本能力、代码能力、多模态能力、语言理解能力、知识问答能力的全面提升,还实现了混域知识搜索、端到端语音同传能力等行业首创技术的应用。

星火大模型基于 Transformer 架构构建,通过深度学习技术在海量文本数据中学习语言规律和知识,以自然对话的方式理解和执行任务。星火大模型通过自研的"跨模态对齐网络"实现了语音与文本的高精度双向转换,在语音识别错误率、方言适配种类等指标上持续领跑行业。星火大模型还融合多种先进 AI 技术,如边缘计算、插件支持、搜索技术等,使模型能够更有效地处理各种复杂的查询任务,提供更精准的回答。

在硬件层面,讯飞星火大模型得到了国产算力平台"飞星一号"的强力支持。该平台采用华为提供的昇腾芯片,为模型的训练和推理提供了强大的算力支持。这不仅提高了模型的训练效率,也保证了其高性能的持续输出。

星火大模型将技术突破与产业需求进行螺旋式耦合,既通过多模态融合、轻量化部署等技术手段解决企业痛点,又借助真实场景反馈持续优化模型的能力。这种"双向奔赴"的创新模式,使其在金融、教育、医疗、工业等领域的渗透率快速提升。据第三方机构评估,星火大模型已带动相关产业效率提升年均超过 15%,创造直接经济价值逾 80 亿元,已然成为人工智能领域的佼佼者。

10.2.5　Kimi 大模型

Kimi 是北京月之暗面科技有限公司于 2023 年 10 月推出的一款智能助手,其主要功能有长文总结和生成、联网搜索、数据处理、编写代码、用户交互以及多语言翻译。Kimi 在推出时即支持输入 20 个万汉字的上下文处理能力,成为全球首个支持如此长文本输入的智能助手。2024 年 3 月,Kimi 进一步提升其长文本处理能力,将上下文处理能力扩展至 200 万个汉字。Kimi 的长文本处理能力得益于以下几个方面。

（1）基于 Transformer 架构的改进。Kimi 采用稀疏自注意力和分段处理技术将长文本划分为多个较小的部分,每个部分通过局部注意力机制处理,同时通过跨段信息传递确保全局上下文的连贯性,从而显著降低计算成本。

（2）增量式上下文处理。Kimi 通过增量式上下文处理机制,逐步"吸收"输入文本内容,并根据已处理的文本来推断后续内容。Kimi 可将文本分为若干小块,逐块处理并提取关键信息存储在内部记忆池中,实时更新上下文,避免丢失关键信息。

（3）外部知识库与动态信息存储。当输入文本过长时,Kimi 会将冗长或重复的信息存储到外部知识库中。通过动态查询知识库，Kimi 能够结合当前上下文提取相关信息，从而高效处理复杂长文本。

（4）细粒度上下文建模。Kimi 采用细粒度上下文建模技术，通过多层次嵌套注意力机制和上下文窗口滚动策略，精准捕捉文本中的每一层次信息，以此保障模型在处理长文本时不丢失重要细节。

（5）RL Infra 技术的应用。RL Infra 称为强化学习基础设施，是成功训练大语言推理模型的关键技术，通过该技术可将上下文窗口扩展到 128k（即 $1.2×10^5$），并利用先前轨迹采样新轨迹，避免从头生成新轨迹的成本，从而实现更流畅的长文本处理。

2025 年 1 月，多模态思考模型 k1.5 发布，它是 Kimi 团队在发布 k0-math 数学模型和 k1 视觉思考模型后不到 3 个月的时间内推出的又一重大技术升级。k1.5 支持文本和视觉数据的联合推理，适用于数学、代码和视觉推理等多个领域。在短链思考模式下，k1.5 的数学、代码、视觉多模态和通用能力大幅超越了全球范围内的短链思考 SOTA 模型，如 GPT-4o 和 Claude 3.5 Sonnet，领先幅度高达 550%；在长链思考模式下，k1.5 的性能达到了 OpenAI o1 正式版的水平，成为全球范围内首个达到这一水平的多模态模型。

10.2.6　豆包大模型

豆包大模型原名"云雀"，是字节跳动公司于 2024 年 5 月在火山引擎原动力大会上正式发布的大型预训练模型。自发布起，豆包大模型便以日均海量的词元（Tokens）使用量备受市场关注。截至 2024 年 12 月 18 日，豆包大模型的日均 Tokens 使用量已超过 4 万亿，这充分展示了其在市场中的活跃度和受欢迎程度。

豆包大模型具备强大的语言理解和生成能力，如文本生成、语音识别、语音合成、图像生成和视频生成等能力。豆包大模型 1.5 版本于 2025 年 1 月正式发布，它采用大规模稀疏混合专家（Mixture of Experts，MoE）架构处理海量数据和复杂任务，将庞大的专家模型集合组织成多个层次或模块，根据输入数据的特征，动态地选择一个或多个最相关的专家模型来处理输入数据，以此实现在保证模型性能的前提下降低计算成本。豆包大模型 1.5 版本在多模态数据合成、动态分辨率、多模态对齐、混合训练上也进行了全面的技术升级，进一步增强了模型在视觉推理、文字文档识别、细粒度信息理解、指令遵循方面的能力，并让模型的回复模式变得更加精简、友好。豆包大模型 1.5 版本在推理能力上也有显著提升，它通过使用大规模强化学习的方法来提升模型的推理能力，拓宽模型的智能边界。它还运用测试时缩放（Test-Time Scaling）技术，在测试阶段对输入数据进行缩放或变化，实现模型推理性能的提升。

10.2.7　DeepSeek 大模型

DeepSeek 大模型是深度求索团队倾力打造的 AI 杰作，自发布以来便在人工智能领域引起了广泛关注。DeepSeek 大模型在技术上实现了多项创新。

在模型架构方面，DeepSeek 创新性地采用了 MoE 架构，通过动态任务分配机制将千亿级参数模型的计算资源按需调度至不同任务模块。例如，在处理金融数据分析时，系统可自动激活财报解析专家模块，而在面对医疗影像识别任务时优先调用视觉分析模块，这种动态资源配置使推理效率提升 40% 的同时，训练能耗降低 35%。通过使用改进注意力机制与分层记忆网络，其长文本处理能力也很突出，支持长达 20 万 Tokens 的上下文窗口。

DeepSeek 构建的跨模态对齐引擎，能够实现文本、图像、语音的深度语义关联。在工业质检场景中，系统可同步分析产品外观图像、生产线传感器数据与维修日志文本，实现缺陷根源的立体化诊断。

垂直领域的知识增强体系展现了 DeepSeek 对产业需求的深刻理解。DeepSeek 构建了覆盖金融、法律、医疗等 20 余个行业的动态知识图谱，采用增量学习技术实现行业知识的实时更新。以证券行业为例，系统每日自动抓取 5000 余家上市公司的公告、研报及舆情数据，通过事件关联分析模型，可在 5min 内生成投资风险预警报告。

在训练效率优化方面，DeepSeek 自主研发的分布式训练框架通过梯度压缩与异步通信优化，将千卡集群的利用率提升至 92%，较行业平均水平高出 15 个百分点。配合自建的 4500 亿 Tokens 高质量中文语料库，模型迭代速度达到同规模产品的 3 倍。这种高效训练能力使 DeepSeek 能在 3 周内完成特定行业模型的微调迭代，而行业平均周期为 2 个月。

在数据处理能力方面，DeepSeek 每日可处理 1.2PB 的非结构化数据，通过多级清洗与语义增强流程，构建起覆盖专业术语、行业黑话、地域方言的立体化语言理解体系。

DeepSeek-Coder 作为专为开发者设计的智能助手，不仅支持 30 余种编程语言的代码生成，更创新性地引入上下文感知调试功能。当检测到代码异常时，系统能自动关联项目文档、历史提交记录及 Stack Overflow 社区解决方案，提供精准修复建议。

DeepSeek 的技术创新始终围绕价值落地展开。在教育领域，智能教研系统通过知识关联图谱技术，将 10 年高考真题拆解为 15 万个知识点节点，为教师提供精准的命题趋势分析。在环保监测场景，多模态模型整合卫星遥感图像、气象数据与排污企业信息，实现污染源的智能追踪。

通过"技术—场景—数据"的闭环持续进化，每日处理的 300 亿次交互请求经过严格的隐私保护处理后，反哺模型持续优化，形成独特的增强回路。这种自我迭代能力使 DeepSeek 在半导体材料分析、生物医药研发等专业领域快速建立技术壁垒。

可见，从基础架构到应用生态，DeepSeek 的技术创新之路展现出中国科技企业在人工智能深水区的探索勇气与务实精神，它不仅仅是算法创新的集大成者，更是人工智能从工具性存在向认知性伙伴转型的关键里程碑。

10.2.8　其他典型大模型

除上述介绍的大模型之外，其他典型的大模型也如星火燎原般不断涌现。例如，谷歌于 2022 年发布的 PaLM 大模型，参数超过 5400 亿个，该大模型在自然语言处理、多模态识别等任务上表现出色，为谷歌的搜索、广告等业务提供了强大的技术支持；OpenAI 推出的 DALL·E 大模型，是一款结合文本和图像的 AIGC 大模型，能够根据文本描述生成高质量的图像，在艺术创作、广告设计等领域得到了广泛应用，为用户提供了全新的创作方式和体验；阿里云于 2023 年 9 月推出的通义大模型，以"通情·达义"为核心理念，致力于成为人们在工作、学习、生活中的得力助手，旨在提供多模态、高性能、低成本的 AI 解决方案。在 2024 年的奥运会体育赛事中，阿里云凭借其强大的云计算能力和通义大模型技术为赛事注入了前所未有的智能化元素，通义大模型不仅实现了赛事的 4K/8K 超高清直播和智能内容推荐功能，还通过 AR 和 VR 技术为用户提供了 360 度全景观赛体验。

此外，还有天工 AI 大模型、腾讯混元大模型、华为盘古大模型、百川智能大模型、智谱清言大模型、商汤科技日日新 SenseNova 大模型等。这些大模型在算法、架构和训练技术等方面进行了大量创新，不断提升模型的性能和效率，在自然语言处理、图像识别、语音识别等领域显示出各自的优势。同时，各大模型的应用场景不断扩展，涵盖智能客服、智慧金融、智能制造、智慧城市等多个领域，这些应用不仅提升了行业效率和服务质量，还为人们的生活带来了诸多便利。

10.3　大模型技术的应用与未来

10.3.1　开启智能应用新时代

大模型作为新一代智能技术的核心，正在各个领域引发深刻的变革，它凭借强大的数据处理能力、泛化能力以及跨领域的适应能力，为智能应用开启了全新的可能性。其应用领域包括但不限于以下内容。

1. 媒体行业

大模型通过对海量数据的学习，可以快速生成新闻报道，实现多语言翻译和跨模态理解，极大地提高新闻生产的速度和效率，同时还可为内容创作者提供更多灵感和创意来源。大模型能够根据用户的阅读历史、浏览习惯、点击行为等数据，为每个用户提供定制的新闻推荐，实现精准化传播。此外，大模型可为新闻工作者提供有力的数据分析支持，在选题策划环节提供新闻趋势和热点分析，帮助媒体机构更好地把握市场动态和用户需求，制订更加精准的内容策略。

2. 营销行业

大模型通过分析大量的消费者数据，如购买历史、浏览记录、社交媒体互动等，可以识别出消费者的偏好和行为模式，帮助企业更好地理解目标市场并制订相应的营销策略；大模型能够基于消费者的历史数据和行为模式，为其提供个性化的产品或服务推荐，提高消费者体验和满意度；大模型能够处理和分析大量的市场数据，预测市场趋势和消费者需求的变化，为企业做出更精准的市场策略提供决策支持；大模型还可以根据消费者的多种特征和行为数据进行客户细分，为企业制订更有效的营销策略提供依据。

3. 金融行业

大模型能够分析市场数据和客户需求，提供个性化投资建议，提升投资者决策的准确性和效率；大模型通过对大量金融数据的深度学习，能够识别潜在的风险，辅助金融机构进行信用评估、欺诈检测和其他风险管理；大模型能够处理海量数据，提高金融机构的运营效率，如自动化的客户服务等；大模型还可辅助金融机构快速生成高质量的资讯发布、产品介绍等内容，提升工作效率。

4. 教育领域

大模型可通过分析学生的学习数据和行为习惯为其规划学习路径、推荐学习资源，根据错题帮助学生找出知识漏洞并提供针对性讲解和练习，成为学生的个性化学习助手；大模型的问答系统可使学生随时随地提问并获得解答，其支持的多轮对话功能可深入地理解学生的问题，提供更准确的答案并提供相关知识的拓展；大模型可以根据教学大纲、知识要点等自动生成各种类型的试题，满足不同层次学生的需要；大模型能够分析学生的学习数据，辅助教师优化教学方案，提高教学效果；大模型可以辅助教师进行课堂管理、作业批改等工作，减轻教师的工作负担；大模型还支持多种语言的学习，提供个性化的语言服务，辅助师生进行语言学习和翻译工作。

5. 医疗健康

大模型通过对大量医疗数据的学习与分析，结合患者数据，可为医生提供辅助诊断建议；大模型可以为患者提供智能导诊服务，帮助患者快速找到合适的科室和医生；大模型在医疗影像的分割、配准、量化等任务中表现出色，可以帮助医生更精确地评估影像中的病变区域和组织结构，为疾病的诊断和治疗提供更详细的信息；大模型能够帮助医生处理高强度重复的阅片工作，提高阅片效率和准确性；大模型可以预测药物-蛋白质相互作用和药物毒性等信息，从而评估新药的功效和安全性，缩减药物研发周期，加速新药的发现；大模型可以对流行病学的大数据进行分析和预测，为疾病预防和控制提供有力支持。

6. 制造业与工业

大模型能够模拟生产流程，识别出潜在的瓶颈和优化空间，从而调整生产计划，提高生产效率；大模型可以实时监测设备的运行状态，通过数据分析预测出现的故障，提前进行维护，减少生产中断的风险；大模型可以帮助企业优化资源配置，合理安排生产时间，提高生产效率和资源利用率；大模型可以应用于产品设计和研发，通过模拟和分析，优化产品设计和研发流程；大模型可以模拟真实的生产场景和操作流程，为员工提供培训和实践机会，帮助他们提高技能水平和工作效率；在供应链管理中，大模型可以分析供应商的稳定性、物流环节的可靠性等因素，为企业提供风险预警和应对策略。

7. 跨模态多场景应用

跨模态大模型融合多源数据，展现出更强大的应用潜力。具体包括以下几方面。

（1）跨模态检索（Cross-Modal Retrieval）。跨模态检索是指在多媒体数据中，通过一个模态（如文本）查询另一个模态（如图像、音频、视频）的技术，该技术需要解决多媒体数据模态异构性问题，实现信息的无缝连接。跨模态检索主要用于以图搜文、以文搜图、语音到视频的检索等场景。

（2）跨模态推荐。跨模态推荐是指在不同模态的数据之间进行任务推荐，包括推荐系统首先从一个或多个模态的数据中得到用户的历史喜好信息，然后在其他模态的数据中为用户提供个性化的推荐。这种任务通常涉及多种类型的数据。例如，根据用户看过的电影推荐相关的商品、图书和旅游目的地。

（3）跨模态问答。跨模态问答是指利用多模态人工智能技术回答用户的问题，这需要模型能够综合理解相关的图像、视频、文本等内容，如图像中的物体信息、位置信息、数字信息、背景故事等，模型根据综合信息进行逻辑推理，给出符合用户要求的回答。典型的问题有"这个电影适合孩子看吗""图像中有几个苹果""这些人在干什么"等。

（4）跨模态生成。跨模态生成是指模型能够生成具有多模态的内容。模型要能够理解多模态内容的输入并产生多模态内容的输出。例如，为图像添加注解文字、根据文字信息进行绘画、按照骨架图或草图生成图像、为图像换一种风格、为人物更换表情或服装等。

（5）跨模态融合。跨模态融合是指将来自文本和图像的信息进行组合，使模型能够理解组合后的内容，实现数据分析和预测，进而可以回答问题。例如，在智能监控系统中，模型能够使用音频线索增强视觉场景理解与处理；在医疗健康领域，模型能够整合医学图像、患者记录、生理监测信息，提供准确的诊断和个性化治疗方案；在教育领域，模型能够根据使用者提供的文本、声音、图像数据自动生成教案、配图，甚至设计题目和答案。

随着技术的发展，大模型的应用场景将持续拓展和深化。

> **思维训练**：随着 AIGC 及大模型技术的发展与应用深化，这对行业生态可能带来怎样的影响？AIGC 在商业化中存在哪些应用瓶颈？大模型技术对于知识获取具有哪些影响？

10.3.2　未来的发展趋势

大模型技术提升了智能应用的性能与效果。未来，随着技术的不断进步，大模型将在更多领域发挥重要作用，为各行各业带来更加高效、智能的解决方案。

1. 跨模态融合与多领域协同

未来的大模型将综合运用图像、音频、视频等多种模态数据实现跨模态融合，使大模型在更加复杂的场景中发挥作用，如自动驾驶、智能家居等。同时，大模型还将实现多领域的协同工作，为不同行业提供综合性的智能化解决方案。

2. 持续学习与自我进化

未来的大模型将具备更强的持续学习能力和自我进化能力，不断从新的数据中学习新的知识，优化自身的结构和参数。这种自我进化的能力将使大模型能够适应不断变化的环境和需求，保持其领先性和竞争力。

3. 人机协作与共生

随着大模型的发展，人机协作将成为未来的重要趋势。大模型将作为人类的智能助手协助人类完成复杂的工作和任务，而人类也将通过与大模型互动不断提升自身的技能和知识水平，这种人机共生的模式将促进人类社会的进步和发展。

4. 伦理规范与社会影响

伦理规范和社会影响是大模型应用面临的挑战，未来人们将建立更加完善的法律法规和伦理准则，确保大模型的应用符合社会公德和公共利益。同时，人们将加强大模型的可解释性和透明度，以提高用户对大模型的信任度和接受度。

5. 与量子计算、生物计算融合

未来，随着量子计算和生物计算等新型计算技术的发展，大模型将与这些技术融合，形成更加高效和智能的计算体系。量子计算将为大模型提供更加强大的计算能力，使其能够处理更加复杂和庞大的数据集。生物计算则将借鉴生物系统的智能机制，为大模型提供新的灵感和方法。这种融合将推动大模型向更高层次发展，为人类社会带来更加深远的影响。

> **❓思维训练：** 未来，随着人类逐渐对"一键生成"技术的依赖，人类本身的深度思考能力与批判思维是否会被削弱？人机协作模式下，人类认知能力的进化方向如何？如何重构适应 AI 时代的教育目标？

实验 15　大模型综合应用

一、实验目的

（1）探索大模型在自然语言处理任务中的应用，包括对话、知识问答、文本创作、逻辑推理、数学计算、辅助编程、智慧绘图、多语种翻译等，验证其在不同场景下的实用性表现。

（2）探索大模型在撰写综述论文方面的应用，掌握利用大模型辅助撰写综述论文的方法与技巧。

（3）探索大模型在生成演示文稿方面的应用，掌握利用大模型辅助制作演示文稿的方法与技巧。

二、实验内容与要求

（1）使用 DeepSeek、文心一言、讯飞星火、天工 AI 等大模型进行对话、知识问答、文本创作、逻辑推理、数学计算、辅助编程、智慧绘图、多语种翻译等应用体验。测试大模型在各类场景中的应用，将实验过程、结果及实验结论填入实验报告中。

（2）使用大模型辅助撰写一篇综述论文。结合人工智能技术与所学专业或专业方向拟定一个主题，运用大模型辅助撰写一篇综述论文。要求选题明确、文献全面、逻辑清晰、分析深入，有自己的论述和观点，字数 6000 字左右，论文包括题目、摘要、关键词、前言、正文、总结和参考文献等部分。

（3）以上面的综述论文为主题及内容，使用大模型辅助制作相应的演示文稿。要求主题与上述综述论文一致，内容与综述论文契合，设计风格统一，文字大小适中，颜色对比度好，便于阅读，使用的图片、图表和图形清晰准确，幻灯片数量合适，不宜过多或过少，可适当使用动态效果（动画或切换效果）及背景音乐来增强展示效果。

三、实验操作引导

（1）主流大模型都支持用户以提示词方式表述需求以获得结果。此外，基于语音识别技术的人机交互及上传文档资料或图片让大模型辅助分析、总结、创作的多模态应用模式正在兴起和盛行，下面介绍一些主流的应用方法。

① 对话。以文心一言为例，通过官网或在手机端下载安装文心一言 App 进行访问，先进行注册和登录，可输入百度账号和密码进行登录或选择其他登录方式，如手机号码、微信 QQ 等，输入提示词，发送给大模型实现对话或其他应用，如图 10-13 所示。

② 知识问答。以通义千问为例，访问官网或在手机端安装通义千问 App，用手机号+获取验证码方式快速登录，之后输入提示词发送给大模型即可，如图 10-14 所示。

图 10-13　文心一言首页

图 10-14　通义千问首页

对于大模型的知识问答，要注意两点：一是用户可以通过大模型提供的参考信息源进一步学习；二是大模型生成的内容不一定真实准确，仅供参考。

③ 文本创作。以豆包为例，访问官网或在手机端安装豆包 App，用手机号+获取验证码方式快速登录，之后输入提示词发送给大模型即可，如图 10-15 所示。

图 10-15　豆包首页

④ 逻辑推理。以 Kimi 为例，访问官网或在手机端安装 Kimi 智能助手 App，用手机号+获取验证码方式快速登录，之后输入提示词发送给大模型即可，如图 10-16 所示。

⑤ 科学计算。以讯飞星火为例，访问官网或在手机端安装星火 App，用手机号+获取验证码方式快速登录，之后输入提示词发送给大模型即可，如图 10-17 所示。

图 10-16　Kimi 首页

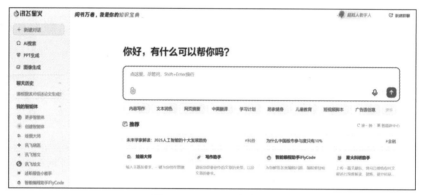

图 10-17　讯飞星火首页

⑥ 辅助编程。以 DeepSeek 为例，访问官网，用手机号+获取验证码方式快速登录，之后输入提示词发送给大模型即可，如图 10-18 所示。

⑦ 智慧绘图。以天工 AI 为例，访问官网或在手机端安装天工 App，用手机号+获取验证码方式登录，之后选择"AI 图片生成"，输入提示词，如图 10-19 所示。

图 10-18　DeepSeek 首页

图 10-19　"AI 图片生成"页面

⑧ 多语种翻译。以文心一言为例，选择"多语种翻译"后，输入提示词，设置目标语言后，单击"发送"按钮，很快就可获得翻译内容。图 10-20 为文心一言的"多语种翻译"功能界面。

图 10-20　文心一言的"多语种翻译"功能界面

（2）综述论文是对某一研究问题或专题进行全面深入分析并做系统评述的论文，包括"综"与"述"两个方面。"综"是对现有的大量资料或文献进行综合分析与归纳整理，"述"是对所研究问题或专题进行全面、深入、系统的评述。综述论文旨在为读者提供一个关于该专题或领域的清晰且全面的研究概述，使读者了解该主题或领域相关的研究现状、进展、争议和未来方向。撰写综述论文应注意以下几点。

- 确保综述内容具有综合性和系统性，能够全面反映相关领域的研究概况。
- 对资料或文献进行深入分析讨论，提出自己的见解和观点，可能需要进行一些新的研究或实验来支持这些观点。
- 尽量引用最近的研究成果，确保综述内容具有前沿性。
- 保持语言的客观性和中立性，避免使用过于主观或情绪化的语言。

下面以文心一言为例，结合人工智能技术与土木工程专业进行选题，用大模型辅助完成一篇综述论文。此过程可概括为以下几个步骤，步骤详述请参见实验素材中的"实验 15-大模型辅助撰写综述论文-实验步骤详述"。

① 明确研究目标。在撰写综述论文之前需要明确研究主题、研究目标以及具体的问题或假设。使用大模型来帮助明确研究目标与方向，可使用以下提示词。

- 请帮助我梳理[研究主题]的最新研究进展与应用，特别是[具体子领域]。
- 请提供一些与[研究主题]相关的经典理论或开创性研究，并解释其对该领域的影响。
- 关于[研究主题]，有哪些现有的研究技术，未解决的问题有哪些？

② 确定关键词和搜索词。使用大模型辅助确定研究主题相关的关键词和搜索词，可使用以下提示词。

- 在研究[主题]时，有哪些常用的关键词或术语？
- 请帮助我生成一份与[研究主题]相关的常用关键词列表。
- 你能否就[研究课题的具体方面]推荐一些关键研究或研究论文？

③ 文献检索——搜集与主题研究相关的文献。使用大模型辅助提供文献资源，可使用以下提示词。

- 请推荐一些 CNKI 中收录的关于[主题]的文献。
- 在[研究主题]上，能否提供近 5 年引用次数最多的具有重要参考价值的经典文献或最新论文？

之后，可使用校园图书馆 CNKI 总库进行文献检索。

④ 大模型辅助文档分析/论文阅读。用大模型提供的文档分析与阅读功能生成论文摘要、论文综述、问题分析等，辅助文献阅读，获得文献关键内容。例如，文心一言的文档分析功能如图

10-21 所示。

图 10-21　文心一言的文档分析功能

⑤ 大模型辅助生成综述论文初稿。利用文心一言的论文综述功能（见图 10-22）生成综述论文初稿，步骤详述参见实验素材中的"实验 15-大模型辅助撰写综述论文-实验步骤详述"。

图 10-22　文心一言的论文综述功能界面

⑥ 深入相关主题研究与探索，形成论文终稿。大模型生成的综述论文可能存在几个问题：论述不准确、不严谨；只有文字没有图、表；格式不规范等。我们需要针对存在的问题进行人工调整。在使用大模型进行相关课题的深入学习与研究后，修改论文内容使其更加准确严谨，加入个人观点或论述，有图或表展示研究数据与成果，最终做到内容全面准确、分析深入、有个人见解和观点、格式规范，形成终稿。

（3）制作演示文稿应对综述论文所研究与综述的内容进行梳理、提炼和整合，在大模型辅助下生成演示文稿初稿，再进行校对和调整，可有效提升工作效率。此处选用 3 款大模型辅助生成演示文稿，后期调整细化部分略过不述。

选用的 3 款大模型分别是通义千问、讯飞星火以及天工 AI，具体操作步骤参见实验素材中的"实验 15-大模型辅助制作演示文稿-实验步骤详述"。

四、实验拓展与思考

（1）大模型在自然语言处理任务中具有强大的能力和广泛应用，请在本实验基础上进一步实践和探索大模型的其他功能并评估其应用效果。

（2）大模型可辅助撰写论文，若完全由大模型生成内容，会存在什么问题？结合本次实验及体会进行阐述。

快速检测

1. 判断题

（1）AIGC 的核心技术主要基于机器学习，尤其是深度学习和生成对抗网络。（　　）

（2）AIGC 可根据用户输入的关键词生成内容，能够理解用户输入内容的上下文关系。（　　）

（3）大模型的训练一定需要海量的数据。（　　）

（4）目前主流的大模型几乎都基于深度学习，特别是神经网络架构。（　　）

（5）大模型一旦训练完成，就无法再进行更新或微调。（　　）

（6）大模型只能用于自然语言处理任务。（　　）

（7）所有大模型都是开源的，可以免费使用。（　　）

（8）AIGC 生成的内容不需要人工审核，可以直接使用。（　　）

（9）AIGC 可以生成文本、图像、音频、视频等多种形式的内容，满足不同场景的应用需求。（　　）

（10）AIGC 完全依赖于大数据和算法，与人类创意无关。（　　）

2. 选择题

（1）在大模型训练中，以下哪个因素对模型性能影响最大？（　　）

　　A. 训练数据量　　B. 模型架构　　C. 训练时间　　D. 计算资源

（2）相较于小模型，以下哪个选项可体现大模型的优势？（　　）

　　A. 训练速度更快　　　　　　　　B. 参数数量更少

　　C. 对数据的拟合能力更强　　　　D. 更易于部署在移动设备上

（3）以下哪一项是大模型在自然语言处理领域的主要应用？（　　）

　　A. 图像识别　　B. 语音识别　　C. 视频剪辑　　D. 文本生成

（4）以下哪一项是大模型在机器视觉领域应用的核心技术？（　　）

　　A. 卷积神经网络　　　　　　　　B. 循环神经网络

　　C. 全连接神经网络　　　　　　　D. 生成对抗网络

（5）以下哪一项不是大模型技术面临的挑战？（　　）

　　A. 计算资源消耗大　　　　　　　B. 训练时间长

　　C. 数据获取容易　　　　　　　　D. 模型可解释性差

（6）为了提升大模型的泛化能力，以下哪种做法是有效的？（　　）

　　A. 增加训练数据量　　　　　　　B. 减少模型参数

　　C. 简化模型架构　　　　　　　　D. 使用更少的训练轮次

（7）以下哪一项是大模型在自动驾驶领域应用最关键的能力？（　　）

　　A. 图像识别与处理能力　　　　　B. 语音识别与合成能力

　　C. 文本生成与编辑能力　　　　　D. 数据加密与解密能力

（8）AIGC 技术主要依赖哪种技术来生成内容？（　　）

　　A. 传统手工制作　　　　　　　　B. 机器学习和深度学习

　　C. 随机数生成器　　　　　　　　D. 人工规则设定

（9）以下哪一项不是 AIGC 技术的应用领域？（　　）

　　A. 自动写作　　B. 图像生成　　C. 音乐创作　　D. 天气预报

（10）AIGC 在新闻行业的应用主要体现在以下哪一方面？（　　　）

    A. 手动编写所有新闻稿　　　　　　B. 自动生成新闻摘要和报道

    C. 仅用于新闻图片的编辑　　　　　D. 替代所有记者的工作

（11）以下哪一项不是 AIGC 技术的优势？（　　　）

    A. 提高内容创作效率　　　　　　　B. 降低人力成本

    C. 完全替代人类创造力　　　　　　D. 实现个性化内容定制

（12）以下哪一项不是 AIGC 技术面临的挑战？（　　　）

    A. 伦理与版权问题　　　　　　　　B. 技术普及过快导致人才短缺

    C. 数据隐私和安全　　　　　　　　D. 内容质量与真实性问题

（13）以下哪一项最可能是未来 AIGC 的发展趋势？（　　　）

    A. 完全取代人类创作者　　　　　　B. 只限于特定领域应用

    C. 与人类创作者形成共创模式　　　D. 因技术限制而逐渐衰退

（14）大模型技术在 AIGC 中的应用主要体现在以下哪个方面？（　　　）

    A. 内容生成和理解　　　　　　　　B. 数据清洗和预处理

    C. 用户界面设计　　　　　　　　　D. 网络安全防护

（15）以下哪一项体现了大模型技术在 AIGC 中的应用优势？（　　　）

    A. 提高内容生成的随机性，使内容更加不可预测

    B. 限制内容生成的范围，确保内容符合特定规范

    C. 降低内容生成的速度，以保证内容的质量

    D. 增强内容生成的多样性和创意性，满足个性化需求

（16）以下哪个行业不是大模型技术当前的主要应用领域？（　　　）

    A. 金融服务　　　B. 医疗健康　　　C. 农业种植　　　　D. 智能制造

（17）大模型技术在教育领域的应用可能带来以下哪项风险？（　　　）

    A. 学生过度依赖技术，降低思维创新能力

    B. 教师因需要使用监控技术，导致工作量增加

    C. 教育资源分配不均，加剧城乡差距

    D. 教育内容和方式过于标准化，缺乏个性化体验

（18）以下哪一项不是大模型技术在智能家居领域的应用方向？（　　　）

    A. 语音助手　　　B. 智能安防　　　C. 家电控制　　　　D. 家具设计

（19）以下哪一项不是 AIGC 技术在市场营销中的应用优势？（　　　）

    A. 快速生成营销内容　　　　　　　B. 降低营销的成本和效率

    C. 分析消费者行为和市场趋势　　　D. 辅助营销人员优化营销策略

（20）以下哪一项不是大模型技术在智能交通领域的应用方向？（　　　）

    A. 交通流量预测　　　　　　　　　B. 自动驾驶决策

    C. 车辆故障诊断　　　　　　　　　D. 交通信号优化

参考文献

[1] 普运伟，耿植林. 大学计算机：计算思维与网络素养[M]. 3 版. 北京：人民邮电出版社，2019.

[2] 陈国良. 计算思维导论[M]. 北京：高等教育出版社，2012.

[3] 教育部高等学校大学计算机课程教学指导委员会. 新时代大学计算机基础课程教学基本要求[M]. 北京：高等教育出版社，2023.

[4] 段宁华. 网络基础与应用实务教程[M]. 北京：清华大学出版社，2006.

[5] 琼·詹姆里奇·帕森斯. 计算机文化[M]. 20 版. 北京：机械工业出版社，2019.

[6] 高军，吴亮红，卢明，等. 动手做计算机网络仿真实验[M]. 北京：清华大学出版社，2023.

[7] 罗晓娟. 计算机基础[M]. 北京：清华大学出版社，2023.

[8] 徐捷，雷鸣. AI 智能办公[M]. 北京：化学工业出版社，2024.

[9] 战德臣，张丽杰. 大学计算机-计算思维与信息素养[M]. 3 版. 北京：高等教育出版，2019.

[10] 王移芝，鲁凌云，许宏丽，等. 大学计算机[M]. 6 版. 北京：高等教育出版，2019.

[11] 屈婉玲，刘田，等. 算法设计与分析[M]. 2 版. 北京：清华大学出版社，2016.

[12] 王晓东. 计算机算法设计与分析[M]. 5 版. 北京：电子工业出版社，2018.

[13] 肖汉光，王勇. 人工智能概论[M]. 北京：清华大学出版社，2020.

[14] 张广渊，周风余. 人工智能概论[M]. 北京：中国水利水电出版社，2019.

[15] 斯图尔特·罗素，彼得·诺维格. 人工智能：现代方法[M]. 4 版. 张博雅，陈坤，田超. 北京：人民邮电出版社，2022.

[16] 杨国燕，马晓明，陈宇环. 人工智能概论与 Python 编程基础[M]. 北京：清华大学出版社，2023.

[17] 郭福春，潘明风，王志. 人工智能概论[M]. 2 版，北京：高等教育出版社，2023.

[18] 伊亚尔·沃桑斯基. 基于 Python 实现的遗传算法：应用遗传算法解决现实世界的深度学习和人工智能问题[M]. 吴虎胜，朱利，江川，等译. 北京：清华大学出版社，2023.

[19] 刘若辰，慕彩红，焦李成，等. 人工智能导论[M]. 北京：清华大学出版社，2021.

[20] 王万良. 人工智能导论[M]. 5 版. 北京：高等教育出版社，2020.

[21] 张伟楠，赵寒烨，俞勇. 动手学机器学习[M]. 北京：人民邮电出版社，2023.

[22] 塞巴斯蒂安·拉施卡，瓦希德·米尔贾利利. Python 机器学习[M]. 陈斌，译 北京：人民邮电出版社，2021.

[23] 韩力群，施彦. 人工神经网络理论、设计及应用[M]. 3 版. 北京：化学工业出版社，2023.

[24] 赵眸光. 深度学习与神经网络[M]. 北京：电子工业出版社，2023.

[25] 陈雯柏. 人工神经网络原理与实践[M]. 西安：西安电子科技大学出版社，2016.

[26] 刘鹏，程显毅，李纪聪. 人工智能概论[M]. 北京：清华大学出版社，2021.

[27] 陈华，谢进. 人工智能数学基础[M]. 北京：电子工业出版社，2021.

[28] 张雨浓，杨逸文，李巍. 神经网络权值直接确定法[M]. 广州：中山大学出版社，2010.

[29] 王耀南. 智能信息处理技术[M]. 北京：高等教育出版社，2003.

[30] 丁偕，崔浩阳，张敬谊. 基于小波分解卷积神经网络的病理图像分类[J]. 计算机系统应用，2021，30(9): 322-329.

[31] 伊莱·史蒂文斯，卢卡·安蒂加，托马斯·菲曼. PyTorch 深度学习实战[M]. 北京：人民邮电出版社，2023.

[32] 唐宇迪. 跟着迪哥学 Python: 数据分析与机器学习实战[M]. 北京：人民邮电出版社，2020.

[33] 集智俱乐部. 深度学习原理与 PyTorch 实战[M]. 2 版. 北京：人民邮电出版社，2022.

[34] 李金洪. PyTorch 深度学习和图神经网络[M]. 北京：人民邮电出版社，2024.

[35] 李寅，肖利华. 从 ChatGPT 到 AIGC: 智能创作与应用赋能[M]. 北京：电子工业出版社，2023.

[36] 王喜文. 一本书读懂 ChatGPT、AIGC 和元宇宙[M]. 北京：电子工业出版社，2023.

[37] 李海俊. 洞察 AIGC: 智能创作的应用、机遇与挑战[M]. 北京：清华大学出版社，2023.

[38] 范煜. 人工智能与 ChatGPT[M]. 北京：清华大学出版社，2023.

[39] 杨爱喜，胡松钰，陈金飞. AIGC 革命: Web 3.0 时代的新一轮科技浪潮[M]. 北京：化学工业出版社，2023.

[40] 龙志勇，黄雯. 大模型时代[M]. 北京：中译出版社，2023.

[41] 程絮森，杨波，王刊良，等. 大模型入门: 技术原理与实战应用[M]. 北京：人民邮电出版社，2024.